低碳发展蓝皮书

BLUE BOOK OF
LOW-CARBON DEVELOPMENT

中国低碳发展报告 （2018）

ANNUAL REVIEW OF LOW-CARBON DEVELOPMENT IN CHINA
(2018)

清华大学《中国低碳发展报告》编写组
主 编／齐 晔 张希良

社会科学文献出版社
SOCIAL SCIENCES ACADEMIC PRESS（CHINA）

图书在版编目（CIP）数据

中国低碳发展报告.2018 / 齐晔，张希良主编. ——
北京：社会科学文献出版社，2018.10
　（低碳发展蓝皮书）
　ISBN 978 - 7 - 5201 - 3722 - 5

Ⅰ.①中… Ⅱ.①齐… ②张… Ⅲ.①二氧化碳 - 排
气 - 研究报告 - 中国 - 2018 Ⅳ.①X511 ②F120

　中国版本图书馆 CIP 数据核字（2018）第 240394 号

低碳发展蓝皮书
中国低碳发展报告（2018）

主　　编 / 齐　晔　张希良

出 版 人 / 谢寿光
项目统筹 / 恽　薇
责任编辑 / 王婧怡　孙智敏

出　　版 / 社会科学文献出版社·经济与管理分社（010）59367226
　　　　　　地址：北京市北三环中路甲 29 号院华龙大厦　邮编：100029
　　　　　　网址：www.ssap.com.cn
发　　行 / 市场营销中心（010）59367081　59367018
印　　装 / 三河市东方印刷有限公司

规　　格 / 开　本：787mm × 1092mm　1/16
　　　　　　印　张：19.75　字　数：295 千字
版　　次 / 2018 年 10 月第 1 版　2018 年 10 月第 1 次印刷
书　　号 / ISBN 978 - 7 - 5201 - 3722 - 5
定　　价 / 89.00 元

皮书序列号 / PSN B - 2011 - 223 - 1/1

低碳发展蓝皮书编辑委员会

主　任：

何建坤　清华大学教授、清华大学原常务副校长、清华大学气候
　　　　变化与可持续发展研究院学术委员会主任、中国国家气
　　　　候变化专家委员会副主任

成　员：

刘燕华　中国国家气候变化专家委员会主任、国务院参事、科技
　　　　部原副部长

江　亿　清华大学教授、中国工程院院士、清华大学建筑节能研
　　　　究中心主任

刘世锦　国务院发展研究中心研究员、原副主任，中国环境与发
　　　　展国际合作委员会中方首席顾问

周大地　国家发展和改革委员会能源研究所研究员、原所长

戴彦德　国家发展和改革委员会能源研究所研究员、原所长

薛　澜　清华大学教授、清华大学公共管理学院院长

齐　晔　清华大学教授、清华－布鲁金斯公共政策研究中心主任

张希良　清华大学教授、清华大学能源环境经济研究所所长

研究编写组名单

研究编写组名单 （按姓氏拼音排序）

主　　　编	齐　晔	张希良			
副　主　编	董文娟				
成　　　员	陈周阳	段茂盛	董长贵	董文娟	高　杰
	何建坤	黄采薇	李惠民	李梦宇	刘嘉龙
	刘天乐	刘汐雅	鲁　玺	马　骏	田智宇
	帖　明	齐　晔	钱　帅	翁玉艳	虞　宙
	俞　樵	张希良	张　瑾	张子涵	赵勇强
	赵小凡	赵旭东	周　丽		

主要编撰者简介

何建坤　清华大学教授、清华大学气候变化与可持续发展研究院学术委员会主任、国家气候变化专家委员会副主任。曾担任清华大学常务副校长、校务委员会副主任、低碳能源实验室主任，并曾兼任清华大学经济管理学院院长等职务。主要研究领域包括能源系统分析与模型、全球气候变化应对战略、资源管理与可持续发展等。

齐　晔　清华大学公共管理学院教授、清华大学苏世民书院"大众汽车"讲席教授、美国布鲁金斯学会资深研究员、清华－布鲁金斯公共政策研究中心主任。主要研究领域包括资源能源环境气候变化政策与管理、城镇化与可持续发展治理。

张希良　清华大学核能与新能源技术研究院教授、清华大学能源环境经济研究所所长、中国能源研究会常务理事兼能源系统工程专业委员会主任、中国可持续发展研究会理事。主要研究领域包括能源经济学、新能源技术创新、能源经济系统建模、绿色低碳发展政策与机制设计等。

序

当前全球气候治理进入《巴黎协定》的全面实施阶段。美国特朗普政府退出《巴黎协定》，对全球气候谈判进程影响有限。2017年底波恩气候大会已就《巴黎协定》实施细则形成一个案文草案，尽管在减缓、适应、资金、技术、能力建设和透明度等各要素全面均衡地实施方面仍存在分歧，但各方也都展现出相对灵活和建设性的态度，并将于2018年底在波兰卡托维斯气候大会上开展进一步谈判，争取最终通过后实施。另外，2018年底的气候大会还将开展各缔约方的促进性对话，以"讲故事"的方式交流各国应对气候变化的行动、成效、经验以及问题和障碍，同时也把强化2020年前的承诺和行动列入议题。中国在《巴黎协定》的达成、签署和生效过程中都发挥了积极的促进作用，也将继续在《巴黎协定》的落实和实施进程中发挥积极的引领性作用。

当前我国在经济新常态下坚持新的发展理念，以创新发展转换发展动力，以绿色发展转变发展方式，经济发展更加注重质量和效益，结构调整加速，产业转型升级，提质增效，极大地促进了节能和减缓 CO_2 排放。2017年单位 GDP 的 CO_2 强度与2005年相比下降的幅度已接近45%，"十三五"期间下降18%的预期目标也将会超额完成，到2020年可比2005年下降50%以上，将超额完成2009年哥本哈根气候大会承诺的下降40%~45%的目标；到2020年非化石能源在一次能源消费中占比达15%和森林蓄积量增加13亿立方米的目标也将提前并超额完成。当前全球气候谈判促进并强化了2020年前的承诺和行动，我国要积极总结国家、城市、社会及产业层面的最佳实践经验，配合2018年气候大会各缔约方的促进性对话，讲好"发展"与"减碳"双赢的中国故事。

党的十九大提出新时代中国特色社会主义现代化建设的目标、基本方略和宏伟蓝图，并把气候变化列为全球重要的非传统安全威胁和人类面临的共同挑战，提出要"坚持环境友好，合作应对气候变化，保护人类赖以生存的家园"，建设美丽中国，为全球生态安全做出贡献。《巴黎协定》提出，控制全球温升不超过2℃，到21世纪下半叶实现温室气体净零排放的目标，在世界范围内加速能源和经济的低碳化转型。我国应对气候变化的中长期战略要以习近平新时代中国特色社会主义思想为指导，与现代化建设"两个阶段"发展目标相契合，统筹国内国际两个大局，顺应并引领全球应对气候变化合作进程，做出与我国国情和发展阶段、不断上升的综合国力和国际影响力相称的积极贡献。到2050年建成社会主义现代化强国的同时，实现与全球减排目标相适应的低碳经济发展路径，为全球生态文明和可持续发展提供中国智慧和中国经验。

在2020~2035年的第一阶段，将基本实现社会主义现代化，生态环境根本好转，美丽中国建设目标基本实现。该阶段有雄心和有力度的保护生态环境与建设美丽中国的目标和政策措施的实施，将加速推进能源生产和消费革命，加快形成绿色低碳循环发展的经济体系，将促使GDP能源强度和CO_2强度以更快的速度下降，有效保障《巴黎协定》下国家自主减排目标的实现。另外，要统筹考虑全球实现控制温升2℃目标下紧迫的减排需求，在立足于国内生态文明建设和可持续发展内在需要的同时，也要不断强化能源和经济低碳转型的目标导向，争取提前和超额实现对外承诺目标，使CO_2减排量在2030年之前早日达峰，到2035年走上持续较快下降的轨道，实现经济社会持续发展与CO_2排放完全脱钩，为21世纪中叶后建成以新能源和可再生能源为主体，温室气体净零排放的新型能源体系奠定基础。从而不断提升我国先进能源技术和低碳经济的综合竞争力，引领全球能源变革和生态文明建设的进程。

2035~2050年第二个阶段，我国将建成社会主义现代化强国，成为综合国力和国际影响力世界领先的国家。在这个阶段，全球减排温室气体的目标和行动将更为紧迫，全球温室气体排放年均下降率需在4%以上，将高于发达国家当前自主承诺的到 2030 年的减排速度。各国都必须持续强化减排目标和行动力度，面临严峻挑战。我国在这一阶段应对气候变化的战略目标和行动措施，将不再可能主要从国内可持续发展内在需求出发，而要更多地考虑保护地球生态安全目标下减排路径的需求；需要为全球生态安全承担更多的责任和义务，把积极地应对气候变化目标作为社会主义现代化强国建设目标的重要组成部分；要以全球控制温升不超过 2℃ 目标下的减排路径为导向，制定全经济尺度所有温室气体排放量大幅度绝对减排的目标和战略；加快和加大能源变革和经济转型的速度和力度，为 21 世纪下半叶实现温室气体净零排放奠定基础，从而引领全球走上气候适宜型低碳经济发展道路，为全人类进步事业做出与我国综合国力、国际地位和国际影响力相称的贡献，体现我国作为现代化大国对全人类共同利益的责任担当和引领作用。我国在第一阶段能源和经济低碳转型的成效和体制机制建设，也将为第二阶段实现更为紧迫的减排目标创造条件。

当前我国处于"十三五"决胜全面建成小康社会和"十四五"开启社会主义现代化建设新征程的交汇期。在贯彻落实十九大提出的推进生态文明建设，打好污染防治攻坚战，建设美丽中国等一系列目标和政策过程中，统筹改善生态环境与减排 CO_2 的协同对策和措施，在近期防治区域环境污染的同时，强化长期低碳发展和减排 CO_2 的目标导向，发挥协同效应，在立足国内可持续发展内在需求的同时，取得更为显著的减碳效果。比如在实施污染防治措施时，不仅要重视化石能源利用中污染物排放过程的末端治理，而且更应重视从源头上减少煤炭等化石能源的消费量，在终端利用环节加强以电代煤的措施；同时加快新能源和可再生能源电力的发展，以新能源和可再生能源电力增长取代煤炭、石油等化石能源的终端消费。如此既减少终端污染物排放，又为可再生能源电力提供发展空间，从而加速了能源体系的低碳化变革，取得更显著的污染物控制和减排 CO_2 的协同效果。

当前，根据我国节能减碳领域已取得的成效和发展趋势，在今后几年的国民经济和社会发展规划中，要不断调整并强化单位 GDP 能源强度和 CO_2 强度下降的年度指标。以新的发展理念，加快能源和经济的低碳转型，建立

和完善促进低碳发展的政策体系和激励机制。完善并扩展已启动的全国统一的碳排放权交易市场，以明确的碳价信号，促进企业减排，引导社会投资导向，促进产业转型升级，建立和健全绿色低碳循环发展的经济体系，促使GDP 的 CO_2 强度持续较快下降；并为 2020 年后新时代社会主义现代化进程中实现与《巴黎协定》下全球低碳化目标相适应的绿色低碳发展路径奠定基础。

党的十九大报告中提出我国要"积极参与全球治理体系改革和建设，不断贡献中国智慧和力量"。合作应对气候变化是全人类共同利益，世界各国有广泛的共同意愿、合作空间和利益交汇点，但不同国家和国家集团之间在诸多议题上也存在利益冲突和复杂博弈，这也为我国深度参与并积极引领全球治理体系改革和建设提供了平台和机遇。我国倡导相互尊重、公平正义、合作共赢的全球治理新理念，把应对气候变化作为各国可持续发展的机遇，促进各方互惠合作、共同发展，这有利于扩展各国自愿合作的领域和空间，扩大各方利益的交汇点，从而促进气候谈判由"零和博弈"转向合作共赢。我国在气候治理理念和合作方式上展现出不同于美欧国家的新型领导力和引领作用，越来越被世界范围所认同。合作应对气候变化是各国一致的利益取向，存在巨大合作空间和广阔前景，可成为秉持共商、共建、共享的全球治理理念，打造人类命运共同体的先行领域和成功范例。

党的十九大报告指出，中国积极"引导应对气候变化国际合作，成为全球生态文明建设的重要参与者、贡献者、引领者"。当前在国内外新形势下，我国要进一步加强国际务实合作，特别是与发展中国家的"南南合作"，把应对气候变化能源变革和经济转型作为各国可持续发展新机遇，实现合作共赢，促进共同发展，推进《巴黎协定》的落实和实施。我国推进"一带一路"合作建设，是践行构建人类命运共同体，实现合作共赢、共同发展的全球治理新理念的务实行动。我国在"一带一路"建设中秉承生态文明建设的指导思想和绿色低碳的发展理念，推进与沿线国家的可持续发展战略相对接，并把应对地球生态危机、建设全球绿色发展的生态体系作为重要指导思想；同时打造先进能源技术和低碳基础设施的互联互通，发挥我国在新能源技术和智慧电网领域的技术优势，发展跨国的全球能源互联网，促进发展中国家可再生能源资源优化开发利用，在满足其经济发展和民生改善下不断增长的能源需求的同时，走上绿色低碳的发展路径。这与联合国2030年可持续发展目标以及《巴黎协定》应对气候变化的目标都高度契合，我们要将其深度融合，使绿色发展和生态文明建设成为"一带一路"建设的重点和亮点，并提供全球性公益产品，共同探讨应对气候变化国际合作的新型模式和成功经验。

本期《中国低碳发展报告（2018）》回顾并总结了我国改革开放40年来实施节能和提高能效的政策、措施、成效和经验，这也可成为2018年底气候大会上各缔约方促进性对话中讲好中国故事、提供中国方案的参考素材和研究成果。本期报告系统分析和介绍了我国碳排放权交易市场的总体设计和运行机制，将有助于促进国内外对中国碳市场的理解和认识，促进中国碳市场的发展和建设。本期报告也对绿色金融和技术创新促进中国长期低碳发展提出了新的研究成果，也将为我国研究制定新时代社会主义现代化进程中应对气候变化和低碳发展中长期战略提供有价值的参考。希望本期报告能与社会各界交流分享，互相促进，共同为我国低碳发展与全球生态文明建设建言献策、积极行动、贡献力量。

何建坤

2018 年 2 月 25 日

前　言
能源革命背景下各国低碳转型加速

这是一个重要的历史时刻。当人们仍在为"什么是能源革命的内涵"而争论不休时，一场始自少数国家并迅速波及全球的能源生产和消费革命已经悄然展开。

近年来，世界似乎进入一个大转型时期。地缘政治、国际关系、经济增长、金融贸易、环境保护、科技创新等领域充满了风险、动荡和不确定性，同时又在酝酿着机遇、突破和光明未来。事实上，机遇与挑战并存、风险与收获叠加是人类历史上每一个重大转型时期的共同特征。

对中国和世界而言，这次大转型的一个重要标志和核心内容就是能源生产和消费革命，以及经济社会的绿色转型。今天，我们不再怀疑大转型是否会发生，因为我们看到的是经济社会的大转型已经发生、正在发生，而且正在加速进行。其中，最为突出的或许就是能源系统的低碳化加速。

2016 年中国政府制定了《能源生产和消费革命战略（2016—2030）》，明确提出对能源消费实行总量控制：到 2030 年中国一次能源消费总量不超过 60 亿吨标准煤。这意味着中国能源消费增长速度将从 21 世纪前 15 年的 7.39% 的年增长率下降到第二个 15 年的 2.24%，能源消费增速下降 70%，这是中国经济进入新常态的一个重要标志。

中国是世界上少有的对能源消费实行总量控制的国家，另外一个国家是丹麦。丹麦的能源消费早在 1970 年便达到峰值。因受到石油危机的刺激，丹麦开始实行节能政策，迄今能源消费量已经下降近 1/5。对能源消耗自设限制本身就是一项革命性的举措。为什么？因为自工业革命开启人类化石能源时代以来，能源，特别是化石能源消费量就与经济总量密切挂钩，能源消费的增长就意味着经济的增长、财富的增加以及生活的幸福。谁又愿意对自己的经济增长和财富增加主动设限呢？然而能源消费在激发人们对美好生活向往的同时，也带来了巨大的忧虑和困扰。在资源方面，早在一个半世纪以前，英国学者威廉姆·斯坦利·杰文斯（William Stanley Jevons）就曾经忧虑煤炭资源枯竭对经济和生活的影响。100多年过去了，煤炭并没有枯竭，但煤炭的开采和燃烧对人们的生存环境产生了实实在在的严重影响：煤矿开采对植被、地表水和地下水的破坏，对生产安全和生命健康的影响，煤炭燃烧排放的二氧化硫、氮氧化物、重金属颗粒物和温室气体对环境的污染，成为工业时代的伤痛和不可承受之重。因此世界各国几乎都把能源转型的重点放到对煤炭的限制和替代上。

英国是工业革命的诞生地，也是煤炭利用的先行者。煤炭的利用推动了工业革命的发展，反过来，工业革命又进一步推动了煤炭利用的扩张。正如物理学功能转换定律所揭示的那样，煤炭作为能源曾经让大英帝国获得了前所未有的力量，不仅使其成为全球第一的经济体，而且成为主宰世界的"日不落帝国"。但也正是煤炭的燃烧造成了狄更斯笔下的伦敦雾都和1952年12月那场导致了成千上万人丧生的伦敦烟雾事件。正是那个刻骨铭心的事件，让人们认清了煤炭使用的阴暗面及对生命健康和生态环境的伤害，也让政府感受到不得不面对的巨大压力。伦敦烟雾事件之后，英国政府出台了限制煤炭使用的立法，开始对每一个城市限制煤炭的燃烧利用。短短几年之后，英国煤炭消费于1956年达到峰值并从此开始下降。2017年4月20日，英国全国没有一公斤燃煤用于发电。据说，这是自1882年伦敦建立第一座燃煤发电厂以来，英国首次出现零煤发电工作日，是英国向无煤社会转型过程中的一个里程碑。

当英国煤炭消费开始下降时，美国的煤炭利用却在一路攀升，并且持续了半个世纪之久，直到2004年美国的煤炭消费总量才达到峰值并开始下降。美国地域广大，人口密度低，人均用电量大，对煤电的依赖程度也高。即便如此，在2004年煤炭达峰后的十几年间，美国煤炭消费总量也开始了快速下降的总趋势。煤炭需求和生产下降直接影响到产煤区煤矿工人的就业和生计，2016 年美国总统大选期间，特朗普就曾发誓重振美国煤炭业的辉煌而获得产煤州选民的支持。上任后他也试图兑现竞选承诺，帮助产煤区恢复生产，重振煤炭经济；无奈形势比人强，美国的煤炭消费并没有因此上升。其主要原因不是没有政策，而是缺乏市场。过去十几年中，美国的页岩气革命使天然气的开采和利用成本大为降低，对煤炭的竞争优势加强；此外，众多企业对未来气候变化政策的预期使得煤炭发电颇为过时。当天然气替代煤炭成为稳定的市场预期之后，煤炭盛极而衰成为必然趋势。

美国新一轮的能源革命是从页岩气革命开始的。相比较而言，英国的煤炭替代与石油和天然气的使用更加密切相关，特别是在 20 世纪北海石油的开发和使用促使英国走上了逐渐摆脱煤炭的道路。

在中国，煤炭仍是主体能源，在相当长时期内煤炭简直就是能源的同义语。这不仅因为在全国能源资源禀赋构成上煤炭占绝大多数，更在于整个能源消费的比重上，煤炭一直占大头。直到 20 世纪 90 年代初，煤炭占一次能源消费比重仍不低于 3/4。石油和天然气消费迅速增加后，煤炭比重呈现下降的情形，但消费总量却在持续上升。就在几年前，业界仍普遍预期，直到 2020 年以后，中国煤炭消费才可能出现峰值。然而，数据表明，中国煤炭达峰时间大大提前。在 2013 年中国煤炭消费达到了史无前例的 42 亿吨，并从此开始进入下行轨道。2014～2016 年，煤炭消费量出现加速下降趋势，三年同比下降率分别为 3.0%、3.7% 和 4.7%。在 2017 年，无论是工业界还是研究人员都普遍预期，中国煤炭消费会大幅上扬；国际科联"全球碳计划"更是推断中国煤炭消费会上升 3%。然而现实情况证明，学术界又一次高估了中国的煤炭消费量，2017 年的煤炭消费量只比前一年提高了 0.4%。

中国煤炭达峰和下降缘于两个主要因素：一是中国经济增长放缓，即所谓的经济新常态；二是可再生能源的迅速发展。在过去的十几年间，中国的一次能源中，虽然天然气总量和比重在上升，但上升的幅度远低于非化石能源，特别是风、光、水能。可以说，正是风、光、水等可再生能源的快速发展，实现了对煤炭，特别是煤电的快速替代，导致煤炭消费超出预期提前达

峰并迅速下降。在这个意义上，中国的能源生产和消费革命已经发生，并对中国和世界环境产生了积极的影响。2014年以来，中国的空气质量逐渐好转，中国和全球的二氧化碳排放总量暂时出现峰值也与中国煤炭消费达峰有重要的内在联系。

高碳化石能源时代肇始于煤炭的使用。石油的单位能源碳排放（碳密度）是煤炭的3/4，因而，石油被引入能源体系，总体上降低了该体系的碳密度。天然气的碳密度更低，不到煤炭的一半，是石油的2/3。随着天然气在一次能源中比重的提高，能源体系的碳密度进一步下降。对许多国家而言，从能源的煤炭时代过渡到油气时代是能源体系低碳化的重要转折。从1859年在宾夕法尼亚州打出第一口油井开始，美国便逐步从煤炭时代走向油气时代。一直到20世纪中叶约90年间，美国不但以石油革命带动整个能源体系率先进入油气时代，而且在能源低碳化方面把英国这个老牌的工业强国远远甩在后面。英国的追赶开始于第二次世界大战之后，尽管起步偏晚，但仅用了20多年，到1970年英国便进入了真正意义上的油气时代。从此以后，凭着天然气对煤炭的替代，英国的能源体系碳密度竟然在20世纪末赶上并反超美国。在经过几年的反复之后，英国几乎与美国同时开启了一个加速去碳化的新时代。英国能源体系去碳化用了160年的时间完成了对美国的追赶过程。

中国的煤炭达峰原因与英美以及其他发达国家不同，并非以油气为主力替代煤炭，而是以可再生能源替代煤炭。在中国始终没有出现一个以油气为主的能源时期，而似乎是由煤炭时代跨越油气时代直接走向一个非化石能源为主导的新时代。以2006年为转折点，中国能源系统的去碳化开始加速，这一年也是《中国可再生能源法》实施的第一年。十几年来，中国的去碳化趋势明显，超过世界上绝大多数国家。国家《能源生产和消费革命战略》明确2030年后中国的非化石能源发电将超过煤炭发电，届时非化石能源利用在一次能源中的比重将比现在提高一倍，一个以非化石能源为主体的能源新时代已初现端倪。

技术变革加速推动可再生能源发电成本不断下降，同时全球竞标价格正在不断地创造新低。在德国2018年的首轮可再生能源项目招标中，风电平均中标价格为每度电4.73欧分（约合0.37元/度）；太阳能发电平均中标价格为每度电4.33欧分（约合0.34元/度）；中标电价均显著低于德国电网平均购电价格。荷兰政府招标了全球首次无补贴的海上风电项目，预计该项目将于2022年并网发电。中国第三批"光伏应用领跑基地"刚刚结束竞标，在最后的两个基地——青海省的格尔木和德令哈的竞价中，投标企业报出了0.31元/度的电价，这甚至低于当地0.32元/度的燃煤脱硫标杆上网电价。风电和光伏发电的成本正在快速逼近化石能源，可再生能源平价上网的时代即将来临。

无论是中国、美国、英国，还是其他大国，占全球能源消费量多数的经济体的能源系统的低碳转型不仅正在发生，而且在加速进行。但少数国家，如印度和日本等国，其能源系统低碳转型趋势相反，好在这类情形在全世界十分少见，因此并不影响全球能源系统加速转型的大趋势。这个大趋势就是正在发生并加速进行的全球能源生产和消费革命这个大的历史趋势，在其展开的过程中未必一帆风顺，但是总的趋势不可阻挡，更不可逆转。

全球能源革命对中国发展意味着前所未有的机遇。在最近的10年中，中国已成为全球可再生能源发展的领头羊，不仅装机总量最多而且投资量最大。2015年，中国可再生能源投资在全球可再生能源投资中的比重超过了1/3。其后，尽管2016年占比有所下降，但2017年中国不仅继续领跑全球，而且占比大大提高，境内可再生能源领域投资额为1266亿美元，占全球总投资额的45%。继煤炭消费达峰之后，中国能源总量控制明确中长期目标，同时也提出能源系统低碳化目标及2030年非化石能源发电占比达到50%的目标。这些国家目标不仅向世界宣告了中国在能源系统绿色低碳转型中的国家意志，而且也通过国家政策和具体措施将目标转化为行动，保证目标的达成。按照这些目标，中国碳排放将在2024年达到峰值，而后逐年下降。这个峰值只比2017年高出0.1%，甚至小于波动幅度和统计误差的范围。联系到近年来的数据，我们可以认为，2014年中国已经进入了碳排放达峰的平台期，此平台期大约会持续10年，而此后中国碳排放将逐年下降。这个

发展比中国的承诺提前了 6 ~ 16 年的时间，进一步表明了中国的绿色低碳转型正在加速进行。

中国在能源低碳化过程中付出了极大的代价，特别是在太阳能光伏和风能设备制造、电厂建设、电力传输等方面，中央和地方政府给予了极大的优惠条件和资金补贴，在用地、税收、信贷等方面给予可再生能源发展的支持是任何国家所难以匹敌的；企业和居民也为可再生能源电力付出了额外的费用。中国全社会对可再生能源发展的支持是近年来能源系统低碳化的基础，为一个新兴产业从无到有并发展壮大成为全球最大规模提供了优厚的条件，其规模效应是可再生能源成本大幅下降必不可少的前提。在这个意义上，中国可再生能源大发展对全球能源系统低碳转型做出了积极的贡献。当然，在此过程中也出现过严重的资源浪费和成本负担，最大的资源浪费或许就是可再生能源发电中的弃风、弃水和弃光问题。在问题严重之时，有的省份曾1/3 的风电设备闲置而无法发电上网。这里面既有资源空间分布的局限，也有技术发展的限制，更有体制机制的制约。可见，能源系统的低碳化需要能源技术和能源消费的革命，更需要体制机制的变革和优化。

生态文明建设促进中国绿色转型正在多个方面铺开，除了能源系统的低碳转型，中国在污染防治、生态保护、绿色融资，以及绿色产业发展上都有了长足的进展。对专家、公众和决策者而言，新的共识已经形成，那就是全球正在发生并加速展开的能源革命，抓住机遇，中国将有可能实现经济和社会的全面而深刻的绿色转型。我们正处在一个崭新的时代：这是一个加速转型的时代，这也是一个全面终结化石能源利用的时代，是一个重构人与自然和平共处、和谐发展的新时代。

齐　晔

2018 年 7 月于清华园

执行摘要

本报告共分为五篇：第一篇为节能40周年专题，结合节能在全球范围内兴起的历史，重点梳理了40年来中国节能领域发生的大事，并对节能政策的发展、演变和执行进行了系统的归纳分析。第二篇为碳市场，包括未来中国碳市场合理的碳价下限、碳市场与其他碳减排政策的交互与协调两部分内容。第三篇为绿色金融，阐述了我国绿色债券市场的发展与前景，并分析了绿色金融支持中国可再生能源投资的资金缺口；此外，以20家上市光伏企业为例，分析了当前可再生能源制造业融资的渠道、成本和风险。第四篇为低碳转型前景和挑战，先探讨了中国未来低碳能源转型问题，然后对当前低碳能源转型面临的巨大挑战——弃风问题的原因进行了分析。第五篇为低碳指标，包含了主要低碳发展指标与国际比较分析，并附有详细的计算方法与数据来源。

第一篇　节能40周年专题

1973年爆发的第一次石油危机，引发了全球范围内对节能工作的重视。与其他国家不同，中国的节能工作源于能源短缺的困境。1980年颁布的《关于加强能源节约工作的报告》，被视为中国节能工作的起点。1986年，中央政府颁布了《节约能源管理暂行条例》，这是中国第一部综合性节能法规。1997年，全国人大常委会通过《中华人民共和国节约能源法》（以下简称《节约能源法》）。2005年通过的《中共中央关于制定国民经济和社会发展第十一个五年规划的建议》中，首次提出要把节约资源作为基本国策，并将单位国内生产总值能源消耗作为约束性指标。2007年修订《节约能源

法》时，以法律形式确立了节约资源是我国的基本国策，国家实施节约与开发并举，把节约放在首位的能源发展战略。2015 年，能源总量控制被纳入第十二个五年规划，节能工作由单一强度目标约束转向总量和强度双控目标约束。

"十二五"以来，节能减排制度从行政法律手段转向市场手段；支持绿色发展的金融体系基本建立；能源消费增速持续下降，能效水平不断提高。此外，从 20 世纪 90 年代起，中国开始在环境保护、节能与提高能效、气候变化等领域积极参与国际合作。目前，在能效领域，中国已经建立了一系列多边和双边合作关系，积极参与全球能效市场。在多边合作方面，中国积极参与 G20 合作，金砖国家能效合作，APEC 能效、清洁能源部长会议。在双边合作方面，中法、中美、中丹、中日、中俄在能效领域均建立了良好的合作关系。

中国 40 年的节能工作特点和经验在于"目标管理"。第二章从目标、政策、法制、执行机制四个方面，对中国的节能政策和执行机制进行了系统回顾。40 年以来，中国的节能目标从带有较强计划经济色彩的指令性指标演变为包括地区能耗、部门能耗、重点企业能耗、主要产品能耗在内的节能指标体系。从政策和法制来看，中国的节能政策体系已经由最初的以行政命令为主演变为以约束性目标为核心，以法律法规及标准、行政类政策、经济类政策为主体的多元化政策工具组合。从政策执行机制来看，从以行业管理为主线的政策执行机制转变为属地管理下的目标责任制。40 年以来，中国的节能治理基本上适应了经济社会的巨大变革，以较低的能源增长率支撑了经济的快速增长，成为中国生态文明建设中的重要支撑。

第二篇　碳市场

碳市场是气候变化的核心政策工具之一。截至 2017 年底，全球已经有 21 个正在运行的碳市场体系，覆盖全球 28 个不同级别的司法管辖区。除此之外，还有 10 个不同级别的政府正在考虑实施碳市场，将其作为其气候政策的重要组成部分。自 2005 年欧盟碳市场体系启动以来，全球碳市场所覆盖的温室气体排放量从 2005 年的 21 亿吨二氧化碳当量增长到目前的 74 亿吨二氧化碳当量左右，占全球排放的比重从 5% 增长到 15%。从覆盖的行业和温室气体种类来看，不同体系覆盖的范围存在较大的差异，但所有体系均涵盖二氧化碳。覆盖行业最多的体系涉及电力、工业、建筑、交通、航空、废弃物和林业部门，覆盖行业最少的体系只涉及电力或者只涉及工业部门。

2017 年底，中国启动了全国碳排放交易体系，超越欧盟碳排放交易体系，成为全球最大的碳市场。作为一种基于市场的政策工具，碳市场将在中国实现其碳减排承诺目标和促进国内绿色低碳转型中发挥核心作用。针对经济增速、技术进步和可再生能源发展等领域存在的不确定性，为确保碳市场有效发挥作用，避免出现以往国外碳市场中碳价过低的情况，中国需要对碳排放配额价格设定合理的下限。第三章重点研究了中国同时实现国家自主贡献减排承诺目标和国内节能降碳约束性目标的碳排放配额价格，并量化分析了三种不确定因素下的碳价下限。在此基础上，对该碳价下限进行了敏感性分析。

碳市场与其他碳减排政策的交互与协调是中国气候变化领域急需解决的难题。除碳市场外，中国已有的碳减排政策还包括降低单位国内生产总值二氧化碳排放量、提高能源效率、促进可再生能源发展等政策。这些已有的政策已经为主要的温室气体排放企业设立了具体的强制义务，而这些企业也将被纳入全国碳市场中。因此，全国碳市场的设计要和其他减碳政策之间紧密相关，而政策之间的有效协调对这些政策的成功实施至关重要。第四章的研究表明，虽然碳市场与其他碳减排政策的协调从各个角度看都非常必要，但在实践中这种协调仍然比较缺乏，造成这一局面的原因有很多，而最重要的原因可能是各个机构都在努力维护各自的既得利益。为实现碳市场政策的最大效益，应在政治和技术两个层面协调碳市场和其他减碳政策，而从技术层面开始协调或许是更为可行的方案。

第三篇　绿色金融

绿色金融作为中国国家战略，负有支持绿色产业、推动经济和能源绿色转型的重任。绿色债券市场是绿色金融体系的重要组成部分。自2015年底中国人民银行在银行间债券市场推出绿色金融债券、中国金融学会绿色金融专业委员会（绿金委）发布《绿色债券支持项目目录》以来，我国的绿色债券市场取得了快速发展。2016年中国跃升为全球最大的绿色债券市场。截至2017年末，中国境内和境外绿色债券累计发行约占同期全球绿色债券发行规模的27%。从发行基本要素来看，中国境内绿色债券（不包括绿色资产支持证券）的发行主体类型更加多元，信用层级更为丰富，首次出现一年期和两年期的绿色债券，同时长期债券发行有所增加，募集资金方向则主要包括清洁能源、污染治理、清洁交通等领域。绿色债券市场监管和服务逐步完善，国际交流与合作不断增强，中国的绿色债券市场正在从起步逐渐走向成熟。

可再生能源是中国绿色金融支持的重要领域。近年来中国已经从可再生能源制造大国转变为可再生能源投资和出口大国，2017年中国大型清洁能源对外投资额达440亿美元。中国境内可再生能源投资依然领跑全球，2017年仅电源领域内可再生能源发电投资就高达6519亿元（966亿美元）。从对可再生能源的开发与制造的支持来看，2017年来自绿色金融渠道的新增资金约为400亿美元，而2017年中国可再生能源应用境内和国外投资金额合计则超过1700亿美元，两者之间仍存在巨大的资金缺口。从具体数据来看，绿色金融对可再生能源制造业的支持甚至在减少，绿色金融支持可再生能源发展仍然任重道远。

为研究中国可再生能源制造企业的融资渠道、成本，以及这些渠道是否能为可再生能源产业提供可持续的支持，第七章选取了20家上市光伏企业进行分析，并重点分析了其中4家龙头企业2017年度的融资情况。研究发现，尽管中国光伏制造业融资渠道呈现明显的多元化特征，但是在行业进入了新一轮产能扩张期的情况下，企业高负债投资，负债规模持续扩大。境内融资成本高，低成本的长期融资稀缺。在当前国际国内经济贸易形势下，包括利率上行风险、汇率风险、政策风险在内的各类风险开始显现。在借款成本大幅上升、流动性紧张的背景下，企业的资产负债表将变得脆弱，这将制约企业创新投入和长期的良性发展。

第四篇　低碳转型前景与挑战

第八章探讨了中国未来低碳能源转型问题，对不同排放路径下能源消费总量、能源结构、关键激励政策等进行了定量评估。情景分析结果表明，在政策情景 1 下（未来碳强度年均下降率约为 4% 的情景），中国能源相关的二氧化碳排放在 2030 年左右达到峰值并在以后呈现不断下降的态势，非化石能源比重 2030 年达到 20%；在政策情景 2 下（未来碳强度年均下降率约为 5% 的情景），中国能源相关的二氧化碳排放可以提前实现峰值目标，即在 2025 年左右达到峰值，在 2025 年以后呈现不断下降的态势，非化石能源比重 2030 年达到 25%。情景分析结果还表明，中国很有可能实现政策情景 1，但在没有颠覆性技术出现的情况下，要实现政策情景 2，中远期有比较大的不确定性，不仅需要有高碳价政策激励，也要付出一定的经济代价。如果在 2030 年后有颠覆性的能源技术出现，实现超常规低碳能源转型的可能性和可行性会大大提高。

自从中国经济发展步入新常态后，能源低碳转型也面临着严峻的挑战，其中一个重要挑战就是弃风限电问题。弃风造成了巨大的经济和能源效率损失，由此带来的环境改善和气候变化减缓效应更无从谈起。第九章提出了一个包含五种影响因子的分析框架，并且使用 LMDI（Logarithmic Mean Divisia Index）分解方法来定量分析不同因子对弃风问题的贡献。研究结果表明中国早期的弃风限电现象主要源于电网传输能力的限制，而近期则主要源于经济新常态所导致的电力需求增速的下滑，以及电力输入省份对于外来电力接受意愿的降低。第十章侧重于研究弃风问题的制度性原因。文中提出了一个电力管理制度的框架分析弃风问题，并通过两个案例研究——甘肃省酒泉市和吉林省通榆县风电基地的发展——来寻找不同地区弃风问题的相似的制度成因。基于李侃如和奥克森博格的理论，笔者将碎片化的电力管理体制归结为中国弃风问题最根本的制度原因，并建议继续推进电力市场改革，依托电力市场机制彻底解决弃风问题。

第五篇　低碳指标

　　数据是衡量低碳发展的准绳。我们希望通过这些指标，尽可能地全面展现中国低碳发展的进程。本报告把低碳指标大致归为三大类：总量指标、效率指标和能源结构指标。每一类低碳发展指标又包括多个层次。总量指标的第一层次是能源消费和温室气体排放总量，第二层次是分部门能源消费和碳排放总量，第三层次是部门内分行业、分类别的能源消费和碳排放总量。效率指标的第一层次是单位 GDP 能耗和单位 GDP 碳排放，第二层次是分部门能源消费和碳排放效率，第三层次是分行业能源消费和碳排放效率。能源结构指标的第一层次以单位能源的碳排放量来衡量，第二层次主要反映了分部门的能源结构变化。

　　中国的能源平衡表中，各部门的能源消费量采用工厂法，与 IEA、IPCC 排放清单指南中的定义存在较大区别。为了便于国际上的能源消费比较，本报告根据《2006 年 IPCC 国家温室气体清单指南》中的部门法计算了能源燃烧的碳排放，对中国的能源平衡表进行了重新构建与划分。本报告中所用到的各种原始数据都来自官方统计，如《中国统计年鉴》、《中国能源统计年鉴》、国家统计局网站。此外，本报告也采用了来自行业协会、研究机构、文献及报告的数据。各种来源的数据都在指标中予以注明。

Executive Summary

This report consists of five parts. Part I is a special feature on China's energy conservation's 40 – year anniversary. Under the background of global energy conservation movement since the 1970s, it focuses on major milestones in China's 40 – year energy conservation efforts, giving a systematic summary and analysis of the development, evolution and implementation of China's energy conservation policies. Part II is on the national carbon market, and discusses a reasonable price floor for China's carbon market and the interaction between carbon market and other carbon mitigation policies. Part III is on green finance, and provides an analysis and speculation of China's green bond market, while discussing the gap of green finance in supporting renewable energy investment. In addition, using 20 listed photovoltaic (PV) manufacturing companies as case studies, analyzing current financing channels, costs and risks of China's renewable energy industry. Part IV discusses the outlook and challenges of China's low-carbon energy transition, while zooming into one of the serious challenges in this transition process – wind curtailment: first decomposing its driving factors, then diving into the institutional causes of this important issue. The last part of the report, summarizes the primary low-carbon development indicators in China as well as international comparisons of these indicators. Detailed methodology and data sources are also provided for reference.

Part I   Special Feature on the 40 – year Anniversary of China's Energy Conservation

The first oil crisis in 1973 initiated international attentions on energy conservation. Different from other countries, China's energy conservation work

originated from its dilemma of energy shortage. The "Report on Strengthening the Work of Energy Conservation" issued in 1980 is regarded as the starting point of energy conservation work in China. In 1986, the central government issued the "Provisional Regulations on Management of Energy Conservation," which is the first comprehensive energy conservation regulation in China. In 1997, the Standing Committee of the National People's Congress passed the "Energy Conservation Law of the PRC." The "Advisory Report for the 11th Five Year Plan on Economic and Social Development" passed in 2005 coined energy conservation as a basic national policy for the first time, and identified energy consumption per unit of GDP as an obligatory development indicator. When the "Energy Conservation Law" was revised in 2007, energy conservation was legally established as a basic national policy, which prioritized energy conservation in front of energy exploration within the energy development strategy. In 2015, a total energy consumption cap was imposed in the 12th Five Year Plan, changing energy conservation from a focus on energy intensity to a dual emphasis on both total amount and energy intensity.

Since the start of 12th FYP period, China's energy conservation and emissions reduction have been increasingly relying on market approaches instead of administrative tools. The financing system supporting green development have been established, with the growth of energy consumption slowed, and energy efficiency continuously improved. What is more, China has been strengthening international collaborations since the 1990s in the realms of environmental protection, energy conservation, energy efficiency, and climate change. Currently, in the realm of energy efficiency, China has established a series of bilateral and multilateral collaborative relationships and has become an active player in the global energy efficiency market. On multilateral collaboration, China has been actively engaging in energy conservation efforts on multiple platforms such as the G20, the BRICS and the APEC Ministerial Meetings on Energy Efficiency and Conservation. On bilateral collaboration, China has also established healthy bilateral relationships with France, the US, Denmark, Japan, and Russia on energy efficiency.

China's 40 years of energy conservation efforts is best characterized as "target management". Chapter Two gives a systematic review of China's energy conservation policies and enforcement mechanisms in four major aspects: goals, policies, laws and enforcement mechanisms. On the goals front, China's conservation has evolved from a set of government directives given under a planned economy to a system of performance indicators regulating energy consumption at the regional, department, enterprise and product levels. On the policy and legal front, China's energy conservation has transited from command-and-control to a diverse set of policy tools consisting of laws, standards, administrative and economic policies. On the enforcement mechanism front, management by industries have been gradually replaced by management by regions with a target responsibility system. For 40 years, China's energy conservation efforts have been consistent with the country's colossal economic and social reforms and have supported China's exponential economic growth with relatively low energy consumption growth. Energy conservation has become an indispensable pillar of the construction of China's "ecological civilization".

Part II   The National Carbon Market

The carbon market is a major policy tool to tackle climate change. Up to the end of 2017, there were 21 operating carbon market systems in 28 global jurisdictions at different levels. In addition, 10 other governments are considering implementing carbon market as a fundamental component of their climate policies. Since the launching of the EU carbon market system in 2005, the total greenhouse gas emissions coverage by the global carbon markets has increased from the 2.1 billion tons of CO_2e (5% of total global emissions) in 2005 to 7.4 billion tons (15% of total global emissions) in 2017. The covered industries and greenhouse gases vary from one carbon market to another, but all systems cover CO_2. Carbon markets with the widest industrial coverage would include the power, industry, building, transportation, aviation, waste and forestry sectors. Carbon markets with the least coverage would only include the power sector or the industrial sector.

In the end of 2017, China launched its own national carbon emissions

trading system (ETS), which surpassed the EU ETS to become the world's largest carbon market. As a market-based policy tool, the carbon market will play a central role in helping China to fulfill its emissions reduction target and its transition to a green, low-carbon economy. In order to cope with uncertainties caused by economic growth, technological advancements and renewable energy development, as well as to ensure the success of the carbon market, China needs to learn from international experiences and prevent the carbon price from falling into the bottom by establishing a reasonable floor price. Chapter Three aims to find a reasonable carbon price floor for China by examining the emission permit price in three different scenarios, all warranted to fulfill its national determined contribution (NDC) commitments and domestic energy conservation and emissions reduction goals simultaneously. Sensitivity analysis is also done later.

The interaction and coordination between carbon market and other mitigation policies are one urgent topic for China in the field of climate change. Besides the national carbon market, China has also implemented other mitigation policies that focus on carbon intensity, energy efficiency and renewable energy development, respectively. These specific mitigation policies impose various obligations on major GHG emission firms, who are also included in the national carbon market. Therefore, the linkages and interactions between the carbon market and other mitigation policies are key for the success of all policy practices. Chapter Four shows that coordination between emissions trading and other policies is generally lacking in most aspects in practice for many reasons, among which institutional vested interests are one of the most important. It is proposed that coordination should be conducted at both political and technical levels to realize the full benefits of emissions trading, and it is practical to start from the technical aspects.

Part Ⅲ   Green Finance

As one of China's national strategies, green finance carries the mission of supporting green industries, promoting the green transition of economy and energy. The green bond market is an important component of green finance. Since the end of 2015, when the People's Bank of China issued the green bond in the

Inter-bank Bond Market and the Chinese Finance Association's Committee on Green Finance (Green Finance Committee) published the "Index of Green Bond-Funded Projects," the Chinese green bond market has been growing rapidly. In 2016, China became the world's largest green bond market. By the end of 2017, the scale of domestic and overseas green bonds issued by China accounted for 27% of the global market. Furthermore, China's green bonds (not including bonds supported by green stocks) are more diverse in terms of product types, credit levels, and terms of maturity. One-year and two-year bonds are issued for the first time, and there are also more long-term bonds. China's green bonds mainly target clean energy, pollution management and green transportation, etc. Supervision and services in the green bond market have gradually improved and international collaboration have strengthened as the Chinese green bond market continues to mature from its inception.

Renewable energy is an important sector supported by green finance in China. In recent years, China has transited from a large producer to a large investor and exporter of renewable energy. In 2017, China's overseas investments in large clean energy projects totaled 44 billion USD. China is also a global leader in domestic investment in renewable energy; its investments in renewable energy power generation alone totaled 65. 2 billion yuan (96. 6 billion USD) in 2017. Funding for the development and manufacturing of renewable energy that came from green finance channels totaled around 40 billion USD in 2017, but total domestic and overseas investments in renewable energy was more than 170 billion USD, so there is still a considerable funding gap to close. Furthermore, green finance for renewable energy manufacturing has even been decreasing in recent years, and more work needs to be done in this respect.

To study the financing channels and costs and to analyze if these channels can provide sustainable support for renewable energy manufacturing industry, Chapter Seven selects 20 listed solar PV companies for case studies, and pays more attentions to four leading firms in 2017. The study finds that the financing channels of the Chinese PV manufacturing industry are evidently diverse. However, as the industry enters a new round of capacity expansion, companies are relying more on debt, and the scale of debt continue to expand. The costs of domestic financing are

high, and there is a shortage of low-cost and long-term financing options. Multiple risks have begun to appear under the current domestic and international economic and trade conditions characterized by increasing interest rates risks, exchange rate risks, and policy uncertainties. Rising borrowing costs and liquidity pressure will continue to weaken companies' balance sheets and hinder their innovation efforts and long-term growth.

Part IV Low-Carbon Development Outlook and Challenges

Chapter Eight takes a deep dive into China's low-carbon energy transition and quantifies the total energy consumption, energy structure and key incentive policies under different emission trajectories. The analysis indicates that under the first policy scenario (4% annual decrease in carbon intensity), China's CO_2 emissions will peak around 2030 and continue to decrease thereafter, with non-fossil energy making up 20% of total energy production. Under the second scenario (5% annual decrease in carbon intensity), the emissions will peak earlier, in around 2025, and continue to decrease thereafter; in 2030, non-fossil energy will make up 25% of total energy production. Analysis also shows that the first policy scenario is more likely than the second one: whether the targets in the second scenario can be achieved without a major technological breakthrough, however, is obscured by mid to long-term uncertainties. In order to realize the second policy scenario, both high carbon price and large economic costs are needed to be paid. Nevertheless, if a major energy-related technological breakthrough occurs after 2030, then the possibility and feasibility of a successful low-carbon energy transition will be greatly enhanced.

China's energy transition, from a coal-dominated system to one with the world largest deployment of wind power, is facing major challenge as China entered the economic "New Normal" in recent years. A key phenomenon is serious wind curtailment, where potential clean wind power is abandoned and the associated environmental and climate benefits could not be fulfilled. Chapter nine proposes a flexible analytic framework and uses the LMDI (Logarithmic Mean

Divisia Index) method to quantify the contributions of key factors in the change of wind curtailment rate change. While the early stage of wind curtailment was constrained by limited transmission capacity, recent wind curtailment is primarily driven by the deceleration of the overall economic growth, which resulted in a slowdown of electricity demand and low willingness-to-accept imported power across provinces.

The continued recurrence of China's wind curtailment problem also underscores the vulnerability of China's electricity regulatory regime. In Chapter Ten, an electric power regulatory framework is proposed to explain the wind curtailment problem in China, and probe into the root causes of the problem. This is built upon the "fragmented authoritarianism" conceptualization coined by Lieberthal and Oksenberg, while centering on the lack of coordination. Two case studies are used to explicate the institutional causes of wind curtailment in different regions. Under current top-down system, fragmented electric power regulation is identified as the fundamental cause for China's wind curtailment problem. It is proposed to further proceed China's power market reform and establish regional spot power markets as soon as possible, in order to build renewable energy-friendly market and to break inter-provincial barriers.

Part V Low-Carbon Indicators

Low-carbon development must be evaluated with objective data. We have chosen a collection of indicators to demonstrate the status quo of China's low-carbon development. Low-carbon indicators has been grouped into three major categories: volume indicators, efficiency indicators and energy structure indicators. Each category of low-carbon indicators is further broken into several levels. The top level of volume indicators involves energy consumption and total GHG emissions; the middle level is sector-level energy consumption and total GHG emissions; and the bottom level is energy consumption and GHG total emissions by industry and by energy sources within each sector. The first level of efficiency indicators involves energy consumption per unit of GDP and GHG emissions per unit of GDP; the second level is energy consumption per unit of

GDP and GHG emissions per unit of GDP by industry. Energy structure indicators reflect changes in energy structure by sector.

In China's energy balance sheets, energy consumption in each sector is calculated by the so-called "factory methodology", which is very different from the definition in the GHG inventory by IEA and IPCC. In order to facilitate international comparisons of energy consumption and calculate carbon emissions from fuel combustion based on the sectoral approach in the 2006 IPCC Guidelines for National Greenhouse Gas Inventories, this report re-constructs and re-classifies China's energy balance sheets. Raw data used in this report all come from official statistics such as China Statistical Yearbooks, China Energy Statistical Yearbooks, and the website of China's National Statistical Bureau. In addition, this report uses data from industrial associations, research agents, literatures and reports. All data sources are noted in the relevant indicators.

目 录

Ⅱ 碳市场

Ⅲ 绿色金融

Ⅳ　低碳转型前景和挑战

Ⅴ　低碳指标

Ⅵ　附录

皮书数据库阅读**使用指南**

CONTENTS

I Special Feature on the 40-year Anniversary of China's Energy Conservation

Ⅱ   The National Carbon Market

Ⅲ   Green Finance

IV   Low-carbon Development Outlook and Challenges

V　Low-carbon Indicators

VI　Appendices

节能40周年专题

Special Feature on the 40 – year Anniversary of China's Energy Conservation

B. 1

中国节能40年大事回顾

赵旭东　帖　明　张　瑾　虞　宙*

摘　要： 中国节能肇始于应对改革开放初期所面临的能源短缺形势，21世纪以来中国将包括节能在内的资源节约确立为基本国策。在过去40年间的经济活动中，中国能源的物理效率和经济效率持续大幅提升，在电力、工业、建筑等许多领域，能源效率世界领先。在新常态背景下，节能减排工作内涵进一步扩展，节能减排政策从行政法律手段逐渐转向市场手段。本章回顾了中国40年的节能历程，介绍了节能领域的政策变迁、制度演进、公众参与、金融支持，以及双边与多边国际合作。

关键词： 节能　基本国策　能源效率　国际合作

---

* 赵旭东，山东省政府节能办公室原副主任；帖明、张瑾、虞宙，清华大学公共管理学院。

节能是国际社会的热门话题和热点问题，举世瞩目，全球关注。在当今的中国，节能家喻户晓，深入人心，遍布于经济社会的各领域，贯穿于生产、流通、消费的全过程。在历史的长河里，40 年可谓弹指一挥间，但在中国节能的日历上，40 年却非同寻常，它见证了中国节能意识不断深化、机制不断健全、措施不断强化、成效不断显现的历史轨迹。

一 从应对能源短缺到提高能效（1978～1995年）

1950～1973 年，得益于第二次世界大战后的经济持续稳定增长，国际能源市场比较稳定。当时的原油价格相对低廉，平均价格约为每桶 1.8 美元，仅是煤炭价格的一半左右。1973 年 10 月，第四次中东战争爆发，阿拉伯主要产油国对支持以色列的美国实行石油禁运，引发了第一次世界石油危机。这次石油危机造成了能源供应短缺与能源价格上涨，深刻影响了全球经济的发展，并引发了各国政府对节能工作的重视。俄罗斯特别关注中东地区的石油增量；美国加大对可再生能源和能效的研发投入；日本于 1979 年出台了《关于能源使用合理化的法律》，简称为《节能法》，这是世界上第一部关于节能的法律。

1978 年以后，中国也面临能源短缺的困境。由于经济发展相对封闭，这一时期的能源短缺主要是国内能源生产能力不足造成的。改革开放带来了经济的快速发展，能源需求迅速增加，此后，能源问题凸显。为了大力发展经济和弥补能源供给缺口，中央政府重点采取了一系列的能源"节流"措施。至此，节能成为关乎我国经济社会能否持续发展的重要内容。

（一）节能进入政策议程，"节能指令"与"节能58条"颁布

国务院以颁发指令的方式展开节能工作，对企业能源消耗量进行督导与管理。面对能源供应日趋短缺的严峻形势，我国开始有组织、有计划、大规模地开展节能工作，节能问题逐渐进入政策议程。1978 年 1 月 8 日，国务院下发《国务院批转国家计划委员会等部门关于燃料、电力凭证定量供应

办法的通知》（国发〔1978〕2号），指出目前我国的燃料、电力节约潜力大，必须加强管理，严格实行凭证定量供应制度，把燃料、电力像管口粮一样地管好用好，厉行节约，杜绝浪费。1979年6月18日，国务院向五届全国人大二次会议所做的政府工作报告中，用较大篇幅阐述了节能工作的重要性，提出"要经过努力增产和厉行节约，使目前燃料动力……的紧张局面有所缓和"，"各行各业都要努力降低消耗，节约使用能源，杜绝浪费，这是当前以至今后若干年内缓和燃料动力供应紧张状况的最主要、最可靠的途径"，确立了节能优先的理念。此后，从中央到地方的各级政府、从工业到农业的各个行业、从生产到生活的各个领域，都开展节能活动。

这一时期能源供应紧张局面难以根本改变，节能工作的重要性日益凸显。1980年8月30日，国务院向五届全国人大三次会议做的《关于1980、1981年国民经济计划安排的报告》指出，解决我国能源问题必须实行"开发和节约并重，近期要把节能放在优先的地位，大力开展以节能为中心的技术改造和结构改革"。1980~1982年，国务院先后颁发了五个指令，分别涉及工业锅炉和窑炉压缩烧油、节约用电、节约成品油、节约工业锅炉用煤、发展煤炭洗选加工，目的是节油、节电、节煤。与此同时，为了协调各部门共同管理好节能工作，我国采取了一系列有力的政策措施，包括制定《国家能源科学技术发展规划》，成立国家能源委员会，提出开发与节约并重、以节约为主的方针，各部门、行业和企业建立能源管理机构。在地方政府层面，省、市、县三级政府均成立了节能管理机构，有的地市还成立了节能技术中心。至此，中国节能制度化初步成型。

为解决当时节能观念淡薄，专业知识缺乏，基础工作差，能源消费不计量、不统计分析，用多用少一个样等突出问题，1981年5月12日国家经委、国家计委、国家能委下发了《关于试行对工矿企业和城市节约能源的若干具体要求的通知》（经能〔1981〕162号）。由于该通知中列出了58条具体要求，因此被通俗地称为"节能58条"。通知对企业要求的38条涉及能源管理基础工作、节能奖惩、工业锅炉和热力管道的节能、工业窑炉的节能、通用电气设备的节能、蒸汽和水的管理、油品管理、车辆节油管理、燃

料油库和煤场管理 9 个方面；对城市节能的 20 条涉及加强节能管理、节约电气水、发展集中供热和热电结合、发展城市煤气和推广民用节煤灶、组织专业化协作 5 个方面。"节能 58 条"提出了具体化、可操作的定量要求，为企业节能提供了具体的目标和方法，对解决国家特别是企业节能管理薄弱甚至混乱的问题有着重要的意义。

（二）从节约用能到提高能效：以能源翻一番实现经济翻两番

1982 年，党的十二大绘制了在 20 年内实现国民生产总值翻两番（2000年比 1980 年）的宏伟蓝图。实现这一目标遇到一个严峻问题，就是作为经济增长动力的能源供给能否保障、支持和保证经济发展。1980 年，我国能源消费总量为 6 亿吨标准煤，按照新中国成立后到改革开放时期能源消费弹性系数 1.58 计算，2000 年能源需求近 40 亿吨标准煤；即使按照 1:1 的弹性系数计算，也需要 24 亿吨标准煤。当时国家计委联合几个部门研究认为，到 2000 年能源供给量只能翻一番，能源消费弹性系数只能维持 0.5。能源翻一番经济翻两番（即"一番保两番"）有没有可能？从国内外过去的实践和已有能源理论看，还没有这样的先例。

国务院技术经济研究中心能源组提出国内生产总值能耗指标，即用提高综合能源效率的办法降低国内生产总值能耗，解决能源短缺问题。通过实地考察、座谈、测算，课题组仔细研究了 100 多个国家国内生产总值能耗资料，比较中国与其他国家的差距，发现中国国内生产总值能耗是全世界最高的，是日本的 7 倍、法国的 5.8 倍、印度的 2.9 倍。中国到 2000 年能源消费弹性系数即使只有 0.5，但只要全面实行"广义节能"和"综合能源效率战略"，能源增长翻一番就可以保证实现经济增长翻两番的目标。

为实现"一番保两番"，国务院于 1986 年 1 月 12 日发布了《节约能源管理暂行条例》（国发〔1986〕4 号），这是我国第一部综合性节能法规，也是全面指导我国节能工作的第一个行政法规。《节约能源管理暂行条例》包括总则、节能管理体系、节能管理基础工作、能源供应管理、工业用能管理、城乡生活用能管理、推进技术进步、奖惩、宣传教育和附则，共 10 章

60 条，确认了"能源实行开发与节约并重的方针"，对节能管理工作提出了系统的要求。《节约能源管理暂行条例》通过直接供给与管制的方式实现了政府有效治理。1995 年我国提前 5 年实现国民生产总值翻两番的目标，同时也实现了"一番保两番"的节能目标。

20 世纪 80 年代至 90 年代初，我国节能工作取得了显著的成效。从节能政策上看，这个时期中国实施的能源开发与节约并重政策，基本上保证了能源的供应。这段时期节能工作主要采取政府必要的行政干预，不仅合理调整经济结构，将节能纳入计划，还开展计划指导与能源管理。各地区、各部门围绕贯彻执行能源方针，在节能方面做了大量工作。从生产能耗来看，技术节能贡献明显。同时，能源工业也得到了较快的恢复与发展。在能源生产上，中国从原先几乎完全由国家或地方投资进行能源生产，转向鼓励多种渠道的能源生产建设投资，尤其在煤炭这类一次能源的生产上。经过努力，节能取得了预期效果，"六五"期间单位 GDP 能耗年均降低 5.2%，"七五"期间年均降低 2.5%，"八五"期间年均降低 5.8%。

二 从把节能放在首位到上升为基本国策
（1996 ~2005年）

在提前实现"一番保两番"的目标之后，我国不仅没有放松节能工作，而且在认识上进一步深化。1995 年 9 月 28 日，中国共产党第十四届五中全会通过的《中共中央关于制定国民经济和社会发展"九五"计划和 2010 年远景目标的建议》中提出，到 2000 年，在我国人口比 1980 年增长 3 亿人左右的情况下，实现人均国民生产总值比 1980 年翻两番。同时提出实现经济增长方式从粗放型向集约型转变，在制订国家中长期计划时，必须"坚持资源开发与节约并举，把节约放在首位。生产、建设、流通、消费等领域，都必须节水、节地、节能、节材、节粮，千方百计减少资源的占用与消耗"。而从 1996 年开始的第九个五年计划，全国较好地贯彻了这一要求，延续了此前能源消费增长低于经济增长的趋势。

1997 年 7 月 22 日，党的十五大报告提出，坚持开发和节约并举，把节约放在首位，提高资源利用效率。同年 11 月 1 日，第八届全国人大常委会第二十八次会议通过《中华人民共和国节约能源法》，自 1998 年 1 月 1 日起施行。这是我国第一部节能法律，旨在完善法规标准，强化依法管理促进节能。此后的 1999 年，国家经贸委发布了《重点用能单位节能管理办法》，规定：年综合能源消费量在 1 万吨标准煤以上的单位为法定重点用能单位，年综合能源消费量在 5000 吨标准煤以上的单位为指定重点用能单位。这一时期，节能法规政策进一步完善。20 世纪 90 年代末，受亚洲金融危机影响，中国出现了经济下滑，能源需求量下降，产生了能源供给过剩问题。在国内经济下行压力下，部分企业开始依赖传统发展路径，一些高耗能行业有复苏的趋势。2001 年，中国加入世界贸易组织（World Trade Organization，WTO），开始扩大出口和利用外资，并深度参与全球产业体系分工。2002 年，中国对外贸易出口额比 2001 年增长 22%，占世界出口总额的比重由 2001 年的 4.3% 升至 5.1%。

中国加入世界贸易组织之后，以出口为导向的中小企业迅速增加，成为推动中国经济发展的重要力量之一。在企业市场竞争越发激烈的行业背景下，一些企业为降低成本采用廉价的高耗能的生产设备或方法进行生产，导致了能源消费总量迅速增长。而因为用能企业的增多，用能的集中度越来越低，为政府的监管工作带来了巨大困难。同时，由于私营企业经营管理的独立性较强，相关节能政策在私营企业的推行也成了难题。随着经济改革的不断加深，从国有企业到私营企业，因为监管的缺失及惩罚措施的难以执行，节能工作很难在企业得到有效开展。同时，由于经济水平提升，人们的生产和生活需求也不断上升，能源消费上涨。这一时期用能总量迅速增长，至 2007 年，中国超过美国成为世界第一大能源消费国。

"十五"时期，以往良好的节能发展态势逐渐出现逆转。我国一次能源消费总量，2002 年达到 14.8 亿吨标准煤，同比增长 9.9%；2003 年达到 16.8 亿吨标准煤，同比增长了 13.5%。而同期国内生产总值增长速度分别只有 8.3% 和 9.3%。能源消费总量的增长速度连续两年超过同期国内生产总值的增长速度。中国能源问题引起了国内外专家的普遍关注，对中国能源效率低下的批评和指责之声不断。

面对严峻的能源形势，2004 年，中央决定在全国开展为期三年的资源节约活动，加快建设节约型社会。同年 4 月 1 日，国务院办公厅下发《关于开展资源节约活动的通知》（国办发〔2004〕30 号）。通知提出，经过三年努力，使全民特别是各级领导干部的资源意识和节约意识显著增强，部分行业盲目发展、低水平重复建设和严重浪费资源的现象得到有效遏制，资源节约技术和管理水平有较大提高，资源节约政策、法规和标准不断完善并得到较好实施，市场配置资源的基础性作用进一步发挥，资源利用效率明显提高，万元国内生产总值能耗下降 5%，资源瓶颈制约得到有效缓解，全社会自觉节约资源的机制初步形成，建设资源节约型社会迈出坚实步伐。

2005 年 6 月 27 日，国务院又印发《关于做好建设节约型社会近期重点工作的通知》（国发〔2005〕21 号），要求坚持资源开发与节约并重，把节约放在首位，以节能、节水、节材、节地、资源综合利用和发展循环经济为重点，加快结构调整，推进技术进步，加强法制建设，完善政策措施，强化节约意识，尽快建立健全促进节约型社会建设的体制和机制，突出抓好节能十大工程。

2005 年 10 月 11 日，十六届五中全会通过的《中共中央关于制定国民经济和社会发展第十一个五年规划的建议》，首次提出要把节约资源作为基本国策。建议还提出"十一五"单位国内生产总值能源消耗要比"十五"末降低 20% 左右的目标。2006 年《国民经济和社会发展第十一个五年规划纲要》中强调，"必须加快转变经济增长方式。要把节约资源作为基本国策，发展循环经济，保护生态环境，加快建设资源节约型、环境友好型社会，促进经济发展与人口、资源、环境相协调"。2007 年修订《节约能源法》时，以法律形式确立了节约资源是我国的基本国策，国家实施节约与开发并举，把节约放在首位的能源发展战略。这意味着随着科学发展观的深入贯彻，节能的战略地位不断得到强化。

三 从约束性指标到全民节能（2006~2010年）

面对严峻的资源环境压力和国际形势，在谋划"十一五"发展目标和思路时，中国政府把节能摆在了更加突出的位置，不仅确定了单位国内生产总值比"十五"末降低20%左右的目标，而且将其作为约束性指标层层分解落实。"十一五"期间中国节能工作的力度、广度、成效和影响力，堪称前所未有。五年中，国务院共召开13次常务会议研究部署节能工作。在节能工作关键时刻，国务院两次召开全国节能工作会议，一次是2007年4月27日，另一次是2010年5月5日，国务院总理温家宝、国务委员悉数出席。

（一）建立节能目标责任制，有效促进节能减排目标的落实

《"十一五"规划纲要》发布后，2006年7月，国家发改委与各省、自治区、直辖市、新疆生产建设兵团和14家中央企业负责人签订节能目标责任书。2006年8月6日，国务院发布《关于加强节能工作的决定》，明确要求建立节能目标责任制和评价考核体系，提出"要将能耗指标纳入各地经济社会发展综合评价和年度考核体系，作为地方各级人民政府领导班子和领导干部任期内贯彻落实科学发展观的重要考核内容，作为国有大中型企业负责人经营业绩的重要考核内容，实行节能工作问责制"，要求有关部门抓紧制定实施办法。2006年9月，《国务院关于"十一五"期间各地区单位生产总值能源消耗降低指标计划的批复》下发，确定了各地区单位生产总值能源消耗降低指标。

遵照国务院要求，国家发改委、国家统计局、国家环保总局会同有关部门，研究建立和完善考核体系的实施方案。其中，国家发改委组织力量研究制定了单位GDP能耗考核体系实施方案；国家统计局会同国家发改委、国家能源办研究制定了单位GDP能耗统计指标体系和监测体系实施方案；国家环保总局牵头研究制定了主要污染物总量减排统计、监测和考核办法。

地方政府积极响应，制定了一系列匹配对应的节能目标责任文件。在

《国务院关于"十一五"期间各地区单位生产总值能源消耗降低指标计划的批复》下达之后短短三个月,山东省即出台了《山东省节能目标责任考核办法》,并制定了详细的《考核各设区市政府节能目标计分办法》和《考核103户重点用能企业节能目标计分办法》。随后云南(2007年6月)、陕西(2007年7月)、山西(2008年9月)以及重庆(2007年10月)纷纷出台地方节能目标责任评价考核办法、评价考核实施办法、评价考核及奖惩办法等。2007年11月17日,国务院批转了《节能减排统计监测及考核实施方案和办法的通知》以及"三个方案"(具体指《单位GDP能耗统计指标体系实施方案》《单位GDP能耗监测体系实施方案》《单位GDP能耗考核体系实施方案》)和"三个办法"(具体指《主要污染物总量减排统计办法》《主要污染物总量减排监测办法》《主要污染物总量减排考核办法》)的具体附件。其中,《单位GDP能耗考核体系实施方案》对考核对象、考核内容和方法、考核程序、奖惩措施进行了详细规定。至此,完整的节能目标责任制政策体系初步形成并进入落实阶段。

(二)一票否决,倒逼节能任务达标

节能目标责任制政策体系不仅明确包含了节能减排统计、监测和考核三方面内容,还包含了节能考核新制度,即"一票否决"制。其主要包括三个方面内容:第一是没有完成年度节能目标的省份或者是企业,就视为没有完成节能任务。因为考核指标里有两项内容,一项是完成任务的量化指标,另一项是采取措施的量化指标。只要没有完成当年的节能目标,就视为没有完成任务,这是第一个"否决"。这个办法也责成有关部门把每年节能情况、考核结果向社会公布,没有完成任务的要做出说明,要接受全社会的监督。第二个否决的内容,主要是将节能考核的结果上报干部主管部门和各级国资委,作为对政府和主要领导人政绩考核,以及对国有企业业绩考核的重要内容之一。第三个就是对没有完成任务的地方政府和重点企业的领导人,要取消当年评先选优的资格,同时对这个地区和这个企业申报的高耗能项目,或者是污染比较大的项目要停止审批。

"一票否决"制并非平地而起。事实上，早在 2007 年 4 月的全国节能减排工作电视电话会议上，温家宝总理首次释放了一个重要的节能减排评价制度建设的信息，即"要把节能减排指标完成情况纳入各地经济社会发展综合评价体系，作为政府领导干部综合考核评价和企业负责人业绩考核的重要内容"。两个月后，6 月 12 日，由温家宝总理亲自担任组长的"国务院节能减排工作领导小组"挂牌。在此期间，《节约能源法》修订也实现新突破。从 6 月到 10 月这 4 个月，全国人大常委开展《节约能源法》修订工作，逐步为节能目标责任制提供法律依据和法律基础。直至 2007 年 10 月 28 日全国人大常委会通过的新《节约能源法》，才明确规定"国家实行节能目标责任制和节能评价考核制度，将节能目标完成情况作为对地方人民政府及其负责人考核评价的内容"。这为"一票否决"制提供了坚实的法律支持。2007 年作为"十一五"节能减排攻坚战的第二年，无疑是节能减排发展过程中的重要纪年。

"一票否决"制倒逼节能减排，提高了地方政府和企业的节能减排意识，但是其进展也并非十分顺利。2010 年是实现"十一五"全国节能目标的决战之年，但前四年单位国内生产总值能耗累计下降 14.38%，与 20% 的目标相距甚远。不仅如此，2010 年一季度电力、钢铁、有色、建材、石化、化工等六大高耗能行业加快增长，全国单位国内生产总值能耗不降反升 3.2%，形势十分严峻。2010 年 5 月 5 日，国务院再次召开全国节能减排工作电视电话会议，温家宝总理又一次发表讲话，要求统一思想，落实责任，确保实现"十一五"节能目标。同年 8 月工信部先后下达多个行政命令，敦促各地加快节能减排目标的完成进度。

在这一年里，各地为了完成节能目标，使出浑身解数，使得节能减排工作深入人心，同时也有效促进了一些地区加快淘汰落后产能、加快产业转型升级等。但不可忽视的是，也有部分地方政府不惜采取拉闸限电等简单粗暴的办法控制能源消费，一时间遭到媒体、公众质疑。

（三）全民行动助推节能深入开展

2008 年 11 月，国务院发布《关于深入开展全民节能行动的通知》（以下简称《通知》，国办发〔2008〕106号），这是我国首次由国务院发文开展的全民节能行动。《通知》指出，我国能源浪费的现象仍然比较严重，如一些地方城市建设贪大求洋，汽车消费追求大排量，住房消费追求大面积，装修装饰追求豪华，大量使用一次性用品，产品过度包装等，不仅造成了需求的不合理增长，而且加剧了能源供应紧张状况，加重了环境污染，助长了不良社会风气。开展全民节能，关系到我国经济社会的持续健康发展，关系到人民群众的切身利益，体现全民族的文明素质。要从全局和战略的高度，充分认识深入开展全民节能行动的重大意义，增强紧迫感和危机感，广泛动员全民节能，把节能变成全体公民的自觉行动。

《通知》提出全民节能行动的10项主要内容：开展能源紧缺体验；每周少开一天车；严格控制室内空调温度，公共建筑夏季室内空调温度设置不得低于26℃，冬季室内空调温度设置不得高于20℃；减少电梯使用，各级行政机关办公场所三层楼以下（含三层）原则上停开电梯；控制路灯和景观照明；普及使用节能产品；使用节能环保购物袋；减少使用一次性用品，提倡不使用一次性筷子、纸杯、签字笔等，各级行政机关要带头减少使用一次性用品，各类宾馆饭店不主动提供一次性洗漱用品；夏季公务活动着便装；培养自觉节能习惯，提倡单位、家庭在夏季用电高峰时段每天少开一小时空调、晚开半小时电灯，尽量使用自然光照明。为直观地反映社会公众节能减排潜力，科技部将六大类36种日常生活方式换算成节能减排的量化数据，向全社会公布了《全民节能减排手册》，提倡人们在不降低现有生活水平的前提下，选择科学合理、节约能源的绿色生活方式。

"十一五"期间，我国节能工作取得前所未有的成效，为促进经济和各项社会事业又好又快发展，做出了重大贡献，逐步形成了以政府为主导、以企业为主体、全体社会成员广泛参与的节能格局。我国以能源消费年均6.6%的增速支撑了国民经济年均11.2%的增长，能源消费弹性系数由"十五"时期的1.04下降到0.59，节约能源6.3亿吨标准煤，扭转了我国工业化、城镇化快速发展阶段能源消耗强度上升的趋势。"十一五"期间，我国通过节能降耗减少二氧化碳排放14.6亿吨。

"十一五"结束后，国务院及有关部门、地方政府对过去五年节能工作进行了认真总结和隆重表彰。2011年9月26日，国务院发出《关于对"十一五"节能减排工作成绩突出的省级人民政府给予表扬的通报》，对"十一五"期间在节能工作中成绩突出的北京、天津、山西、内蒙古、吉林、江苏、山东、湖北等8省（区、市）人民政府，予以通报表扬。2012年11月23日，人力资源社会保障部、国家发改委、环境保护部、财政部四部门发布《关于表彰"十一五"时期全国节能减排先进集体和先进个人的决定》，授予280个单位"全国节能先进集体"荣誉称号，授予217名同志"全国节能先进个人"荣誉称号。各级地方政府也对当地节能先进集体和先进个人进行了表彰。

四 从节能新内涵到"双控"目标分解（2011~2015年）

2011~2015年，节能工作面临新形势、新要求。"十二五"时期，我国继续把单位国内生产总值能源消耗强度作为约束性指标，同时明确提出合理控制能源消费总量的要求。这一时期全球强化应对气候变暖，世界范围内广泛开展了能源革命，预示着煤炭时代即将终结。同时，中国经济发展进入新常态，国内环境问题异常突出。此时我国虽然未明确强度和总量控制的"双控"目标，但事实上已由单一目标约束向双控目标约束转变。特别是，2009年哥本哈根气候变化大会以后，中国作为负责任大国向国际做出温室气体减排公开承诺，这使得节能减排工作成为这一时期经济工作的重中之重。

（一）新常态背景下，节能减排工作内涵进一步扩展

首先，我国经济发展进入新常态，一方面刺激经济需求大，另一方面环境治理压力大，这使得这一时期节能工作相较于以往，有了更深刻、更丰富的内涵。2011年1月，国务院印发《"十二五"控制温室气体排放工作方案》，明确了中国控制温室气体排放的总体要求和重点任务，要求加快调整

产业结构，大力推进节能降耗，加快建立温室气体排放统计核算体系，大力推动全社会低碳节能行动。2011年8月31日，国务院印发《"十二五"节能减排综合性工作方案》。2012年8月6日，国务院又印发了《节能减排"十二五"规划》，对"十二五"节能工作进行整体部署，对全国万元国内生产总值能耗进行了更严格的目标限制，要求比2010年下降16%，比2005年下降32%。此外，2013年11月12日，十八届三中全会通过的《中共中央关于全面深化改革若干重大问题的决定》（以下简称《决定》）则着重强调引入市场机制，《决定》指出"推行节能量、碳排放权、排污权、水权交易制度"，释放了重要政策信号，进一步激发了市场在节能工作中的角色力量。同时，面临经济下行压力的巨大现实，中央高层始终坚定不移地推动节能减排工作。2014年3月21日，李克强总理主持召开国务院节能减排及应对气候变化工作会议，推动落实《政府工作报告》，促进节能减排和低碳发展，研究应对气候变化相关工作。李克强指出，去年（2013年）节能减排取得新进展，但今年（2014年）的任务更加艰巨，要在保持经济增长7.5%左右的情况下，实现单位GDP能耗下降3.9%的目标，十分不易。尽管经济存在下行压力、稳增长面临挑战，我们仍要坚定不移地推进节能减排。这是给自己压"担子"，我们必须努力走出一条能耗排放做"减法"、经济发展做"加法"的新路子，对人民群众和子孙后代尽责。

其次，在环境治理压力的倒逼下，创新成为中国节能工作的重点，新能源、可再生能源快速发展，能源转型、能源革命的意识深入人心。2014年4月18日，李克强总理主持召开新一届国家能源委员会首次会议，会上强调"能源是现代化的基础和动力"。当今世界政治、经济格局深刻调整，能源供求关系深刻变化，能源仍是国际政治、金融、安全博弈的焦点，能源供应和安全事关我国现代化建设全局。要立足当前、深谋远虑、积极有为，针对我国人均资源水平低、能源结构不合理的基本国情和"软肋"，推动能源生产和消费方式变革，提高能源绿色、低碳、智能发展水平，实施向雾霾等污染宣战、加强生态环保的节能减排措施，促进改善大气质量，走出一条清洁、高效、安全、可持续的能源发展之路，为经济稳定增长提供支撑。

最后，自从党的十八大报告中进一步强调建设生态文明以来，节能减排工作就被纳入生态文明建设的大框架内，内容、手段更加丰富。2015 年，中共中央、国务院连续发出两个关于生态文明建设的文件，4 月 25 日印发了《关于加快推进生态文明建设的意见》，9 月印发了《生态文明体制改革总体方案》。两个文件都对节能工作做出了重大部署，明确要求"建立能源消费总量管理和节约制度。坚持节约优先，强化能耗强度控制，健全节能目标责任制和奖励制"，至此，我国已经初步体现了节能目标正在由单目标向多目标转变。

（二）"双控"目标分解落实，助力"十二五"节能目标实现

虽然以上规划、方案等政府文件都明确提出了单位国内生产总值能耗和二氧化碳排放量降低的约束性目标，但 2011～2013 年部分指标完成情况落后于时间进度要求。为确保全面完成"十二五"节能减排降碳目标，国务院办公厅于 2014 年 5 月 15 日发布《2014～2015 年节能减排低碳发展行动方案》，将全国"双控"目标分解到各地区、主要行业和重点用能单位，并进一步加强了目标责任评价考核。各地区根据国家下达的任务明确年度工作目标并层层分解落实。

2015 年上半年，习近平总书记在《"十三五"规划纲要》起草工作会议上指出，"十一五"规划首次把单位国内生产总值能源消耗强度作为约束性指标，"十二五"规划提出合理控制能源消费总量。"现在看，这样做既是必要的，也是有效的。根据当前资源环境面临的严峻形势，在继续实行能源消费总量和消耗强度双控的基础上，水资源和建设用地也要实施总量和强度双控，作为约束性指标，建立目标责任制，合理分解落实。要研究建立双控的市场化机制，建立预算管理制度、有偿使用和交易制度，更多用市场手段实现'双控'目标。"

能耗总量和强度"双控"行动引导各地区处理好能耗"双控"与经济社会发展的关系，倒逼经济发展方式转变，促进产业结构不断优化升级，也进一步推动能源结构优化，降低煤炭消费比重，提高非化石能源比重。"十

二五"期间，中国的能源消费和碳排放总量增长缓慢，2013年煤炭消费总量达到峰值，并于2014年、2015年、2016年三年连续大幅下降。2017年虽小幅上升，但仍远未达到2013年水平。2015年，能源消费较2014年仅增长了0.4亿吨标准煤，碳排放在历史上首次出现负增长，下降了近1亿吨；中国万元GDP能耗由2010年的0.882吨标准煤下降到2015年的0.722吨标准煤，下降了18.1%。"十二五"结束之时，全国节能工作完成情况良好，能源"双控"目标取得初步成效。

五　从多目标节能到节能新时代（2016～2017年）

"十二五"以来，特别是党的十八大确立全面落实经济建设、政治建设、文化建设、社会建设、生态文明建设五位一体总体布局之后，我国节能工作也形成了多目标格局，破解资源环境瓶颈，维护国家能源安全，提高经济增长质量，建设"两型"社会，改善保障民生，实现绿色、低碳、循环发展，二氧化碳排放达峰等都成为与节能工作相关的新目标。

在2017年10月召开的十九大上，"推进绿色发展"被列为"新时代中国特色社会主义思想"的14个主要内容之一。习近平总书记提出：加快建立绿色生产和消费的法律制度和政策导向，建立健全绿色低碳循环发展的经济体系。构建市场导向的绿色技术创新体系，发展绿色金融，壮大节能环保产业、清洁生产产业、清洁能源产业。推进资源全面节约和循环利用，实施国家节水行动，降低能耗、物耗，实现生产系统和生活系统循环链接。倡导简约适度、绿色低碳的生活方式，反对奢侈浪费和不合理消费，开展创建节约型机关、绿色家庭、绿色学校、绿色社区和绿色出行等行动。以党的十九大召开为标志，中国节能进入新时代。

（一）把节能提高能效放在"第一能源"的重要地位

2017年5月，国家发改委副主任张勇在《求是》杂志发表《节能提高能效促进绿色发展》的署名文章，提出把节能提高能效放在"第一能源"

的重要地位。文章说，节能提高能效被国际公认为最清洁、最经济的"第一能源"。面对发展新形势，我们要加快推动能源生产和消费革命，把节能提高能效放在"第一能源"的重要地位，不断开创节能工作新局面，尽可能减少资源和环境代价，确保生态文明建设尽快取得实效，让人民群众切实感受到生态环境的改善，从源头上把"美丽中国"构筑在效率领先的基础上（张勇，2017）。

（二）节能减排制度从突出行政和法律手段转向依靠市场和经济手段

1978年以来，我国逐渐建立起了以行政手段和法律手段为主的节能减排制度，从"十二五"时期开始，节能减排制度逐渐向经济手段过渡。2011年，国家发改委正式批准上海、北京、广东、深圳、天津、湖北、重庆等七省市开展碳交易试点工作。2013～2014年，七省市碳排放权交易试点逐步启动运行，共纳入了近3000家重点排放单位。截至2017年11月，七个碳试点累计配额成交量超过了2亿吨二氧化碳当量，成交额超过了46亿元，此外从试点的范围来看，碳排放总量和强度出现了双降趋势（卢梦君，2017）。

2015年9月的《生态文明体制改革总体方案》提出，推行用能权和碳排放权交易制度。结合重点用能单位节能行动和新建项目能评审查，开展项目节能量交易，并逐步改为基于能源消费总量管理下的用能权交易。2016年7月28日，国家发改委确定在浙江省、福建省、河南省、四川省开展用能权有偿使用和交易试点工作。计划到2019年，试点任务取得阶段性成果，形成可复制可推广的经验、做法和制度；2020年，开展试点效果评估，总结提炼经验，视情况逐步推广。

2017年12月，国家发改委印发了经国务院同意的《全国碳排放权交易市场建设方案（发电行业）》，标志着全国碳排放交易体系正式启动。全国碳市场首批纳入1700多家电力企业，覆盖碳排放规模35亿吨，占全国碳排放总量的39%，超欧盟碳市场成为全球最大碳市场，其他高耗能行业也将逐步纳入。2017～2020年为启动阶段，随着碳市场逐渐成熟，计划于2020年后进入发展阶段，企业通过市场交易低成本地实现减排目标，政府也实现排放总量的控制。

（三）建立支持绿色发展的金融体系

"十二五"末期，我国绿色金融制度设计基本完成。"十三五"伊始，绿色金融如雨后春笋，蓬勃发展。2016年1月，中国人民银行与英格兰央行共同发起成立了G20绿色金融研究小组，开始研究通过绿色金融调动更多资源推动全球经济的绿色转型、加强绿色金融的国际合作等问题。2016年3月，全国人大通过的《"十三五"规划纲要》提出"建立绿色金融体系，发展绿色信贷、绿色债券，设立绿色发展基金"，构建绿色金融体系已经上升为国家战略。2016年8月，中国人民银行等七部委印发了《关于构建绿色金融体系的指导意见》，该意见提出了发展绿色信贷、绿色证券、绿色发展基金、绿色保险，以及完善环境权益市场、开展地方试点、推动国际合作等八大任务。

绿色金融的发展已经初见成效。从绿色信贷来看，截至2017年6月末，国内21家主要银行绿色信贷余额为8.2万亿元，在各项贷款总余额中占比近10%（中国银行业监督管理委员会，2018）。从绿色债券来看，继2016年我国成为全球最大的绿色债券发行国之后，2017年我国又发行了2486亿元的绿色债券，其中用于节能和低碳建筑领域的约为108亿元（Climate Bonds Initiative，2018）。此外，截至2017年末，A股市场绿色环保产业上市公司IPO、增发、配股、优先股、可转债与可交换债共融资2200亿元，绿色股权融资在全市场融资中占比12.8%（鲁政委，2018）。

（四）能源消费持续保持缓慢增长，能效不断提高

2013年以来能源消费增速显著放缓，能效水平仍延续了之前不断提高的趋势。初步核算2017年全年能源消费总量为44.9亿吨标准煤，比上年增长2.9%。能源消费结构优化明显，清洁能源占比显著提高，煤炭占比持续

下降。煤炭消费量占能源消费总量的 60.4%，比上年下降 1.6 个百分点；天然气、水电、核电、风电等清洁能源消费量占能源消费总量的 20.8%，比上年上升 1.3 个百分点。能效水平不断提高，全国万元国内生产总值能耗比上年下降 3.7%，超额完成全年下降 3.4% 的任务。单位产品能耗多数下降，39 项重点耗能工业企业单位产品生产综合能耗中有八成多比上年下降（国家统计局，2018）。

六 从全球能效参与者到引领者（1992～2017年）

从 20 世纪 90 年代起，中国开始在环境保护、节能与提高能效、气候变化等领域积极参与国际合作，这其中既包括 20 国集团、金砖国家、APEC 等一系列多边合作，也包括中法、中美、中丹、中日、中俄在能效领域的双边合作。中国从国际合作中受益良多，这些国际合作与经验对中国政府的政策制定、节能产业发展都起到了有力的推动作用。至"十二五"时期，中国已经建立起了完整的节能政策体系，以及全球规模最大的节能产业。中国在这些合作中也逐渐发挥着更为重要的作用，已经从全球能效的参与者成长为引领者。

（一）中国积极参加联合国环境与可持续发展大会

1992 年 6 月，联合国环境和发展大会在巴西里约热内卢召开，这是继 1972 年 6 月瑞典斯德哥尔摩联合国人类环境会议之后，环境与发展领域中规模最大、级别最高的一次国际会议。中国总理李鹏应邀出席了首脑会议，发表了重要讲话，进行了广泛的高层次接触。国务委员宋健率中国代表团参加了部长级会议，并做了重要发言。会议通过了《联合国气候变化框架公约》（UNFCCC）、《里约环境与发展宣言》（又称《地球宪章》）和《21 世纪行动议程》。其中《联合国气候变化框架公约》，是世界上第一个应对全球气候变暖的国际公约，也是国际社会在应对全球气候变化问题上进行国际合作的一个基本框架。同年 8 月，中共中央、国务院批准并转发了中国外交部和国家环保局《关于出席联合国环境与发展大会的情况及有关对策的报告》，报告提出了中国环境与发展的十大对策。其中第四大对策就是：提高能源利用效率，改善能源结构，并提出"逐步改变能源价格体系"，"逐步改变以煤为主的能源结构，加速水电的核电的建设，因地制宜地开发和推广太阳能、风能、地热能、潮汐能、生物质能等清洁能源"等主要内容。

中国一直积极参与联合国大会，并不断发挥重要作用。2002年8月26日至9月4日，以"拯救地球，重在行动"为宗旨的可持续发展世界首脑会议在南非约翰内斯堡举行，全球192个国家的国家元首、政府首脑或代表出席，中国总理朱镕基应邀出席，并在大会上发表重要发言，向世界宣告中国坚定不移地走可持续发展道路的决心。此时对应国内正是"十五"计划建设时期，"节约保护资源，实现永续利用"是人口、资源和环境方面建设的重要内容。

2015年是联合国于2000年设立的实现千年发展目标的终止年，9月25～27日，在美国纽约联合国总部召开的联合国可持续发展峰会具有承前启后的重大意义，超过150位国家元首和政府首脑参会。中国国家主席习近平也应邀出席峰会，并发表了《谋共同永续发展　做合作共赢伙伴》的重要演讲。习近平主席强调："国际社会要以2015年后发展议程为新起点，共同走出一条公平、开放、全面、创新的发展之路，努力实现各国共同发展。"中国作为经济崛起的大国，开始在世界舞台上发出响亮声音。此次峰会，联合国会员国共同达成题为"改变我们的世界——2030年可持续发展议程"的协议，该协议涵盖了17项可持续发展目标。

（二）中国持续推动全球应对气候变化行动

进入21世纪以后，节能工作的重点更多的是转向能源效率提升和减少温室气体排放，尤其是应对温室气体排放成为世界性议题。事实上，自1995年开始，基于1992年UNFCCC有关全球变暖问题的讨论，每年都会召开一次缔约方会议（Conference of Parties，COP），专门讨论世界各国如何共同采取行动以减少二氧化碳等温室气体排放。第一个里程碑事件则是1997

年在日本京都召开的 COP 大会，会上 149 个国家和地区的代表共同通过了《京都议定书》。该议定书规定了 2008~2012 年主要工业发达国家的温室气体减排标准，但这遭到了美国、加拿大等发达国家的坚决抵制。美国于 2001 年 3 月、加拿大于 2011 年 12 月宣布退出议定书。此后几年 COP 会议还进一步规定了发展中国家减排标准，却也遭到了不少发展中国家的抵制，一度使得全球应对气候变化问题陷入僵持局面。

2008 年，在印尼巴厘岛召开了第 13 届气候变化大会（COP13），此次会议通过的"巴厘岛路线"是全球应对气候变化历史上的又一座里程碑。中国作为最大的发展中国家，为绘成"巴厘岛路线图"做出了自己的贡献。2009 年 12 月 7 日，来自全球的 192 个国家在丹麦哥本哈根参加了第 15 届气候变化大会（COP15），以"为明天而战"为主题，共同商讨《京都议定书》一期承诺到期后的后续方案。时任国务院总理温家宝率队参加并发表演讲。

哥本哈根气候谈判虽然仍未达成明确的全球应对气候变化方案，但是以中国为首的发展中国家开始以更积极的姿态参与和推动应对气候变化中"共同但有区别的责任"原则。此后每年召开的气候谈判大会，中国代表团都发挥着重要的作用，这为 2015 年巴黎气候大会最终签署《巴黎协定》做出了巨大贡献。2015 年 9 月 25 日，习近平和奥巴马共同发表了《中美元首气候变化联合声明》，这一声明正式将中国推向世界环境与可持续发展的前列，树立了中国在世界可持续发展、应对气候变化事业中的负责任的大国形象。同年 12 月 12 日，在法国巴黎北部市郊的布尔歇会议中心，全球应对气候变化又一里程碑文件——《巴黎协定》诞生。在促成《巴黎协定》的过程中，中国发挥了不可或缺的关键作用。中国代表团成员、时任国家应对气候变化战略研究和国际合作中心副主任的邹骥指出："没有中国的坚持，最终的《巴黎协定》就不会像现在这样体现出发达国家和发展中国家的'共同但有区别的责任'。协定中敦促发达国家缔约方提高其资金支持水平，'制定切实的路线图'的内容就是中方提出并坚持的，最终正式写入协定。"

（三）中国主导起草《G20能效引领计划》

2016年9月5日，20国集团领导人杭州峰会批准并发布《G20能效引领计划》。《G20能效引领计划》是在同年6月召开的G20能源部长会议讨论通过的，这一计划在2014年提出的版本基础上，覆盖了交通工具、联网设备、能效融资、建筑节能、能源管理和发电等6个重点领域，并增加了"最佳节能技术和最佳节能实践"（简称"双十佳"）、超高能效设备电器推广计划（SEAD）、区域能源系统（DES）、能效知识分享框架、终端用能数据和能效度量等5个重点领域。

《G20能效引领计划》明确了各个重点领域的长期目标，是一项更全面、更务实的推动能效提升的长期国际合作计划，也是首次由中国主导制定的国际能效文件。作为G20杭州峰会的重要成果之一，这份由我国政府牵头制定的能效引领计划，不仅再一次体现了中国在应对气候变化等重要议题上负责任的大国形象，同时也彰显了中国在能效议题上从"参与者、跟随者"向"主导者、引领者"角色的转变。同时，《G20能效引领计划》也是中国节能走出国门的重要标志，是从国际事业的视角开展节能活动的重要举措。在G20峰会结束后的一次记者采访中，环资司节能处蒋靖浩处长指出："过去十多年，我们大力推进国内节能工作，积累了丰富的经验，成长了一批优秀的企业，吸引了一批优秀的人才参与节能。同时考虑到国际上对节能低碳共识越来越多，国内也具备了参与国际节能合作的很好基础，包括贸易与投资，是时候'走出去'了。"

（四）其他国际合作

1. 中美能效论坛

中美能效论坛是落实中美战略与经济对话成果及中美能源和环境十年合作框架下能效行动计划的具体举措，论坛每年一次，由两国轮流举办，交流建筑和社区、工业、终端用能产品能效及节能服务市场化方面的经验和最佳实践。自2010年至今，该论坛已成功举办8届。该论坛是中美能效合作的

重要平台，有力促进了中美两国能效领域的交流合作。

2. 中日节能环保综合论坛

中日节能环保综合论坛是国务院批准的中日经贸合作领域的综合性论坛，自 2006 年以来已成功举办 11 届，累计达成合作项目 337 个，已经成为两国经贸合作的一个亮点，为两国企业、研究机构、地方政府在节能环保领域的合作搭建了良好的平台。该论坛由中国国家发改委、商务部、驻日本使馆与日本经济产业省、日中经济协会共同举办。按照双方约定，该论坛每年举行一次，在东京和北京轮流举行。

3. 金砖国家能效工作组会议

2017 年 6 月 5 日，金砖国家能效工作组会议在北京召开。金砖国家能效工作组会议是为落实金砖国家领导人节能合作共识，推进金砖国家能效合作，按照金砖国家能效合作谅解备忘录要求召开的，每年一次，由金砖国家轮值主席国举办，是金砖国家能效合作的重要交流平台。

进入新时代、新阶段，中国的节能工作是为了加快推进生态文明建设，是为了满足人民日益增长的美好生活需要。中国的身份已经从响应国际公约的参与者，转变为迎难而上促成国际公约形成的推动者，再到率先垂范主动承担起应对气候变化责任的引领者。从国家战略的角度，中国也把建设天蓝、地绿、水清的美丽中国，谋划和推进生态文明建设事业作为未来发展的重要目标。只有深刻把握生态文明建设在五位一体总体布局中的重要地位，才能从根本任务和基本国策的高度推进生态文明建设，自觉地将生态文明建设融入经济建设、政治建设、文化建设、社会建设的各方面和全过程，建设美丽中国，实现中华民族的永续发展。

参考文献

1. Climate Bonds Initiative, China Central Depository & Clearing Company（CCDC）：China Green Bond Market 2017, 2018, https：//www. climatebonds. net/2018/02/china－green－bond－market－annual－report－2017－issuance－record－usd371bn－

jointly – published – cbi.

2. 国家统计局：《中华人民共和国 2017 年国民经济和社会发展统计公报》，2018，http：//www. stats. gov. cn/tjsj/zxfb/201802/t20180228_ 1585631. html。

3. 卢梦君、杨漾：《碳市场建设细节：分三步走　成熟一个行业纳入一个行业》，澎湃新闻，2017，http：//tech. sina. com. cn/it/2017 – 12 – 20/doc – ifypvuqe2030786. shtml。

4. 鲁政委：《中国绿色金融迎丰年，首席经济学家论坛》，2018，http：//www. sohu. com/a/217075695_ 465450http：//www. sohu. com/a/217075695_ 465450。

5. 中国银行业监督管理委员会：《2013 年至 2017 年 6 月境内 21 家主要银行绿色信贷数据》，2018，http：//www. cbrc. gov. cn/chinese/home/docView/96389F3E18E949D3A5B034A3F665F34E. htmlhttp：//www. cbrc. gov. cn/chinese/home/docView/96389F3E18E949D3A5B034A3F665F34E. html。

6. 张勇：《节能提高能效　促进绿色发展》，《求是》2017 年第 11 期。

B.2
40年节能政策中的目标管理

赵小凡　李惠民*

摘　要： 中国40年的节能工作特点和经验在于"目标管理"。本章用目标管理的基本框架，从目标、政策、法制、执行机制四个方面，对中国40年来的节能政策和执行机制进行了系统回顾。总体上来看，中国的节能政策体系已经由最初的以行政命令为主演变为以约束性目标为核心，以法律法规及标准、行政类政策、经济类政策为主体的多元化政策工具组合。40年以来，中国的节能治理基本上适应了经济社会的巨大变革，以较低的能源增长率支撑了经济的快速增长，成为中国生态文明建设中的重要支撑。

关键词： 节能　政策执行　目标责任制

一　节能目标管理

从1978年至今，中国节能工作已经开展近40年。40年中，中国能源与经济状况发生了翻天覆地的变化。2016年与1978年相比，能源消费增长了6.6倍，中国成为世界第一大能源消费国；与此同时，GDP增长了31.3倍，中国跃居世界第二大经济体。40年中，中国以较低的能源消费增长率，支撑了一个巨大经济体的快速发展。1978~2016年，中国单位GDP能耗下

---

* 赵小凡，清华大学公共管理学院；李惠民，北京建筑大学。

降了76.4%，在世界范围内绝无仅有。40年的节能历程，见证了中国经济由小变大、由弱变强。

1980年，针对工业发展过程中的能源短缺问题，国务院发布《关于加强节约能源工作的报告》，从此确立了"节约优先"的战略方针。从那时起，中国开始将其单位GDP能耗指标纳入国民经济与社会发展规划，目标管理成为节能工作的一个重要标志。之后的几十年中，尽管能源短缺问题已经大大缓解，但气候变化及环境问题开始凸显，"节约能源"始终是中国资源环境政策中的核心目标。2005年，在《中共中央关于制定国民经济和社会发展第十一个五年规划的建议》中，正式将节约资源作为中国的基本国策。从"十一五"开始，单位GDP能耗下降指标开始作为约束性目标。40年的节能历程，是中国由工业文明走向生态文明的一个缩影。

1980年以来，中国已经制订和执行了八个国民经济和社会发展五年计划，其中七个均写入了明确的以单位GDP能耗下降为主要内容的节能目标。2001~2005年的第十个五年计划，是唯一未提出明确的节能目标的国民经济和社会发展五年计划。以"十五"计划为节点，中国的节能工作可以划分为三个阶段。

（一）1980~2000年：能源短缺时代的节能目标

1980~2000年为第一个阶段，历经"六五"至"九五"四个五年计划。这一阶段总体上属于能源短缺时代，能源战略以"大力发展能源工业"为主线，节能工作的主要目标是支撑国民经济的快速发展。据调查，20世纪80年代由于缺电，全国有20%以上的工业生产能力不能正常发挥作用。这一时期，国家把能源确定为经济社会发展的战略重点，并制定了一系列政策措施。1983年，国务院同意煤炭工业部《关于加快发展小煤矿八项措施的报告》，鼓励农村集体和个人办矿，即实施所谓的"大矿大开，小矿放开，有水快流"的政策。1985年，国务院批准《关于鼓励集资办电和实行多种电价的暂行规定》。能源短缺的问题直至"九五"计划的后期才有所缓解，而自1998年开始则出现前所未有的相对过剩。同年，国务院即决定关

闭非法小煤矿，国内原油价格也与国际市场开始接轨。1999年，电力行业开始进行"厂网分开、竞价上网"改革试点。能源短缺时代正式结束。

1980～2000年，同时是计划经济向市场经济转型的关键时期，这一时期的节能具有浓厚的计划经济色彩。加之能源短缺，节能目标具有明显的指令性。1980年，国家计委、国家经委下发《关于逐步建立综合能耗考核制度的通知》。之后的两年内，国务院又先后颁布了五项节能指令，对工业锅炉和工业窑炉烧油、用电、成品油、工业锅炉用煤、煤炭洗选加工业五个方面提出了节约能源的指令性要求。在"六五""七五"时期的节能规划中，也制定和公布了节能量、产品单耗指标等指令性指标。1986年，国务院发布《节约能源管理暂行条例》，实行产品能耗定额管理，通过考核制度、节奖超罚等手段，将节能目标与计划分配物资结合起来。这些指令带有明显的计划经济特征，在应对能源短缺问题上发挥了重要的配置作用。1993年，国家把社会主义市场经济体制在宪法中确定下来，节能工作也开始了一些市场化探索，指令性指标逐步转变为指导性指标。尽管如此，当时强大的行业管理机构依然具有对企业生产直接管理的能力和权力，对于国有企业来说，节能指标依然具有非常强的约束性。1997年，全国人大常委会通过了《中华人民共和国节约能源法》，从此不再采用能源定额管理，加强了节能标准、节能产品认证等方面的配套措施。1998年，国家进行了大规模的政府机构改革，几乎撤销了所有的专业经济管理部门，标志着中国正式迈入市场经济，指令性节能目标的土壤不复存在。

在这一阶段，国家通过编制节约能源计划，建立了工业产值能耗、主要产品能耗、措施节能潜力等节能计划指标，初步形成了节能计划体系。在年度和五年节能计划中，通过制定节能量、产品单耗、农村能源增产和节约目标等指导性指标，向地区、部门和企业提出节能要求。如要求企业以提高产品的性能和质量、降低能源和原材料消耗为中心，进行技术改造；或要求新建项目采用节能新工业、新技术，合理利用能源。在能源短缺时代，以物质分配为主要激励和约束内容的节能目标管理体系，为国家经济社会的快速发展奠定了重要基础。

　　这一时期的节能工作取得了极大进展。1978～2000年，中国的能源消费总量由5.7亿吨增长到14.7亿吨，增长了1.6倍；以1.6倍的能源增长，支撑了6.6倍的经济增长。与之相对应的，中国万元GDP的能源消耗由2.87吨标准煤下降到0.97吨标准煤（2010年价格），下降了66.2%，超额完成了这一时期制定的节能目标，并成为同时期世界上能源强度下降速度最快的国家。同时，主要耗能产品的单位能耗明显下降。据统计，1980～1998年，钢铁工业综合能耗由2.039吨标准煤/吨下降到1.29吨标准煤/吨，降幅为36.7%；火电厂供电煤耗由448克标准煤/度下降到404克标准煤/度，降幅为9.8%。1980～1996年，化工行业大型合成氨综合能耗由1431千克标准煤/吨下降到1292千克标准煤/吨，降幅为9.7%；建材工业大中型水泥综合能耗由218.84千克标准煤/吨下降到173.75千克标准煤/吨，降幅为20.6%。

（二）2001～2005年：体制转型期的节能目标

　　2001～2005年对应中国的第十个五年计划，在节能历史中，这是一个特别的阶段。经过之前的四个五年计划，中国的能源短缺问题已经大大缓解，同时出于对节能工作的乐观考虑，"十五"计划中没有提出明确的节能目标。尽管如此，国家经济与贸易委员会2001年发布的《能源节约与资源综合利用"十五"规划》，仍明确提出了2001～2005年的节能目标，即年均节能率为4.5%。然而，作为国家节能工作的主管部门，国家经济与贸易委员会在2003年机构改革中被撤销，其节能职责被转移到新组建的国家发展和改革委员会。

　　由于在国家的五年计划中缺位，这一时期的节能目标管理工作已经大不如前。一方面，在计划经济向市场经济转型的大背景下，经过1998年的机构改革，原来节能管理的各类行业部门纷纷改组成为行业协会，失去了执行节能目标的行政权力。另一方面，新的节能管理机制尚未真正建立起来。尽管1997年颁发的《中华人民共和国节约能源法》规定了属地管理的节能管理原则，但部分地方政府的节能机构仍旧存在管理不到位的问题，其中一个重要原因是国家与地方层面的节能管理机构"上下不对口"：国家层面节能

工作由国家发改委主管，而地方层面大部分节能机构由当地经贸委主管。节能管理机构上下不衔接甚至存在"门户之见"，使得地方政府节能工作管理效率降低，节能目标往往无法落实。

这一时期也是中国经济社会转型的关键时期。2001年12月，中国正式加入世界贸易组织（WTO），成为第143个成员，对外开放加速，带来了中国出口导向型经济的飞速增长，也带来了"高能耗、高污染、资源型"工业的大发展。2000年以来，出口依存度（即出口总额占GDP的比例）不断增长，"十五"时期平均为26.8%。从出口依存度的增速上来看，远远超过了以往任何一个时期。在出口导向模式下，重工业增长速度加快，"十五"时期重工业的平均增长速度高达15.6%，远高于轻工业13.0%的增速；而在此之前，中国轻工业的平均增长速度高于重工业。此外，这一时期中国经济社会发展非常迅速，一系列主要发展目标多数都提前实现：GDP平均增速达到9.5%，城镇居民人均可支配收入年均增长9.6%，城镇化率由42.9%提高到49.9%，累计一亿多人从农村进入城市。

由于工业化、城镇化以及经济增长模式转向重工业和出口导向，这一时期能源消费出现了史无前例的增长。2002~2003年，能源消费总量增长了15.28%；2003~2004年增长了16.14%；2004~2005年增长了10.55%。而上一个五年，中国的年能源消费增速仅为3%左右。作为一个结果，1980年以来中国万元GDP能耗连续下降的趋势在2002~2003年被打破并在2006年前出现连续增长。由于这一时期的能耗强度上升，"十五"时期成为中国1980年以来能耗强度上升的唯一时期。

（三）2006年至今：生态文明背景下的节能目标

"十五"时期能源消费总量的快速增长，同时伴随而来了温室气体排放和各类污染物排放的大幅攀升，使中国粗放型的增长方式备受关注。出于经济增长方式转型，以及应对国际越来越大的温室气体减排压力的需要，2006年3月通过的《中华人民共和国国民经济和社会发展第十一个五年规划纲要》（以下简称《"十一五"规划纲要》），明确提出了"2010年单位GDP

能源消耗较 2005 年降低 20% 左右"的约束性指标。在中国历次的五年发展规划中,约束性指标的提出尚属首次。《"十一五"规划纲要》指出,"本规划确定的约束性指标,具有法律效力,要纳入各地区、各部门经济社会发展综合评价和绩效考核"。2006 年 8 月发布的《国务院关于加强节能工作的决定》,是"十一五"以来中国节能政策的行动性纲领,该决定首次明确提出要建立目标责任制和评价考核体系。2007 年 10 月,《中华人民共和国节约能源法》(修订版)将节能目标责任制写入法律,规定"国家实行节能目标责任制和节能考核评价制度,将节能目标完成情况作为对地方人民政府及其负责人考核评价的内容",这使得目标责任制成为节能工作的一项基本制度。从此,中国的节能管理进入一个全新的目标考核时代。

2006 年以来,中国经济社会发生了天翻地覆的变化。2007 年,中国成为世界上最大的温室气体排放国,如今的排放总量接近美国和欧盟的排放总和,人均排放量已超过世界平均水平。2010 年,中国的经济总量超过日本,预计中国将于 2030 年之前在经济总体规模上超过美国,成为世界最大的经济体。但同时,这一引人注目的经济增长也伴随着温室气体排放与大气污染的日益增加,环境资源状况不断恶化的态势仍在持续,这成为中国未来长期可持续发展的严峻挑战。这一时期,节能已经不再是能源短缺情况下的被迫选择,而是被赋予了转变经济增长方式、应对气候变化和控制大气污染等多重使命。

这一时期,中国的节能目标体系更加全面,各行业主管部门均制定了详细的五年节能目标,各地方政府也被分配了明确的节能目标。2003 年 3 月,国家发展和改革委员会在接手节能管理工作后,发布了《节能中长期规划》,这是针对"十一五"时期的节能目标所做出的最早的专项规划。《节能中长期规划》提出了 14 类主要产品的单位能耗下降指标,以及 10 类主要用能产品能效提高指标。其他部门均制定了本部门的节能目标,作为节能行动的纲领性文件,其中包括交通部发布的《建设节约型交通指导意见》、铁道部发布的《铁路"十一五"节能和资源综合利用规划》、民航总局发布的《中国民用航空发展第十一个五年规划》、建设部发布的

《建设事业"十一五"规划纲要》，以及农业部发布的《农业部关于加强农业和农村节能减排工作的意见》。"十一五"以来，各行业主管部门分别制定其节能目标已经成为一种惯例。这一时期与之前最大的不同还在于节能目标的地区分解，从而在事实上强化了节能工作的属地管理。通过国家到省、省到市、市到县的层层分解，各级地方政府都被分配了明确的单位GDP下降目标。

在这一阶段，通过各类规划和政策，我国建立了地区能耗、部门能耗、重点企业能耗、主要产品能耗等指标体系，形成了以目标责任制为标志的节能目标管理体系和节能政策的基本框架，即通过财政、税收、价格、信贷、政府采购等市场性调节手段，以及能耗限额标准、能效标识管理、调整产业结构、淘汰落后产能等行政性管理手段，促进工业、交通、建筑等重点领域节能。

在一系列节能政策的作用下，中国万元GDP能耗迅速逆转了"十五"时期不降反升的势头。2005~2017年，单位GDP能耗下降了39.7%，顺利实现了两个五年规划所提出的节能目标。"十二五"期间，特别是2012年之后，中国经济转入中高速发展阶段，经济增速较之前大大放缓，能源消费增长也随之减速。2012~2017年，能源消费仅增长了4.7亿吨；而"十五"时期（2000~2005年）的能源增长总量为11.5亿吨。能源消费总量的下滑，使煤炭消费量开始从高速大幅度的增长向低速低增量，甚至负增长转变。2014年较2013年，煤炭消费量下降超过1亿吨，这在中国历史上是绝无仅有的。2015年较2014年，煤炭消费量同比继续下降2亿吨左右，煤炭消费量的连续下降，意味着中国的煤炭消费峰值或已到来。在中国这样一个以煤为主的国家，煤炭消费峰值的到来，意味着中国能源体系开始迈入一个全新的时代。

二 节能政策发展

1978~2018年，是中国改革开放的40年，节能政策随着经济社会各领域的各项改革，也发生了天翻地覆的变化。一个显著的特征就是：节能政策由以行政命令为主，逐步转变为行政、市场、信息引导等多手段结合的混合型政策。本节从节能标准、行政类政策、经济类政策等几个方面，回顾了中国节能政策的多元化发展历程。

（一）节能标准

节能标准是国家节能制度的基础，是提升经济质量效益、推动绿色低碳循环发展、建设生态文明的重要手段，是化解产能过剩、加强节能减排工作的有效支撑。1981年5月，国家标准化委员会成立"全国能源基础与管理标准化技术委员会"（简称全国能标委），负责承担节能领域的标准化工作。经过近40年的努力，中国的节能标准体系已经从零散的几个节能标准发展成具有不同级别的、比较完整的节能标准体系（徐壮，2013）。

20世纪80年代，由于全国节能工作刚刚起步，用能单位节能管理基础薄弱，因此节能标准化工作的重点放在了节能基础和方法类国家标准的制定上，包括单位与换算、术语、企业能量平衡、企业能流图等，这为中国的节能工作提供了基本理论、方法和依据。20世纪90年代前半期，节能管理标准的制定和实施取得了显著的效益和影响，有力地推动了重点用能单位节能管理工作的深入开展。20世纪90年代后半期，随着中国的节能管理开始从生产过程的管理转向对重点用能产品的管理，全国能标委开始组织制定和修订一系列终端用能产品能效标准。2005年，中国节能主管部门和质监部门还实施了强制性的能效标识制度。2007年，新修订的《节约能源法》确立了对高耗能产品实施能耗限额制度管理，从而加快了中国产品能耗限额标准的制定工作。

目前，中国已初步建立起包括节能管理标准、限额标准、能效标准、监测标准、经济运行标准等共计400余项标准的节能标准体系，其中国家标准约占一半，而且绝大部分是工业领域的标准。在这些标准中，强制性终端用能产品能效标准以及强制性单位产品能耗限额标准是中国节能标准体系的核心。截至"十二五"中期，中国已经颁布单位产品能耗限额强制性国家标

准68项，终端用能产品强制性能效标准58项［国宏美亚（北京）工业节能减排技术促进中心，2014］。

（二）行政类政策

行政类政策是最具中国特色的节能手段。1986年国务院发布的《节约能源管理暂行条例》明确提出"实行产品能耗定额管理，通过考核制度、节奖超罚等手段，将节能目标与计划分配物资结合起来"。计划经济时代的节能政策具有显著的行政管理特征，在应对能源短缺问题上发挥了重要的配置作用。"十一五"以来，尽管节能政策和措施已经极为丰富，但以"目标考核"为核心的行政类政策仍占有基础性地位。在一系列的行政类政策中，重点用能企业的节能目标考核、淘汰落后产能具有非常典型的代表意义。这些政策手段适应了中国的各项体制机制，是"十一五"以来节能管理制度的重大创新，对中国节能目标的完成发挥了重要的保障作用。

1. 重点用能单位节能目标责任考核

工业企业消耗了70%的一次能源，长期以来一直是节能政策关注的重点。"十一五"期间，中央政府开展"千家企业节能行动"，纳入了1008家重点耗能企业。这些企业涵盖钢铁、有色、煤炭、电力、石油石化、化工、建材、纺织、造纸等9个重点耗能行业。2004年，千家企业能源消费总量占全国能源消费总量的33%，占工业能源消费量的47%。"千家企业节能行动"对千家企业提出了系统性的节能工作要求，包括建立节能目标、开展能源审核、制订节能规划等，国家将建立系统性的跟踪考核机制。该行动主要目标是，在"十一五"期间，进入"千家企业节能行动"的企业能源利用效率大幅度提高，主要产品单位能耗达到国内同行业先进水平，部分企业达到国际先进水平或行业领先水平，带动行业节能水平的大幅度提高。"十一五"期间，千家企业将实现节能1.5亿吨标准煤，超额完成目标（国家发改委，2011），相当于CO_2减排3.88亿吨。

在"千家企业节能行动"的带动下，各级地方政府也纳入了各种级别的重点耗能企业，使纳入目标责任考核的企业大幅增加。在省级政府层面，河南将能耗 5 万吨以上的企业列入，共计 300 家左右；山东列入了约 1000 家企业；山西列入了 200 家企业；陕西列入了 200 家企业；安徽列入了 153 家企业；其他省份也列入了数量不等的省级重点用能企业。在地市层面，山东省济南市确定了 100 家重点用能企业；江苏省盐城市确定了 100 家；河北省邯郸市确定了 100 家等。县级政府在节能目标责任制实施过程中，也选择了一些重点企业进行节能管理。如：山东省临沂市蒙阴县选择了 10 家重点企业；山西省吕梁市柳林县选择了 57 家等。这些重点企业的节能目标考核，构成了"十一五"时期工业企业节能的基础性政策。

"十二五"期间，国家在总结"千家企业节能行动"计划的基础上，进一步提出了"万家企业节能低碳行动"。2011 年 12 月 7 日，国家发改委联合 11 个部门印发了《万家企业节能低碳行动实施方案》，从加强节能工作组织领导、强化节能目标责任制、建立能源管理体系、加强能源计量统计工作、开展能源审计和编制节能规划、加大节能技术改造力度、加快淘汰落后用能设备和生产工艺、开展能效达标对标工作、建立健全节能激励约束机制、开展节能宣传与培训等 10 个方面，对近 17000 家重点用能单位"十二五"期间节能工作进行了部署。"万家企业节能低碳行动"的目标是用 5 年时间实现万家企业节能管理水平显著提升，长效节能机制基本形成，能源利用效率大幅度提高，主要产品（工作量）单位能耗达到国内同行业先进水平，部分企业达到国际先进水平，实现节约能源 2.5 亿吨标准煤。随后，国家发改委等部门还印发了《关于进一步加强万家企业能源利用状况报告工作的通知》《关于加强万家企业能源管理体系建设工作的通知》等配套文件，对万家企业能源管理负责人进行了轮训。2012～2014 年，每年都有超过 90% 的企业完成节能目标（见图 2 - 1）。截至 2014 年末，万家企业累计实现节能量 3.09 亿吨标准煤，完成"十二五"万家企业节能量目标的 121.13%（国家发改委，2015）。

"十三五"时期，"万家企业节能低碳行动"由重点用能单位"百千

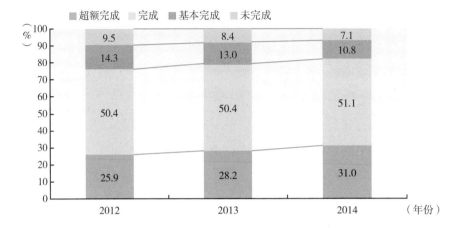

图 2－1　"万家企业节能低碳行动"考核结果（2012～2014 年）

资料来源：国家发改委：《中华人民共和国国家发展和改革委员会公告》（2015 年第 34 号），2015。

万"行动所取代。按照属地管理和分级管理相结合的原则，国家、省、地市分别对"百家""千家""万家"重点用能单位进行目标责任评价考核。所谓的"百家"企业，即全国能耗最高的一百家重点用能单位，特指 2015 年综合能源消费量 300 万吨标准煤以上的重点用能单位。"千家"企业特指 2015 年综合能源消费量 50 万吨标准煤以上的重点用能单位，全国约一千家，由省级人民政府管理节能工作的部门会同有关部门从本地区中确定。"百家""千家"企业以外的其他重点用能单位被统称为"万家"企业，其 2015 年综合能源消费量在 50 万吨标准煤以下，原则上由地市级人民政府管理节能工作的部门会同有关部门确定。与"千家企业节能行动"和"万家企业节能低碳行动"不同的是，结合"十三五"时期的全国"双控"目标任务，重点用能单位"百千万"行动对重点用能企业提出了能耗总量控制和节能"双控"目标。

作为一项行政类政策，目标责任考核在实现节能目标的过程中发挥了基础性作用，但与此同时也出现了一些弊端。"十一五"末期和"十二五"初期，许多地区为了完成节能目标，纷纷对重点用能企业采取停工停产、拉闸限电等极端措施，增加了完成节能减排目标的社会成本。例如，根据山东省日照市节能减排工作领导小组的部署，在2011年12月11日0点至31日24点的21天内，山东省日照市对区域内的20多家水泥企业、10多家石材加工企业以及5家新增高耗能企业都实行了限电停产（日照市经信委，2011）。

2. 淘汰落后产能

淘汰落后产能是"十一五"以来的一项重点行动，其主要目标是通过各类行政措施，对能耗水平过高的企业和因为产能不符合产业政策的企业，采取强制拆除和停产。其基本程序包括：每年2月，省政府上报本地区重点行业淘汰落后产能目标、企业名单、企业落后产能情况；3月，工信部等部门向省政府审核并下达省年度目标；4月，省政府将目标分解到各市、区、县，最后落实到企业；次年1月，省政府上报各地淘汰落后产能自查报告，之后工信部等部门将通过现场核查和重点抽查的方式考核各地上年度淘汰落后产能目标完成情况。

关停淘汰的企业分两类：如果企业是合法的，项目的上马经过了审批和验收，但因为产能不符合产业政策而被拆除停产，政府会给予一定补偿；而如果企业在投产前没有任何审批手续，则企业直接面临取缔，企业主还可能面临罚款。对于不按期淘汰的企业，将受到吊销排污许可证、限制项目和土地审批、不办理生产许可证、吊销工商登记、停止供电等惩罚措施。对于不按期淘汰的地区，将实行项目区域限批制度。

作为一项行政类措施，淘汰落后产能行动显示出了极强的政策有效性。"十一五"期间，通过上大压小，关停小火电机组7682.5万千瓦，淘汰落后炼铁产能12000万吨、炼钢产能7200万吨、水泥产能3.7亿吨，在关闭造纸、化工、纺织、印染、酒精、味精、柠檬酸等重污染企业方面也取得了积极进展。2011~2014年，累计淘汰火电装机2365万千瓦，淘汰炼铁产能7700万吨、炼钢产能7700万吨、水泥产能6亿吨、造纸产能2900万吨、制革产能3200万标张、印染产能100亿米，"十二五"重点行业淘汰落后产能任务提前一年完成。

（三）经济类政策

1. 价格政策

中国的能源价格在近 40 年来经历了巨大调整，为降低单位 GDP 能耗发挥了重要作用。长期以来，受计划经济时期资源条件、社会经济状况及短缺问题的影响，中国采取了补贴终端消费者的"低价格"能源政策（郭琪，2009）。20 世纪 90 年代，经过几轮的价格改革，中国的能源价格逐渐与国际接轨。以石油为例，1994 年之前石油的定价采用双轨制，1995 年取消之后国家又加强了价格管控。1998 年国家计委出台《原有成品油价格方案》，油价开始与国际接轨，2000 年与国际市场油价基本同步。据统计，在 20 世纪 80 年代至 2000 年的近 20 年中，中国物价水平上涨了 10 倍左右，而不同能源价格的涨幅则是在 7～30 倍，平均涨幅明显高于物价平均涨幅（郁聪、康艳兵，2003）。

"十一五"以来，国家节能主管部门开始利用价格杠杆挖掘节能潜力，陆续实施了差别电价、惩罚性电价、阶梯电价等一系列政策。例如，2004 年，国家开始对电解铝、铁合金、电石、烧碱、水泥、钢铁等 6 个高耗能行业试行差别电价政策。2007 年，国家发展改革委、财政部、国家电监会联合下发了《关于进一步贯彻落实差别电价政策有关问题的通知》，对电解铝、铁合金、电石、烧碱、水泥、钢铁、黄磷、锌冶炼 8 个行业的淘汰类、限制类企业实行差别电价，并在 2008 年内取消对电解铝、铁合金和氯碱企业的电价优惠。差别电价增加的电费收入全额上缴地方财政，禁止各地自行对高耗能企业实行电价优惠，并试点把差别电价政策落实情况与电力规划、大用户直购电挂钩。从 2010 年开始，国家开始对能耗超过国家和地方能耗（电耗）限额标准的企业征收惩罚性电价。省级节能主管部门每年定期提出超能耗（电耗）企业和产品名单，省级价格主管部门会同电力监管机构按企业和产品名单落实惩罚性电价政策。超过限额标准一倍以上的，比照淘汰类电价加价标准执行；超过限额标准一倍以内的，由省级价格主管部门会同电力监管机构制定加价标准。

除了对工业企业实施价格政策外，自 2011 年起，国家发改委还组织制定了针对居民生活用电的阶梯电价政策。居民阶梯电价为三档，覆盖 80% 居民用户的电量为第一档，超出第一档并覆盖 95% 用户的电量为第二档，超过第二档的电量为第三档。第一档电价保持基本稳定；第二档电价适当提高；第三档电价大幅提高，为第二档电价的 1.5 倍左右。

2013 年 12 月，国家发改委和工信部联合发布《关于电解铝企业用电实行阶梯电价政策的通知》，主要内容是电解铝企业铝液电解交流电耗不高于 13700 度/吨的，其铝液电解用电不加价；铝液电解交流电耗高于 13700 度/吨但不超过 13800 度/吨的，加价 0.02 元/度；铝液电解交流电耗超过 13800 度/吨的，加价 0.08 元/度。此外，铝液电解交流电耗大于 13700 度/吨的企业还被要求不得与电力企业进行电力直接交易。而作为对低电耗电解铝企业的奖励，省级人民政府有关部门应优先支持其参与电力直接交易。因实施阶梯电价政策而增加的加价电费，10% 留电网企业用于弥补执行阶梯电价增加的成本，90% 归地方政府使用，主要用于奖励能效先进企业，支持企业节能技术改造、淘汰落后和转型升级。

2. 财政/税收政策

自 20 世纪 80 年代起，中国政府主要以财政拨款的方式支持节能。1981~1985 年，全国共投入资金 112 亿元支持节能，其中国家财政拨款 30 亿元，形成节能能力 2280 万吨标准煤当量（苏明、傅志华，2008）。1986~1993 年，国家共投入节能基建和技改资金 360 亿元（郁聪、康艳兵，2003）。在 1986 年财政部下发的《对节约能源管理有关税收问题的通知》中，对节能效益实行"税前还贷"，经有关部门认定的节能产品减免产品税和增值税 3 年，对企业实施技改引进的节能设备和技术减免关税等。伴随 1994 年的财税体制改革，20 世纪 80 年代以来计划经济体制时期中国在节能方面建立的财税优惠政策基本失效。1998 年后，节能方面的税收优惠改为增值税与所得税的减免，例如，从 1998 年起，对节能方面的进口设备免征关税和进口增值税；对外企提供节能专有技术所取得的转让费收入，可减按 10% 的税率征收预提所得税，其中技术先进、条件优惠的可给予免税优惠

（岳佩萱，2016）。

"十一五"时期，中央和地方政府分别设立了节能减排专项资金，用于支持节能技术改造和节能产品推广，中央财政投入奖励资金 224 亿元，引导全社会节能投资 8466 亿元，形成节能能力约 3.4 亿吨标准煤。2007年 8 月，财政部、国家发改委联合发布了《节能技术改造财政奖励资金管理暂行办法》，采取"以奖代补"的方式，由中央财政安排引导资金对"十大重点节能工程"的燃煤工业锅炉（窑炉）改造、余热余压利用、节约和替代石油、电机系统节能和能量系统优化等项目予以财政奖励支持，奖励对象为实施节能技术改造的用能企业，奖励金额根据节能技改项目所形成的节能量来计算。2011 年 6 月，财政部、国家发改委联合正式发布《节能技术改造财政奖励资金管理办法》，对节能技改项目的门槛、企业能耗要求、奖励标准、审核方式等进行了调整，更多企业将可以得到节能技改的奖励和财政支持。

为扩大高效节能产品市场份额，2009 年财政部、国家发改委联合发布了《高效照明产品推广财政补贴资金管理暂行办法》《高效节能产品推广财政补助资金管理暂行办法》，并相继发布了节能型房间空调器、节能汽车、高效电机、家用电冰箱、家用燃气热水器、电动洗衣机、平板电视等补贴实施细则，国家采用间接补贴的方式对消费者购买高效节能产品提供补贴。企业定期将高效节能产品的销售和安装信息上报政府财政和节能主管部门。根据节能产品推广情况及高效节能产品与同类普通产品的成本差异，中央财政对高效节能产品生产企业予以补贴。生产企业按补贴后的价格销售高效节能产品，购买高效节能的消费者间接得到补贴。

2010 年，国务院办公厅转发了《关于加快推行合同能源管理促进节能服务产业发展的通知》，财政部、国家发改委联合发布了《合同能源管理财政奖励资金管理暂行办法》，对节能服务公司与用能企业签署的节能效益分享型合同，按项目的年节能能力给予一次性财政奖励。合同能源管理财政奖励的范围为节能量 100（工业为 500）～10000 吨标准煤，奖励标准为中央财政提供 240 元/吨标准煤，省级财政提供不低于 60 元/吨标准煤的配套资金。同年，财政部和国家税务总局还发布了《关于促进节能服务产业发展增值税、营业税和企业所得税政策问题的通知》，对节能服务公司实施合同能源管理项目涉及的营业税、增值税和企业所得税出台了税收优惠政策。例如，对符合条件的节能服务公司实施合同能源管理项目，将项目中的增值税应税货物转让给用能企业，暂免征收增值税；取得的营业税应税收入，暂免征收营业税；实施效益分享型合同能源管理项目，可享受所得税"三免三减半"优惠政策。这些政策的颁布实施有效地促进了节能服务公司的发展。截至2013年底，国家发改委和财政部公布的节能服务公司备案名单已逾4000家。值得注意的是，按照国务院《关于取消非行政许可审批事项的决定》（国发〔2015〕27号）的要求，国家已于2015年5月10日正式废止《合同能源管理财政奖励资金管理暂行办法》。

2011年6月22日，财政部、国家发改委印发《关于开展节能减排财政政策综合示范工作的通知》，决定在北京市等8个城市开展节能减排财政政策综合示范。财政部、国家发改委还制定了《节能减排财政政策综合示范指导意见》。截至2015年，国家节能减排财政政策综合示范城市全国共有30个，分为三批。2011年第一批共8个城市：北京市、深圳市、重庆市、杭州市、长沙市、贵阳市、吉林市、新余市；2013年第二批共10个城市：石家庄市、唐山市、铁岭市、齐齐哈尔市、铜陵市、南平市、荆门市、韶关市、东莞市、铜川市；2014年第三批共12个城市：天津市、临汾市、包头市、徐州市、聊城市、鹤壁市、梅州市、南宁市、德阳市、兰州市、海东市、乌鲁木齐市。综合奖励资金规模根据示范城市性质分档确定，其中直辖市和城市群6亿元/年，计划单列市和省会城市5亿元/年，其他城市4亿元/年。中央财政按年度预拨50%，其余50%根据年度绩效考核结果拨付。2012年，财政部、国家发改委对示范城市进行年度绩效考核，对示范城市工作量、节能减排效果及长效机制建设等方面进行量化打分。对合格以上示范城市，拨付剩余的50%综合奖励资金；对不合格的示范城市，不再拨付剩余的50%综合奖励资金。示范期为三年，示范期结束后，财政部、国家发改委组织整体绩效考核。根据绩效考核结果，对考核结果为优秀的示范城

市，中央财政按补助综合奖励资金总额的 20% 予以奖励，用于支持节能减排相关工作；对考核结果为不合格的示范城市，扣回 20% 的综合奖励资金。对于未完成实施方案确定的总体节能减排约束性指标或无特殊原因未完成实施方案年度节能减排约束性指标的、连续两年考核不合格的、骗取或截留财政资金严重的，取消示范资格，并扣回全部综合奖励资金。

3. 信贷政策

从 1981 年开始，国家就设立了节能专项资金，对节能基建项目和节能技改项目实施贷款优惠，其中国家节能基建专项资金用于基本建设性质的节能项目，20 世纪 80 年代实行优惠利率，1991～1993 年实行差别利率，平均利率比商业贷款低 30%；国家节能技改专项资金在 20 世纪 80 年代主要用于节能技改、节材和综合利用项目，90 年代用于节能示范项目，由国家财政给予 50% 的贴息优惠。1994 年财税体制改革之后，差别利率与贴息利率政策均被取消。1981～1998 年，国家对节能基建项目、节能技改项目拨、贷款超过 370 亿元，带动了地方政府和企业近 1000 万元的节能技改投资（中国能源研究会、国家电力公司战略研究与规划部，2002）。1998 年后，国家节能专项贷款由节能主管部门向商业银行推荐项目，银行统筹安排专项资金，经项目评估后实施。

进入"十一五"时期，国家开始通过更加全面的绿色信贷政策支持低污染、低能耗的投资项目，同时对高耗能、高污染行业的投资项目进行信贷控制。根据中国银行业协会数据（2010），在绿色信贷政策引导下，节能环保项目贷款额占贷款总额的比例从 2005 年的 1.87% 上升到 2009 年的 8.93%。2009 年 2348 个客户退出"两高"行业贷款，相比 2008 年增加了 823 个。

4. 用能权有偿使用和交易试点

2016 年 7 月 28 日，国家发改委确定在浙江省、福建省、河南省、四川省开展用能权有偿使用和交易试点工作。试点地区根据国家下达的能源消费总量控制目标，结合本地区经济社会发展水平和阶段、产业结构和布局、节能潜力和资源禀赋等因素，合理确定各地市能源消费总量控制目标。配额内的用能权以免费为主，超限额用能有偿使用。用能权有偿使用的收入应专款专用，主要用于本地区节能减排的投入以及相关工作。试点地区要制定发布能源消费报告、审核、核查指南、标准等技术规范，明确能源消费统计、计量、计算的范围、方法、流程和操作规范，确保能源消费数据的准确性和可追溯、可核查。试点的具体时间安排为：2016 年做好试点顶层设计和准备工作；2017 年开始试点，并根据情况不断完善实施方案；到 2019 年，试点任务取得阶段性成果，形成可复制可推广的经验、做法和制度；2020 年开展试点效果评估，总结提炼经验，视情况逐步推广。

三　节能法制建设

根据《中华人民共和国立法法》，中国的法律体系由法律、法规（包括行政法规与地方性法规）、规章（包括部门规章和地方政府规章）等构成。本节分法律、法规、规章三部分回顾中国节能领域的法制化进程。

（一）节能法律

中国节能领域的法制历程最早可以追溯到 20 世纪 80 年代。1986 年，国务院颁布了《节约能源管理暂行条例》（以下简称《条例》）（国发〔1986〕4 号），自 1986 年 4 月 1 日起施行。这是中国第一部综合性的节能法规，该《条例》确认了"能源实行开发和节约并重的方针"，但没有强调把节能放在优先地位。1997 年 11 月，第八届全国人大常委会第二十八次会议审议通过了《中华人民共和国节约能源法》（以下简称《节能法》），于1998 年 1 月 1 日正式施行。这标志着中国第一部正式的综合性节能法律诞生了。该法分为总则、节能管理、合理使用能源、节能技术进步、法律责任和附则等六章，共 50 条。《节能法》规定，节能是国家发展经济的一项长远战略方针。

随着中国经济体制的深化改革和经济社会的快速发展，1997 年版的《节能法》已经难以适应新形势下的节能需求。全国人大财经委员会根据第

十届全国人大常委会立法计划安排，组织起草了《节能法（修正草案)》。修订后的《节能法》于 2007 年 10 月 28 日经第十届全国人大常委会第三十次会议审议通过，2008 年 4 月 1 日起施行。2008 年版《节能法》对 1997 年版《节能法》做出了大量修改，并由原来的 6 章 50 条增加为 7 章 87 条。首先，第一次在法律层面将节约能源确定为中国的基本国策，并明确"国家实施节约与开发并举，把节约放在首位的能源发展战略"（第四条)。其次，扩大了调整范围。1997 年版《节能法》主要就工业节能做出了规定，而 2008 年版《节能法》在完善工业节能规定的同时，增加了建筑节能、交通运输节能和公共机构节能的内容，规定了相关领域的节能制度和管理措施，明确了有关主体的节能义务。例如，第四十六条规定了交通运输营运车船燃料消耗监督管理制度；第五十一条规定了公共机构优先采购节能产品、设备的义务等。再次，确立了节能的基本制度。2008 年版《节能法》第六条规定，国家实行节能目标责任制和节能考核评价制度，将节能目标完成情况作为对地方人民政府及其负责人考核评价的内容。省、自治区、直辖市人民政府每年向国务院报告节能目标责任的履行情况。这意味着节能目标责任制作为中国节能政策执行的基本制度在法律层面的正式建立。最后，修订后的《节能法》理顺了相关政府部门的监管职责，确保节能制度和措施的监管主体明确。国务院和县级以上地方各级人民政府管理节能工作的部门分别负责全国和地方行政区域内的节能监督管理工作，政府其他有关部门在各自的职责范围内负责节能监督管理工作，并接受同级管理节能工作部门的指导。

除了《节能法》对节能做了系统、具体的规定之外，《中华人民共和国循环经济促进法》（2008)、《中华人民共和国清洁生产促进法》（2002 年通过，2003 年开始实施，2012 年修订)、《中华人民共和国煤炭法》、《中华人民共和国电力法》、《中华人民共和国可再生能源法》、《中华人民共和国建筑法》（以下分别简称《循环经济促进法》《清洁生产促进法》《煤炭法》《电力法》《可再生能源法》《建筑法》）中的某些条文也对节能做出了相关规定，从而完善了中国的节能法律制度。以《清洁生产促进法》和《循环经济促进法》为例，清洁生产与循环经济的目的都是提高资源利用效率，减少和避免污染物的产生，它们与节能的交叉点在于提高能源的利用效率。《清洁生产促进法》和《循环经济促进法》中许多条款都体现了提高能效的要求。例如，《清洁生产促进法》第二十七条规定，对超过单位产品能源消耗限额标准的高耗能企业实施强制性清洁生产审核；而《循环经济促进法》第四十四条也规定，国家运用税收等措施鼓励进口先进的节能、节水、节材等技术、设备和产品，限制在生产过程中耗能高、污染重的产品的出口。

（二）节能法规

2008年7月23日，国务院第十八次常务会议通过了《民用建筑节能条例》以及《公共机构节能条例》，于2008年10月1日起实施。《民用建筑节能条例》是在《节能法》以及《建筑法》的基础上，从新建建筑节能、既有建筑节能、建筑用能系统运行节能等方面细化了民用建筑节能的基本法律制度，而《公共机构节能条例》则是在2007年修订的《节能法》中新增的"公共机构节能"一节的基础上，对公共机构节能管理体制、公共机构节能规划的编制和实施、公共机构节能管理的6项基本内容、公共机构节能的6项具体措施、公共机构节能监督和保障等内容做出了具体的规定。除此之外，《中华人民共和国标准化法实施条例》《中华人民共和国认证认可条例》《特种设备安全监察条例》等节能相关法规也是《节能法》的重要配套行政法规。

（三）部门规章

《节能法》实施后，一系列配套部门规章也陆续出台，使节能工作有法可依。其中早期的综合类节能规章大部分由原国家经济贸易委员会、国家发展计划委员会颁布，包括《重点用能单位节能管理办法》（1999）、《节约用电管理办法》（2000）等。各部委也颁布了针对各部门的节能管理规定，如建设部于2000年2月颁布《民用建筑节能管理规定》，交通部于2000年6

月颁布《交通行业实施节约能源法细则》。

为了更好地贯彻 2007 年修订的《节能法》，各部委立即组织了相关规章的修订和制定工作，如建设部和交通运输部于 2008 年相继修订了《民用建筑节能管理规定》、《公路、水路交通实施〈中华人民共和国节约能源法〉办法》（原《交通行业实施节约能源法细则》）。2009 年，交通运输部和国家质量监督检验检疫总局相继颁布《道路运输车辆燃料消耗量监测和监督管理办法》和《高耗能特种设备节能监督管理办法》。2010 年 9 月 17 日，国家发改委公布了《固定资产投资项目节能评估和审查暂行办法》，于 2010 年 11 月 1 日起施行。该办法的颁布实施，标志着中国固定资产投资项目节能评估和审查制度正式进入实施阶段。

作为指导重点用能单位节能管理的核心规章，《重点用能单位节能管理办法》（1999）一度面临着与上位法（即 2008 年版《节能法》）相抵触的尴尬局面，这一情况直至 2016 年才得到扭转。2016 年，国家发改委修订完成了《重点用能单位节能管理办法（修订征求意见稿）》，于 2016 年 10 月 18 日至 11 月 18 日向社会公开征求意见。2018 年 2 月 22 日，国家发改委等七部委联合颁布新版的《重点用能单位节能管理办法》（以下简称《管理办法》），新规章自 2018 年 5 月 1 日起实施。《管理办法》的修订遵循了与《节能法》相匹配的原则，从而使得重点用能单位的节能管理更加有法可依。例如，依据 2008 年版《节能法》第六条对节能目标责任制和节能考核评价制度的规定，新的《管理办法》要求对重点用能单位实行节能目标责任制和节能考核评价制度，地市级以上人民政府管理节能工作的部门会同有关部门，将能耗总量控制和节能目标分解到重点用能单位，对重点用能单位分级开展节能目标责任评价考核，主要考核重点用能单位能耗总量控制和节能目标完成情况、能源利用效率及节能措施落实情况，从而历史上首次确立了针对重点用能单位的节能目标责任制的合法地位。

进入"十三五"以来，国家发改委、工信部等部门频繁修订或制定了一系列重要的节能规章，仅 2016 年就陆续发布或修订《节能监察办法》（国家发改委，2016 年 1 月 15 日）、《能源效率标识管理办法》（国家发改委、国家质量监督检验检疫总局，2016 年 2 月 29 日）、《工业节能管理办法》（工信部，2016 年 4 月 27 日），以及《固定资产投资项目节能审查办法》（国家发改委，2016 年 11 月 27 日）。

四 政策执行机制

政策能够行之有效，既取决于政策条文（如政策目标、实施程序、政策手段等）是否明确并合理，也取决于政策能否得以贯彻实行。这一节主要回顾了中国 40 年来节能政策执行机制的历史变迁。总体上来看，随着国家节能主管部门的多次变迁，以及国家经济体制改革的不断深入，中国的节能政策执行机制已由原来的"行业部门主管"演变为目标责任制体系下的"属地管理"。今天，中国正处于能源转型的关键时期。中国已经提出了"2030 年左右达到碳排放峰值"的战略目标并积极予以实现。2014 年，习近平总书记提出要"推动能源生产与消费的革命"，并将"抑制不合理消费"作为首要内容。2017 年，国务院又发布《能源体制革命行动计划》，对能源管理模式提出了新的要求。在新的历史时期下，"节约能源"不仅事关中国的能源安全以及环境质量的整体改善，也事关碳排放峰值的早日实现，是生态文明建设中的关键一环。

（一）1980~1998年：以行业管理为主线

1982 年以来，为了适应社会主义市场经济的需要，中国政府进行了 6 次大规模的机构改革，逐步转变政府职能、实现政企分开。在计划经济向市场经济转型的背景下，原来的各个工业专业经济部门先后被撤销和改组，企业的经营权逐步放开，同时企业的节能主管机构也不断变化。与历次大规模的机构改革相对应，中国各行业的节能管理机构大致可分为 3 个重要阶段（见表 2 - 1）。1982~1998 年，行业管理结构由原来的部级专业经济管理部门逐渐弱化为由国家经贸委、发改委等机构管理下的一个局级部门。以九大高能耗行业为例，1982~1998 年，钢铁、有色金属行业由冶金工业部统一

表 2-1 行业节能管理机构的演变

行业	工业专业经济部门	1998~2001 年	2001 年至今
钢铁	冶金工业部(1982~1998 年)	国家冶金工业局(1998~2001 年)	中国钢铁工业协会(2001 年至今)
有色金属	冶金工业部(1982~1998 年)	国家有色金属工业局(1998~2001 年)	中国有色金属工业协会(2001 年至今)
石油石化	石油工业部(1982~1988 年)能源部(1988~1993 年)	国家石油和化学工业局(1998~2001 年)	中国石油和化学工业协会(2001 年至今)
化工	化学工业部(1982~1998 年)	国家石油和化学工业局(1998~2001 年)	中国石油和化学工业协会(2001 年至今)
建材	国家建筑材料工业局(1982~2001 年)		中国建筑材料工业协会(2001 年至今)
煤炭	煤炭工业部(1982~1988 年,1993~1998 年)、能源部(1988~1993 年)	国家煤炭工业局(1998~2001 年)	中国煤炭工业协会(2001 年至今)
电力	水利电力部(1982~1988 年)能源部(1988~1993 年)电力工业部(1993~1998 年)	国家经贸委电力司(1998~2003 年)	国家电力监管委员会(2002 年至今)中国电力企业联合会(1988 年至今)
造纸	轻工业部(1982~1993 年)中国轻工总会(1993~1998 年)	国家轻工业局(1998~2001 年)	中国轻工业联合会(2001 年至今)
纺织	纺织工业部(1982~1993 年)中国纺织总会(1993~1998 年)	国家纺织工业局(1998~2001 年)	中国纺织工业协会(2001 年至今)

管理,管理内容不仅涉及企业的经济管理,也涉及企业的节能技术改造、落后产能淘汰、能耗标准等,期间各经济部门出台了大量的行业技术标准及相应的激励和约束政策。1982~1998 年,省、市、县几级政府均设有相应的工业专业经济部门,这些部门实质上构成了中国节能工作的行业管理体系,为该期间中国能源强度的下降发挥了基础性作用。1982~1998 年也是中国经济发生重要变化的时期。这期间,随着民营企业、外资企业的不断兴起,国有企业在市场中的份额逐步缩小,1978~1998 年,国有经济占工业总产值的比重由 78.5%一路下滑到 28.2%。由于国有经济在国民经济中的地位逐渐降低,以管理和控制国有经济为主的工业专业经济部门在实际工作中所

能发挥的作用逐渐弱化。同时，政企不分导致国有企业的经营管理出现各种各样的问题，使政府背上了沉重的经济包袱。在这种背景下，1998年的政府机构进行改革，几乎撤销了所有的专业经济管理部门，使之弱化为局级管理机构。短短3年后，这些局级管理机构几乎被全部撤销，取而代之的是以协会形式出现的各类行业协会。从职能上来看，行业协会不再具有管理职能，仅发挥一些协调性的功能。同时，短短的几年间，许多国有企业完成了改制，改制后的国有企业在经营上不再受政府的干预。1998年机构改革到2006年目标责任制建立，中国在对企业经营权全方面放开的同时，实质上也放弃了对企业节能的直接干预。

（二）1998～2005年：转型期执行机制缺位

1998年以来，随着行业管理机构的消失，各级地方政府实质上承担起了企业的宏观管理职能，负责产业政策在企业层面的落实工作。然而，1998年以来，随着市场经济的进一步发展以及1994年分税制的实施，地方政府越来越多地表现为GDP饥渴症，为了更快地发展地方经济，根本无暇顾及国家出台的各类节能和产业政策，对高能耗企业大开绿灯，客观上造成了能源消耗的快速增长。1997年颁发的《中华人民共和国节约能源法》，是一部诞生于社会主义市场经济建立过程中的首部中国能源节约的综合性法律。其中规定了"县级以上地方人民政府管理节能工作的部门主管本行政区域内的节能监督管理工作。县级以上地方人民政府有关部门在各自的职责范围内负责节能监督管理工作"。由于对节能工作的重视不够，地方政府的节能"有关部门"一致处于缺位或弱势状态，使《节能法》的实施、执法与监督一度处于真空状态。

（三）2006年至今：属地管理下的目标责任制

2002年以来中国能源强度的上升、快速增长的能源消耗总量以及相关的温室气体排放量，使中国开始重新重视节能问题。2006年，中国政府在第十一个五年规划中，再一次将节能目标写入规划，并将其列为"约束性

指标"。《"十一五"规划纲要》提出，"本规划确定的约束性指标，具有法律效力，要纳入各地区、各部门经济社会发展综合评价和绩效考核"，事实上已经隐含了目标责任制的相关内容。在2006年8月6日颁布的《国务院关于加强节能工作的决定》中，国务院明确要求建立节能目标责任制和评价考核体系。"发展改革委要将《"十一五"规划纲要》确定的单位国内生产总值能耗降低目标分解落实到各省、自治区、直辖市，省级人民政府要将目标逐级分解落实到各市、县以及重点耗能企业，实行严格的目标责任制。统计局、发展改革委等部门每年要定期公布各地区能源消耗情况；省级人民政府要建立本地区能耗公报制度。要将能耗指标纳入各地经济社会发展综合评价和年度考核体系，作为地方各级人民政府领导班子和领导干部任期内贯彻落实科学发展观的重要考核内容，作为国有大中型企业负责人经营业绩的重要考核内容，实行节能工作问责制。"2006年9月17日，国务院发布了《国务院关于"十一五"期间各地区单位生产总值能源消耗降低指标计划的批复》（国函〔2006〕94号文），将"十一五"期间节能的国家目标分解到了各省、自治区、直辖市。

2007年6月发布的《国务院关于印发节能减排综合性工作方案的通知》，进一步强调："当务之急，是要建立健全节能减排工作责任制和问责制，一级抓一级，层层抓落实，形成强有力的工作格局。地方各级人民政府对本行政区域节能减排负总责，政府主要领导是第一责任人。"在政府领导干部综合考核评价和企业负责人业绩考核中，要将节能工作作为一项重要内容，实行"问责制和'一票否决'制"。

2007年11月，国务院发布了《国务院批转节能减排统计监测及考核实施方案和办法的通知》，该通知进一步明确了节能统计监测实施方案和单位GDP能耗考核体系实施方案。纳入单位GDP能耗考核的对象包括省级人民政府和千家重点耗能企业，主要就节能目标完成情况和落实节能措施情况进行考核。考核结果经国务院审定后，交由干部主管部门作为对省级人民政府领导班子和领导干部综合考核评价的重要依据，对其实行问责制和"一票否决"制。另外，该通知还规定了其他的一些奖惩措施来促进地方政府及千家重点耗能企业节能。

清晰的国家目标、严格的压力传导机制，以及明确的信息反馈机制，构成了中国降低单位 GDP 能耗的目标管理体系。目标责任制的确立，明确了地方政府在节能工作中的主体地位，使既有的节能政策能够得以贯彻和实施。同时，目标责任制的确立，创新性地解决了地方政府热衷发展 GDP，而不重视节能环保工作的问题，使地方政府在完成节能目标时创新性地发展各类政策，使节能与发展 GDP 之间的冲突降到最低。

尽管目标责任制不能从根本上改变地方政府的环境行为，但至少在政治激励方面，目标责任制可以对地方政府的环境行为产生一些有益的影响。目标责任制对地方政府的节能行为产生约束的关键在于晋升机制。目标责任制作为一票否决性指标，大大改变了原有的官员激励体系。目标责任制的主要责任人是各级地方政府的一把手，而这些一把手在地方发展中具有极其重要的权力。这种责任体系使地方政府在发展中必须对节能有足够的重视。在我国经济发展的现阶段，对大部分地方政府来说，节能与经济发展往往具有一些冲突，这导致大部分地方政府提出的节能目标不高于国家目标，这是由自上而下的单动力所决定的。同时，正是由于目标责任制对地方政府的节能行为产生了动力，才使我国的能源利用效率得到了较大提高。目标责任制对中国地方政府的节能行为来说，其约束是真实有效的。

然而，目标责任制在政策执行中仍有一些缺陷。首先，目标分解体系不严密。当国家目标分解到省级目标时，存在较高的泄露风险，即使所有省级政府都实现其节能目标，国家目标仍有可能无法实现。当国家目标分解到企业时，企业以节能量作为目标。由于节能量指标与单位 GDP 能耗降低指标之间具有差异性，因而企业节能绩效对国家目标的贡献难以准确衡量。其次，由于节能目标的层层分解，县级及以下政府承担了过多的节能责任，这与他们的行政管理权限并不匹配。在强大的政治压力下，为了实现节能目标会导致一些不良后果。最后，在信息反馈环节，能源统计精确性有待提高，信息失灵不可避免。当前的制度体系设置了监测和考核两个环节对数据进行

核实，但主要方式以交叉验证为主，由于缺乏对 GDP 和能耗数据生产过程的监督，现有的监测和考核体系并不能确保能耗数据的有效性。在实践层面，考核体系没有对企业节能绩效进行严密核查，企业节能绩效存在一定程度的过高估计。

参考文献

1. 国宏美亚（北京）工业节能减排技术促进中心：《中国工业节能进展报告 2013》，中国质监出版社、中国标准出版社，2014。

2. 国家发改委：《中华人民共和国国家发展和改革委员会公告》（2015 年第 34 号），2015。

3. 国家发改委：《千家企业超额完成"十一五"节能任务》，2011，http：//finance. ifeng. com/a/20110314/3653738 ＿ 0. shtmlhttp：//finance. ifeng. com/a/20110314/3653738＿ 0. shtml。

4. 国家电力公司战略规划部：《中国能源 50 年》，中国电力出版社，2002。

5. 郭琪：《中国节能政策演变及能源效应评价》，《经济前沿》2009 年第 9 期。

6. 日照市经信委：《日照市对水泥、石材及新增高耗能行业实施停电措施》，日照市 经 信 委，2011，http：//www. rizhao. gov. cn/ContShow. php？ category ＿ id ＝ 182&aiticle＿ id ＝ 10497http：//www. rizhao. gov. cn/ContShow. php？ category＿ id ＝ 182&aiticle＿ id ＝ 10497。

7. 苏明、傅志华：《中国节能减排的财税政策研究》，中国财政经济出版社，2008。

8. 徐壮、赵旭东：《节能法制与政策制度》，中国质监出版社、中国标准出版社，2013。

9. 郁聪、康艳兵：《国内外节能政策的回顾及强化中国节能政策的建议》，《中国能源》2003 年第 10 期。

10. 岳佩萱：《中国节能政策变迁研究》，硕士学位论文，山西大学，2016。

碳 市 场

The National Carbon Market

B.3

中国碳市场配额价格下限的
一般均衡分析[*]

翁玉艳　张希良[**]

摘　要： 全国碳排放交易体系于 2017 年 12 月 19 日正式启动，超越欧盟碳排放交易体系，成为全球最大的碳市场。作为一种基于市场的政策工具，碳市场将在中国实现其碳减排承诺目标和促进国内绿色低碳转型中发挥核心作用。针对中国经济发展过程中的不确定性，为避免出现以往国外碳市场中碳价过低的情况，中国碳市场需要设定合理的碳价下限。本章首先对碳排放交易体系进行概述，介绍了当前全球典型碳市场的主要特征，讨论了设定碳价下限机制在维护碳市场稳定运行中

---

* 原文：Weng Y. Y. , zhang D. , Lu L. L. , et al, "A General Equilibrium Analysis of Floor Prices for China's National Carbon Emissions Trading System", Climate Policy 18 （2018）：60 – 70。

** 翁玉艳、张希良，清华大学能源环境经济研究所。

的必要性。然后，利用中国－全球能源模型 2.0（China-in-Global Energy Model 2.0，C－GEM2.0），基于一般均衡分析，研究了中国同时实现国家自主贡献（Nationally Determined Contributions，NDC）减排承诺目标和国内节能降碳约束性目标的碳排放配额价格，并量化分析了三种不确定性因素下的碳价下限。在此基础上，对该碳价下限进行了敏感性分析。

关键词： 全国碳排放交易体系　碳价格下限　CGE 模型

一　碳排放交易体系与碳排放配额价格

（一）碳排放交易体系概述

碳排放交易体系（Emissions Trading System，ETS）是一种基于市场的节能减排政策工具，能够以最小全局减排成本实现减排目标（段茂盛、庞韬，2013）。ETS 遵循"总量控制与配额交易"原则。"总量控制"指的是政府需要根据温室气体减排目标为企业提前设定所允许的碳排放上限，并随时间推移逐渐下降。"配额交易"指的是纳入 ETS 企业的一方需要从市场上购买一定的碳排放配额，来弥补政府为其设定的排放限额，否则将面临高额的罚款；另一方在市场上出售多余的碳排放配额从而获得配额收益（ICAP，2018a）。碳交易能够向市场传递长期的价格信号，有助于企业更好地进行低碳技术的规划和投资，帮助其向绿色低碳方向加快转型。

碳排放权交易可以看作一种排污权交易，后者由科斯（Coase）于 1960 年基于产权思想提出（Coase R. H.，1960）。他将排污权视为企业的一种生产要素，通过明确排污权的归属同时允许排污权在排污主体之间进行交易，形成排污权交易市场，从而利用市场机制对排污权进行定价，进而将排污的外部成本内部化。碳市场也采用这种方式，将二氧化碳排放的外部成本内部化为企业的生产成本，整合入商品或者服务的价格，利用市场手段提高资源的配额效率，以更低的成本实现减排目标。

除此之外，由于 ETS 设定了碳排放上限，这一机制确保了可以达成预期的减排目标。ETS 可以根据所在地区经济发展水平、产业发展状况、能源体系特点、技术水平和政治环境的不同调整其机制设计，以适应不同的社会需求。政府如果选择向企业拍卖碳排放配额，那么拍卖带来的财政收入可以为政府提供额外的收入来源并通过各种方式进行再投资，比如为气候行动提供资金，投资于低碳技术、清洁能源和能效提升等领域。ETS 的首要目标是减少二氧化碳的排放，但除此之外，一个设计且运行良好的碳交易市场还能带来改善空气质量、减少污染物排放、提升资源利用效率以及创造更多的就业机会等经济、环境和社会效益。

一套完整的 ETS 包括十个核心步骤：确定覆盖范围，设定排放总量，分配排放配额，考虑使用抵消机制，确定灵活性措施，价格可预测性和成本控制，确保履约与监督机制，加强利益相关方参与、交流及能力建设，考虑市场链接和实施、评估与改进（ICAP，2018b）。这十个方面相互联系、相互影响，共同支撑碳市场的良好运行。

（二）国内外碳市场发展现状

随着全球应对气候变化共识的达成，各国均积极探索，采取成本有效的政策措施积极控制本国或本地区的温室气体排放，碳市场这一市场类政策工具也被越来越多的国家或地区用于各自的减排实践中，碳市场呈现快速发展态势。

截至 2017 年底，全球已经有 21 个正在运行的碳市场体系，覆盖全球 28 个不同级别的司法管辖区，包括：1 个超国家机构、5 个国家、5 个城市及 17 个省和州。其中欧盟作为超国家机构，其 EU ETS 所覆盖的国家数量为 31 个。另外，有 5 个司法管辖区正在计划实施碳市场：墨西哥、乌克兰、加拿大新斯科舍省、美国弗吉尼亚州和中国台湾。除此之外，还有 10 个不同级别的政府正在考虑实施碳市场，作为其气候政策的重要组成部分，包括

泰国、哥伦比亚、美国华盛顿州、美国俄勒冈州和土耳其等。

全球碳市场在过去十几年中进展迅速。自 2005 年欧盟碳排放交易体系启动以来，ETS 所覆盖的温室气体排放量从 2005 年的 21 亿吨二氧化碳当量增长到目前的 74 亿吨二氧化碳当量左右，占全球排放的比重从 5% 增长到 15%，增长了 2 倍左右（ICAP，2018c）。

从覆盖的行业和温室气体种类来看，不同体系覆盖的范围存在较大的差异。覆盖行业最多的体系涉及电力、工业、建筑、交通、航空、废弃物和林业部门，覆盖行业最少的体系只涉及电力或者只涉及工业部门。所有体系均涵盖 CO_2，但有的体系涵盖的气体种类最多达到七种（CO_2、CH_4、N_2O、HFCs、PFCs、SF_6 和 NF_3）。国外主要碳市场机制设计特点见附表 1。

1. 欧盟碳排放交易体系

EU ETS 于 2005 年正式启动，是全球首个温室气体排放交易体系，也是 2017 年前全球最大的碳市场，是欧盟气候变化的核心政策工具。该体系覆盖了欧盟 28 个国家以及挪威、冰岛和列支敦士登的 11000 个主要排放设施的温室气体排放，约占欧盟温室气体排放的 45%（EU，2017）。

EU ETS 已经经历了三个阶段：第一阶段为 2005 ~ 2007 年，第二阶段为 2008 ~ 2012 年，目前已经进入了第三阶段，当前也正在为第四阶段做修订。EU ETS 在四个阶段对参与国家、覆盖行业、总量设定、分配方法等机制设计方面的规定均有不同，通常针对上一阶段出现的问题不断进行调整和修订。

在参与国家方面，EU ETS 在第一阶段只包括 25 个成员国，进入第二阶段时包括了 27 个成员国并且纳入了冰岛、挪威和列支敦士登，由于克罗地亚在 2013 年加入欧盟，因此第三阶段在第二阶段的基础上又增加了一个成员国。

在覆盖的行业和气体种类上，第一阶段只覆盖来自电厂和能源密集型行业的二氧化碳排放；第二阶段增加了硝酸生产过程中产生的一氧化二氮排放；第三阶段更为丰富，包括电力和热力部门、能源密集型工业部门和航空业的二氧化碳排放，硝酸、己二酸、乙醛酸和乙二醛生产工业的一氧化二氮排放以及铝生产工业的全氟化碳排放。当然，不同类型的行业有不同的纳入门槛。体系所覆盖行业的减排目标为 2020 年比 2005 年降低 21%，2030 年比 2005 年降低 43%。

在总量设定方面，第一阶段和第二阶段欧盟成员国通过国家分配计划（National Allocation Plans，NAP）为各自的控排企业确定配额，各成员国的 NAP 汇总得到欧盟整体的排放总量。尽管欧盟会对各成员国提交的 NAP 进行审核，但是仍然有不少国家高估了排放水平，为企业分配的配额超过了实际排放量，导致市场上配额价格过低。第三阶段，采用欧盟范围内单一的排放配额上限，代替了过往体系的 NAP，实现了总量控制过程的集中管理。第三阶段设定 2013 年的排放总量上限为 20.8 亿吨二氧化碳当量，2013～2020 年排放限额每年线性降低 1.74%。为提振市场信心并稳定市场预期，欧盟委员会提议在第四阶段将线性减量因子上调至 2.2%，并在 2030 年后仍然延续该下降趋势。

在配额分配方面，第一阶段几乎所有的配额都是以祖父法[①]免费发放的，个别成员国采用拍卖或者基准法发放；第二阶段与第一阶段类似，仍然以祖父法免费分配为主，少数国家如英国、德国等采用本国的基准法，拍卖比例略有提高，为 3% 左右；第三阶段，拍卖将成为更为普遍的分配方式，拍卖比例将提高到 57% 左右，剩余的配额仍然采用免费分配方式。

2. 区域温室气体倡议（RGGI）

区域温室气体倡议（Regional Greenhouse Gas Initiative，RGGI）是美国第一个强制温室气体减排的碳市场，主要针对美国东北部九个州的电力部门。康涅狄格州、特拉华州、缅因州、新罕布什尔州、纽约州、新泽西州和佛蒙特州于 2005 年底最早签署谅解备忘录，宣布实施该联合减排行动。2007 年，马萨诸塞州、马里兰州和罗得岛州相继加入 RGGI。但 2012 年初，新泽西州正式退出 RGGI（RGGI，2018）。

RGGI 只针对 25MW 以上的电力企业进行减排约束，涉及的温室气体只包括二氧化碳，覆盖该地区 95% 左右的电力排放。RGGI 计划将 2018 年的

---

① 祖父法是指市场主体获得的配额总量以其历史排放水平为基准的配额分配方法。

电力排放相比 2009 年降低 10%，2020 年降低 15%。

RGGI 最初将 2009～2014 年的排放配额设定在 1.50 亿吨（1.65 亿短吨①）二氧化碳，并规定 2015～2018 年二氧化碳排放每年下降 2.5%。但是 2012 年，新泽西州退出以后，排放下降了 40% 以上。因此，2014 年的配额上限修订为 8260 万吨（9100 万短吨）二氧化碳，并且以每年 2.5% 的速度线性下降，到 2020 年下降到 7075 万吨（7800 万短吨）二氧化碳左右。

RGGI 目前已经进入第四阶段（2018～2020 年），前三期分别是：第一阶段 2009～2011 年，第二阶段 2012～2014 年，第三阶段 2015～2017 年。早期企业可以获得免费的排放配额，但是从第二阶段开始，免费发放的配额逐渐减少，大部分配额都以拍卖方式售出。

3. 美国加州总量控制与交易体系

美国加州总量控制与交易体系发起于 2012 年，于 2013 年正式开始履约，并于 2014 年与加拿大魁北克碳市场实现链接，于 2018 年与加拿大安大略省实现链接，为全球碳市场之间的国际合作做出了较好的示范（万方，2015）。

加州碳市场覆盖了该地区约 85% 的温室气体排放，涉及的减排部门主要有钢铁、水泥、热电联产、制氢、玻璃、石油和天然气等大型工业设施，电力生产设施以及与建筑、交通相关的部门。覆盖的温室气体种类包括《京都议定书》规定的六种温室气体：CO_2、CH_4、N_2O、SF_6、HFCs 和 PFCs，还包括 NF_3 和其他氟化物。

2017 年，加州立法机构成功将其实施周期延长至 2030 年，以帮助加州实现其气候目标。每一期设定的排放总量如下：2013 年 1.63 亿吨二氧化碳当量，2014 年 1.60 亿吨二氧化碳当量，2015 年因纳入新行业总量增加到 3.95 亿吨二氧化碳当量，2016 年 3.82 亿吨二氧化碳当量，2017 年 3.70 亿吨二氧化碳当量，2018 年 3.58 亿吨二氧化碳当量，2019 年 3.46 亿吨二氧化碳当量，2020 年 3.34 亿吨二氧化碳当量。

---

① 短吨是英美单位制中的重量单位，1 短吨 = 0.907 吨。

4. 韩国碳排放交易机制

韩国碳排放交易机制于 2015 年 1 月 1 日正式启动，是东亚地区首个全国范围的碳排放总量控制与交易体系。韩国碳市场第一阶段为 2015~2017 年，第二阶段为 2018~2020 年，之后每五年为一个阶段，并且每一个阶段都会制定相应的政策规划和目标。韩国碳市场将为其实现 2030 年 NDC 减排承诺目标发挥重要的作用（万方，2015）。

韩国碳市场覆盖了约 68% 的全国温室气体排放，不仅囊括了《京都议定书》中的六种温室气体的直接排放：CO_2、CH_4、N_2O、HFCs、PFCs、SF_6，还包括电力消费的间接排放。覆盖的行业来自钢铁、水泥、石化、炼油、电力、建筑、废弃物和航空部门的 23 个子部门。企业的纳入门槛为 12.5 万吨二氧化碳以上，设施的纳入门槛为 2.5 万吨二氧化碳以上。韩国碳市场对第一阶段设定的温室气体排放总量为：2015 年 5.73 亿吨二氧化碳当量，2016 年 5.62 亿吨二氧化碳当量，2017 年 5.51 亿吨二氧化碳当量。碳市场配额将从免费分配开始，第一阶段 100% 免费分配；计划第二阶段（2018~2020 年）97% 的配额免费分配，剩下的 3% 进行拍卖；计划第三阶段（2021~2025 年）少于 90% 的配额免费分配，大于 10% 的配额进行拍卖。

5. 中国碳排放权交易试点与全国碳排放交易体系

中国是全球最大的能源消费与温室气体排放国，在节能减排方面面临着巨大的挑战。同时，中国经济发展进入新常态，资源约束和环境污染等问题愈发严重，制约着中国经济社会的可持续发展。国际上，全球温室气体排放的持续升高和极端气候事件频发也给中国带来了巨大的减排压力。

面对国内外双重的压力和挑战，近年来，中国政府在减少能源消费与降低二氧化碳排放方面做出了积极努力，在"十一五"和"十二五"期间均制定了严格的节能减排约束性目标。《国民经济和社会发展第十一个五年规划纲要》提出"到 2010 年单位 GDP 能源消耗相较 2005 年降低 20%"（中华人民共和国中央人民政府，2006）；2009 年哥本哈根气候大会前夕，中国提出"到 2020 年单位 GDP 二氧化碳排放相比 2005 年降低 40%~45%，非化石能源占比达到 15%"（国家发展和改革委员会，2015）；《国民经济和

社会发展第十二个五年规划纲要》提出"到 2015 年单位 GDP 能源消耗相较 2010 年降低 16%，单位 GDP 二氧化碳排放相较 2010 年降低 17%"（中华人民共和国中央人民政府，2011）；2014 年，中美两国共同发表《中美气候变化联合声明》，中国提出"到 2030 年左右二氧化碳排放达到峰值并努力尽早达峰，同时非化石能源占比 2030 年达到 20%"；2015 年，中国提交 INDC 并进一步承诺"到 2030 年单位 GDP 二氧化碳排放相比 2005 年降低 60% ~ 65%"（国家发展和改革委员会，2015）。

为此，中国在节能和提高能效、优化能源结构以及开展低碳试点等方面采取了一系列的政策措施，并逐渐由主要采用命令控制型的政策转向更多利用基于市场的政策工具，开始积极探索利用碳市场来帮助中国实现国内碳排放约束目标和国际减排承诺。"逐步建立碳排放交易市场"在"十二五"规划中被首次提出。在 2011 年 3 月发布的《国民经济与社会发展第十二个五年规划纲要》中进一步明确要建立完善温室气体排放统计核算制度，逐步建立碳排放交易市场。2011 年下半年，"开展碳排放交易试点，建立自愿减排机制，推进碳排放权交易市场建设"被正式提出，并确定了首批开展试点的五市二省：北京、上海、天津、重庆、广东、湖北和深圳，以期积累实践经验，为建设和实施全国碳排放交易体系建立基础。2013 年 6 月，深圳碳交易试点正式启动，成为国内首个碳排放交易平台。随着 2014 年 6 月重庆碳交易试点的启动，七个地区试点交易平台在一年内先后开启，全国碳排放交易体系建设的准备工作也陆续展开。2014 年 12 月，国家发展和改革委员会发布《碳排放权交易管理暂行办法》，为全国碳排放交易体系的建立奠定了法规基础。2015 年 9 月，中美两国发表《中美气候变化联合声明》，宣布中国将于 2017 年启动全国碳排放交易体系（有关中国国内碳市场建设的相关政策见附表 2）。

在充分借鉴国外碳排放交易体系机制设计和实际运行的经验教训的基础上，中国七个碳排放交易体系试点结合各地区自身经济发展水平、行业分布特点、统计核算基础等实际条件，分别建立了各自体系的法律基础，明确了体系的覆盖范围，设定了体系的排放配额总量，制定了配额分配方法，建立了排放数据核算报告和核查体系，在实践中发现问题、解决问题，不断完善体系的设计和运行。

2017年12月，中国全国碳排放交易体系正式启动，超过欧盟碳排放交易体系，成为全球最大的碳交易市场。中国政府发布了《全国碳排放权交易市场建设方案（发电行业)》，以发电行业为突破口，预计将覆盖1700家以上企业，覆盖超过30亿吨的二氧化碳排放，未来将逐步纳入石化、化工、建材、钢铁、有色、造纸、航空等行业能源消费在1万吨标准煤以上或者二氧化碳排放在2.6万吨以上的重点排放单位（国家发展和改革委员会，2017）。

该体系的推进和完善将分三个阶段逐步进行：

（1）第一个阶段是基础建设期。该时期将持续一年左右，主要目的是完成建设全国统一的注册登记系统、数据报送系统和交易系统，同时开展能力建设和碳交易市场管理制度建设，提高各类参与主体的运行能力和管理水平。

（2）第二个阶段是模拟运行期。历时也是一年左右。该阶段将开展发电行业配额模拟交易，主要目的是检验市场各个要素的有效性和可靠性，强化市场风险防空与预警机制，完善和提高市场管理机制和支撑体系。

（3）第三个阶段是深化完善期。该阶段发电行业主体之间可以开展配额现货交易，并仅以履行减排义务为目的，已经完成履约的部分予以注销，剩余配额按规定进行跨期转让和交易。之后在发电行业碳交易市场稳定运行基础上，逐步扩大覆盖范围，增加交易品种，丰富交易方式，并在条件允许时纳入国家核证资源减排量。

此外，《全国碳排放权交易市场建设方案（发电行业)》也从市场要素、参与主体、制度建设、配额管理、支撑系统、试点过渡和保障措施等方面对全国碳市场进行了规范和解释。

6. 其他新兴碳市场

过去的经验表明，碳市场在控制温室气体排放以应对气候变化方面发挥了良好的作用。在全球"自下而上"合作应对气候变化的新机制下，不少国家也已经计划实施或者正在考虑实施碳市场来帮助其实现减排目标，尤其是拉美国家正在积极推进其国内碳市场政策并寻求地区之间的合作。例如，

智利、墨西哥和哥伦比亚已经实施了碳税政策，并正在考虑或者计划实施碳排放交易体系。

（三）价格下限机制

1. 价格形成机制与碳市场价格现状

理想情况下，碳排放配额的均衡价格由市场参与主体的供给和需求决定，反映企业的边际减排成本。但在碳交易实践中，配额的供给在很大程度上受到政策制定者的影响，取决于碳市场总量控制目标、配额分配以及抵消信用、储存和链接规则等机制设计；而配额的需求往往也受到经济发展水平、现有技术水平和其他减排政策的影响。因此，碳排放配额价格往往具有一定的波动性。

碳价的过度波动会带来一定的危害，会降低减排资源的市场配置效率。碳价过高，企业的减排压力增加，不利于企业的经营生产；碳价过低，会影响企业对低碳技术投资的积极性。碳价过度波动不利于向企业传递稳定可预期的价格信号，增加企业投资的不确定性，影响其投资决策。

在实际运行中，碳价过低是目前正在运行的碳交易体系的突出问题，引起了各国广泛关注。根据世界银行的研究（World Bank，2017），若以碳排放交易体系、碳税以及其他碳定价机制为研究范围，全世界实施碳定价机制的机构与组织呈现的碳价范围很广，最低的小于 1 美元/吨，最高的达到 140 美元/吨，但是 75% 的二氧化碳排放的价格处于 10 美元/吨以下。如果将范围仅限定在碳排放交易体系，2016 年全球所有体系的价格位于 2 美元/吨到 15 美元/吨的区间（ICAP，2017a）。一个典型的例子即是 EU ETS。碳价过低一直是 EU ETS 和其他碳市场普遍关注的问题。如图 3 - 1 所示，EU ETS 由于第一阶段配额总量设定过松，且第一阶段的配额不可跨期储存到第二阶段，导致第一阶段的配额价格过低，最后于 2007 年暴跌至零。2008 年经济危机之后，经济形势不佳，许多企业生产经营停滞，对于配额的需求骤降，同样出现了配额严重过剩的情况，碳价仍然过低。2017 年下半年以来，才出现碳价逐渐上升的趋势。

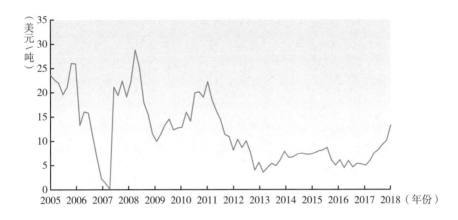

图 3 – 1　EU ETS 历史碳排放配额价格

资料来源：Market Insider, 2018。

若再从当前碳价的角度来看，如图 3 – 2 所示，全球各碳排放交易体系的碳价在 1.36 ~ 20.66 美元/吨（ICAP，2018d）。若排除中国 8 个地方试点碳市场，全球其他主要碳市场的平均价格为 13.5 美元/吨；若将中国试点碳市场包括在内，全体体系的均值为 8.6 美元/吨；若单独计算中国试点碳市场碳价均值，则数值为 4.2 美元/吨。中国各试点省市的碳配额价格相对国际上其他地区碳市场的价格较低。

2. 价格调节机制与价格下限

价格调节机制是碳市场基本要素之一，也是维持碳市场稳定运行的重要手段。碳价过高时，调节的方式包括借助配额储备控制成本，或者监管机构以最高限价出售足够的配额，或者调整抵消信用、履约期的相关规定等。碳价过低时，通常设定一个碳价下限来帮助提高碳价。由于实际运行中碳价过低的问题更受关注，碳价过高基本还未发生过，因此本研究也主要聚焦有关碳价过低的研究。

碳价下限机制主要包括三种形式：（1）政府以最低价格回购配额；（2）设置拍卖底价；（3）支付额外费用。政府以最低价格回购配额相当于减少市场上配额的数量或对公司支付补贴，但是这种方式对于政府来说成本较高，在目前已经建立的碳市场中运用并不普遍。在北京试点碳市场中，规

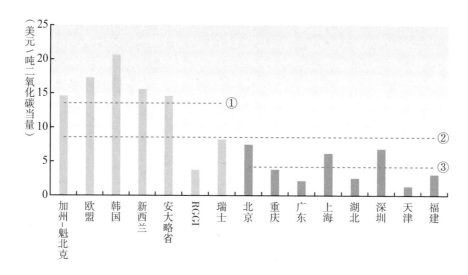

图 3 - 2   全球主要碳市场 2018 年碳价

注：加利福尼亚 - 魁北克碳排放交易体系的碳价日期为 2018 年 2 月 21 日，中国碳排放
交易试点的碳价日期为 2018 年 4 月 19 日，欧盟碳排放交易体系的碳价日期为 2018 年 4 月 19
日，韩国碳排放交易体系的碳价日期为 2018 年 4 月 20 日，新西兰碳排放交易体系的碳价日
期为 2018 年 4 月 20 日，加拿大安大略省碳排放交易体系的碳价日期为 2018 年 2 月 21 日，
区域温室气体倡议（RGGI）碳排放交易体系的碳价日期为 2018 年 3 月 14 日，瑞士碳排放交
易体系的碳价日期为 2018 年 3 月 6 日。①为除中国外其他所有体系的均值；②为全体体系的
均值；③为中国试点省市的均值。

定如果配额日加权平均价格连续 10 个交易日低于 20 元/吨，政府可以固定
价格从市场上回购配额。深圳碳市场则规定了每年度回购配额数量的上限为
当年度有效配额的 10%。设置拍卖底价的运用相对较为广泛，如 RGGI、加
州 - 魁北克体系、湖北试点碳市场、广东试点碳市场和天津试点碳市场等。
RGGI 的首次拍卖底价为 1.86 美元/吨，2017 年的保留价格为 2.15 美元/吨
（EIA，2017）。

支付额外费用的典型代表是英国（ICAP，2017b）。2013 年 4 月 1 日，
英国引入碳价下限（Carbon Price Floor，CPF）机制，目的在于鼓励低碳电
力领域的投资。CPF 由两部分组成：（1）EU ETS 配额价格；（2）碳价支持
费（Carbon Price Support，CPS）。碳价下限通过征收 CPS 来完成。当 EU
ETS 价格低于目标碳价，也即设定的 CPF 时，发电厂需要通过支付 CPS 来

补足 EU ETS 价格与目标碳价之间的差额。设计之初，设定 2013 年的 CPF 为15.7 英镑/吨，以后每年增长 2 英镑/吨左右，直至 2020 年达到 30 英镑/吨，2020 年后每年增长 4 英镑/吨，直至 2030 年达到 70 英镑/吨；设定 2013 年CPS 为 4.94 英镑/吨，2014 年 CPS 为 9.55 英镑/吨，2015 年 CPS 为 18.08英镑/吨（Sandbag，2017）。但是随着 EU ETS 配额价格的持续低迷，CPF与 EU ETS 碳价的差距越来越大，人们担心这将不利于英国高耗能工业的发展。因此，2014 年预算规定，从 2016 年开始到 2020 年，CPS 被设定为固定的 18 英镑/吨。在 2016 年的预算制定中，这一规定被延续至 2021 年。

欧盟也曾考虑过采取实行 CPF 的方法来提高价格，但大多数人认为，减排的经济成本应该通过市场机制来决定而非人为进行价格管理，所以目前EU ETS 并没有接受这样的改革。澳大利亚在废除碳定价机制之前也曾在其碳交易体系中设置了碳价下限，采用了拍卖底价和支付额外费用的方式。

3. 中国碳市场设定价格下限的必要性

过去的经验表明，碳价过低会是未来碳市场运行需要面对和解决的重要问题之一。在经济转型、结构调整的背景下，中国需要实现 2030 年碳排放达到峰值并尽早达峰、单位 GDP 碳排放比 2005 年下降 60%～65%、非化石能源占比达到 20% 的国际承诺目标，还需要实现"十三五"期间单位 GDP碳排放下降 18%、单位 GDP 能源消耗下降 15%、能源消费总量控制在 50亿吨标准煤以内、煤炭消费总量控制在 41 亿吨标准煤以内等约束性目标。面临经济增长、技术进步和可再生能源发展等不确定性因素，中国要保证碳市场这一工具能够帮助实现上述多重约束目标，需要将碳价稳定在一个合理的范围之内，因此，研究设定未来中国碳市场合理的碳价下限很有必要。

二 情景设计

本研究考虑了三种不确定性因素：未来 GDP 增长率、自动能效进步（AEEI）因子和可再生能源补贴政策。这些不确定性因素影响着中国未来的二氧化碳排放路径和非化石能源的发展，进而影响中国是否能够实现其国际

减排承诺目标和国内节能降碳约束性目标。

本研究首先考虑中国未来经济增长的不确定性。经济增长速度的变化是引起碳排放配额需求变动的重要因素，进而影响碳配额价格。金融危机以及随后的经济衰退是导致欧盟碳排放交易体系配额价格持续下跌的重要原因之一。中国正处在增长动能转换、经济结构调整的重要时期，经济增长的速度已经从 2010 年前的 10% 以上下降到 2017 年的 6.9%。今后中国经济增长仍存在较大的不确定性，这将对未来碳市场价格带来不确定影响。

本研究分析了不同研究机构对于中国未来经济增长的预测假设，包括世界银行（WB，2015）、国际货币基金组织（IMF，2015）、联合国（UN，2015）、国际能源署（IEA，2016）、经济合作与发展组织（OECD，2017）和欧盟（EU，2015）等。从分析结果可以得到，多数研究机构对于中国未来经济增长持乐观态度，但是经济增速下滑的态势仍将持续。在众多研究预测中，来自 OECD 的预测结果最低，其预测中国未来经济增速 2020 年降低到 5.1%，2025 年降到 4.4%，2030 年降到 3.7%；来自美国能源信息署的预测结果最高，2020 年增速为 6.5%，2025 年为 5.8%，2030 年为 4.3%。

不同研究机构对中国未来经济增长的预测结果如图 3-3 所示。本研究设计了未来中国经济增长的 3 种情景：低经济增长情景（lgdp）、高经济增长情景（hgdp）和中经济增长情景（mgdp）。低经济增长情景的 GDP 增速取所有预测结果中各年的最低值，高经济增长情景的 GDP 增速取所有预测结果中各年的最高值，中经济增长情景的 GDP 增速取高低两个情景的中间值。

第二个不确定性因素考虑的是 AEEI 因子。AEEI 因子代表的是在没有任何政策干预的情况下能源利用效率的提升速度，其反映技术进步、技术扩散以及结构变化等多重因素带来的能源效率的改进。即使是微小的改变，AEEI 因子也能够对能源消费产生显著影响，进而影响二氧化碳排放和碳的边际减排成本。AEEI 因子的取值越大，说明在没有政策干预的前提下，能源效率的提升越快，减排成本越低。理论上，AEEI 因子的估计应当采用历史数据进行校核，但是当前研究人员对于模型中 AEEI 因子取值的实证研究仍然较少。一般情况下，研究人员对各国 AEEI 因子的取值通常在 0.4% ~ 1.5%

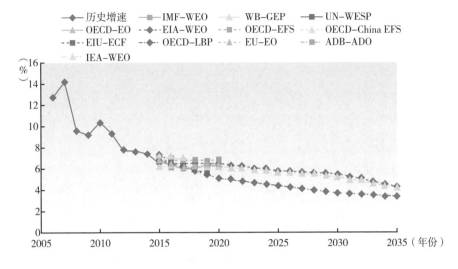

图 3 - 3　不同研究机构对中国未来经济增长速度的预测

资料来源：IEA, 2017；ERI, 2016；Zhou, 2011；UNDP, 2009；Climate Action Tracker, 2017；The Institute of Energy Economics, 2014；EIA, 2017；Olivier et al., 2017。

（IPCC, 2001），多数模型采取 1% 的经验性取值（Weyant J. P., 2000）。因此，针对该不确定性因素，本研究也考虑了三种情景：低 AEEI 因子情景（laeei）、高 AEEI 因子情景（haeei）和中 AEEI 因子情景（maeei）。其中，中 AEEI 因子情景的取值为 1%，低 AEEI 因子情景和高 AEEI 因子情景的取值分别为 0.5% 和 1.5%。

　　第三个不确定性因素考虑的是中国未来可再生能源的发展。在中国过去30 多年经济持续增长的同时，以化石能源为主的能源生产和消费也付出了沉重的资源环境代价。中国要实现能源发展的低碳转型，推动能源生产和消费革命，重要任务之一就是大力发展可再生能源，提高非化石能源在一次能源消费中的比例。自《可再生能源法》颁布以来，促进可再生能源发展的相关配套政策也陆续出台，主要包括价格补贴机制、固定上网电价政策以及特许权招标项目等（国家可再生能源中心，2017）。可以看到，近年来，由于风电、光伏等可再生能源发电技术的进步，其生产成本大幅下降，其补贴额度也逐渐下降。碳市场的开展和定额补贴模式的提出，也为最终取消可再生能

源补贴创造了条件。《可再生能源发展"十三五"规划》指出，"到2020年，风电项目电价可与当地燃煤发电同平台竞争，光伏项目电价可与电网销售电价相当"（张运洲、黄碧斌，2018）。风电、光伏等可再生能源的快速发展将逐步替代高碳化石能源，从而改变一次能源消费结构，降低二氧化碳排放。

在模型中，假定2020年后取消针对风电项目的财政补贴，针对光伏项目的补贴逐渐减少，并于2025~2030年取消光伏项目补贴。本研究针对可再生能源补贴政策，也开发了三种情景：低可再生能源情景（lre）、高可再生能源情景（hre）和中可再生能源情景（mre）。中可再生能源情景（mre）假设2020年的光伏补贴率为25%（Huo，2012），2025~2030年逐渐降低补贴直至为0，低可再生能源情景（lre）和高可再生能源情景（hre）分别在中情景的基础上减半和加倍。

综上，本研究设计了27（3×3×3）种不同的情景。为了得出减排目标下可能的碳价路径，本研究采用C－GEM2.0模拟碳强度下降约束的方法来实现。自2005年以来，中国单位GDP碳排放快速下降，"十一五"期间年均下降4.7%，"十二五"期间年均下降4.8%，2015年相对2005年总体实现了38.7%的下降，年均下降近5%，最高下降率超过7%（见图3－4）。基于中国已经实现的GDP碳强度下降率，2030年要实现GDP碳强度相比2005年下降60%~65%的目标，从2015年到2030年仍然需要保持年均近4%的下降率。另外，中国需要在"十三五"期间实现碳强度下降18%的目标，也需要实现碳强度年均下降约4%的目标。结合中国过去GDP碳强度的实际下降速度、中国2030年实现GDP碳强度下降60%~65%的目标、中国"十三五"期间需要实现18%的碳强度下降目标以及其他有关非化石能源占比、能源消费总量等约束，本研究设置碳强度年均下降率分别为4%、5%和6%，模拟中国未来的碳价路径。因此，上述每一种情景均可以对应3条碳价路径，得到共81（27×3）条路径。在此基础上，针对27种情景中的每一个情景，在4%、5%和6%这三条路径下选取能够实现国际减排承诺和国内节能降碳约束性目标的最低碳价路径，最终得到27条碳价路径。我们将这27条碳价路径从低到高按序排列，选择27条路径上各年的90分位点作为未来碳价格的下限值，即考虑上述三种不确定性因素在一定范围内变动的情况下，此价格能够以90%的概率实现中国应对气候变化减排承诺和国内节能降碳约束性目标。该研究情景设计思路如图3-5所示。

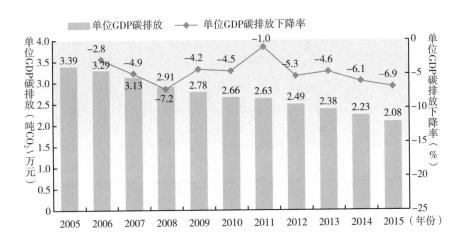

图3-4　2005~2015年中国单位GDP碳排放及其下降率

资料来源：根据《中国能源统计年鉴》和《中国统计年鉴》数据自行计算。

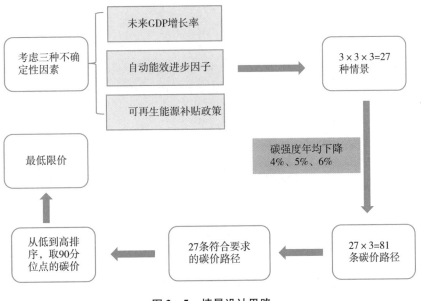

图3-5　情景设计思路

三 碳价分布结果

图3-6展示了27种情景下2020~2035年碳配额价格的分布。如图所示，每种颜色的方块表示特定年份27种情景的碳价区间，方块最高点代表碳价区间内的最大值，最低点代表碳价区间内的最小值，方块上沿代表上四分位数，下沿代表下四分位数，星号所在位置代表均值，实线代表区间中位数，虚线表示所有碳价从低到高排列时的90分位数。2020年碳价区间为2.7~4.2美元/吨（2011年不变价，下同），均值为3.5美元/吨；2025年碳价区间为4.7~7.9美元/吨，均值为6.3美元/吨；2030年碳价区间为6.8~12.5美元/吨，均值为9.6美元/吨；2035年碳价区间为10.5~18.7美元/吨，均值为14.5美元/吨。将90分位数作为碳价格的下限，可以得到碳排放配额的下限价格：2020年前约4.0美元/吨，2021~2025年约7.6美元/吨，2026~2030年约11.7美元/吨，2031~2035年约17.8美元/吨。在该价格下，中国将有90%的机会同时实现应对气候变化减排承诺目标和国内节能降碳约束性目标。

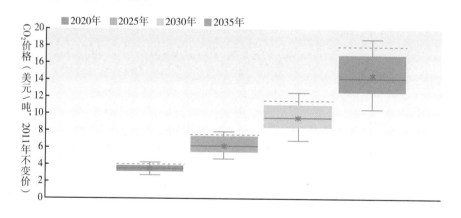

图3-6 各年碳配额价格分布

同时，本研究将该结果与其他分析中国碳价的文献进行了比较（见表3-1）。由于各个模型在关键参数假定、经济增长假设、参考情景设定等方面存在不同，因而模型模拟结果存在一定的差异。首先，本研究所用的 C - GEM2.0 是一个全球模型，能够反映国际上双边贸易流动关系，刻画贸易对于碳价水平的响应，这对于一个大型开放经济体来说非常重要。而且，通过纳入除中国外其他地区的碳减排承诺目标和政策，本模型可以反映其对国内碳价水平的影响。其次，本模型建立在目前最新的包含中国和其他地区的能源与经济数据基础之上。投入产出与双边贸易数据来自第九版 GTAP（Global Trade Analysis Project）数据库，该版本是目前的最新版本，基年为 2011 年。中国的基年能源数据也根据2011 年能源平衡表进行了处理。最后，C - GEM2.0 针对中国新常态下经济结构调整、产业升级等经济发展趋势进行了分析，能够反映近几年中国经济再平衡的发展动态。

表 3 - 1　其他研究的碳价模拟结果

来源	碳价		
	2020 年	2025 年	2030 年
Tang et al.	39.61 人民币元/吨	—	—
Li et al.	28.00 人民币元/吨	40.00 人民币元/吨	48.14 人民币元/吨
Cao et al.	—	60% 情景:18 人民币元/吨	60% 情景:26 人民币元/吨
		65% 情景:108 人民币元/吨	65% 情景:157 人民币元/吨
Li et al.	30 ~ 50 人民币元/吨		
China Carbon Forum	74 人民币元/吨	108 人民币元/吨	
Qi et al.	14.1 美元/吨	19.0 美元/吨	25.7 美元/吨

四　敏感性分析

为了研究其他国家的 NDC 目标、ETS 覆盖行业范围和替代弹性这三个

因素对碳配额价格的影响，本研究对上节碳价下限的分析结果进行敏感性分析。上节的碳价下限在本节作为基础碳价下限。

（一）其他国家 NDC 减排目标

C - GEM2.0 是一个全球模型，模型包含了美国、欧盟（28 国）、日本、韩国、加拿大、澳大利亚、墨西哥、印度、巴西、俄罗斯和南非等国家和地区到 2030 年的 NDC 减排承诺目标。除印度以外，其他国家的承诺目标是绝对减排目标。本研究利用欧盟联合研究中心全球大气研究排放数据库（Emissions Database for Global Atmospheric Research，EDGAR）获取各国历史温室气体和二氧化碳排放数据，然后依据各国的减排目标计算得到 2030 年的目标排放量，其他年份的目标排放量采用线性插值计算。对于印度，利用其 NDC 承诺的 GDP 碳强度下降率和2005～2015 年已经实现的碳强度下降率来计算剩余年份的碳强度下降目标。上文的研究情景中，已经包含了其他国家的 NDC 减排承诺目标，为了讨论其对中国碳价格的影响，我们在模型中移除了其他国家的 NDC 减排政策。研究发现，当其他国家不包含 NDC 减排政策时，中国的碳价下限将降低约 10%（见图 3 - 7），原因可能在于进口产品的价格相

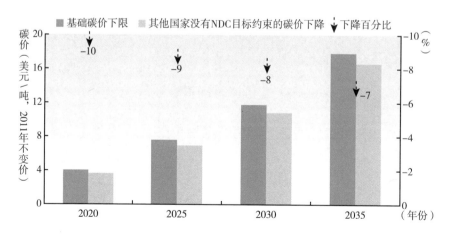

图 3-7　其他国家 NDC 目标对碳价下限的影响

对降低，从而使得以进口产品替代国内产品变得更为容易，降低了对碳配额的需求。

（二）覆盖行业范围

虽然当前中国碳排放交易体系只覆盖了发电行业，但是未来将扩大市场覆盖范围，逐步纳入石化、化工、建材、钢铁、有色、造纸和航空等其他七个行业。在实现同样约束目标的前提下，碳市场覆盖行业范围的变动将显著影响覆盖体系内参与主体的减排压力和减排目标的松紧程度，进而影响边际减排成本。当前结果基于理想化假设，碳市场覆盖全经济产业部门，减排成本由全社会平均分担。在敏感性分析中，我们将中国碳市场的覆盖行业范围缩减为石化、化工、建材、钢铁、有色、造纸、电力、航空八个行业。模拟结果显示，在此种情况下，碳价下限将会提高，并随时间推移上升幅度会逐渐增加，将从 2020 年的 15% 上升到 2035 年的 26%（见图 3 - 8）。

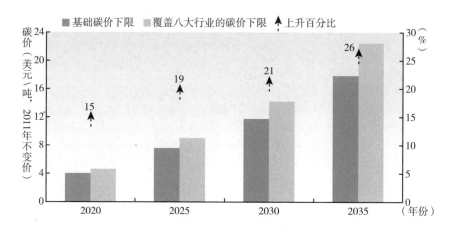

图 3 - 8 覆盖行业范围对碳价下限的影响

（三）替代弹性

C - GEM2.0 是一个可计算一般均衡模型，我们采用 CES 生产函数来刻画生产与消费行为，其中涉及大量各种投入品之间的替代弹性。替代弹性能够反映各种投入要素之间互相替代的难易程度，从而影响模型的运行结果。作为一个能源经济模型，能源与资本劳动之间的替代弹性影响尤为重要。能源与资本劳动之间的替代弹性越大，资本和劳动投入替代能源投入会变得更为容易，生产同样的产出所需的能源消耗更少，排放更低，碳的边际减排成本也会更低；相反，能源与资本劳动之间的替代弹性减小，碳的边际减排成本会增加。

为了进一步分析碳价对能源与资本劳动替代弹性的敏感程度，本研究将该弹性分别提高一倍和降低一半，来模拟碳价的变化。研究发现，当弹性提高一倍时，碳价下限将下降20%左右；当弹性降低一半时，碳价下限在2025年之前将上升20%左右，在2025年之后将上升14%左右（见图3-9）。这主要是因为尽管弹性减半使得资本和劳动投入替代能源投入变得更难，需要更多的能源投入，但是随着技术进步、可再生能源发展等外部环境的变化，全社会对于能源尤其是化石能源的需求增长将减缓。该结果不仅验证了上述能源与资本劳动弹性和碳价之间的关联关系，也进一步显示出在中远期弹性下降对碳价的影响将降低，而在近中期，能源与资本劳动替代弹性的变动对碳价的影响也在合理的范围内。

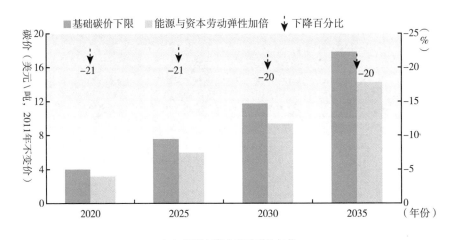

（a）能源与资本劳动弹性加倍

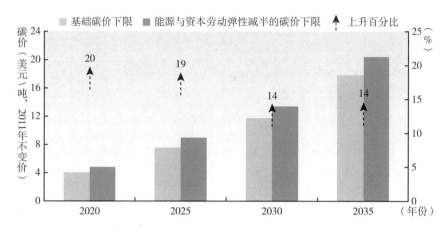

（b）能源与资本劳动弹性减半

图3－9　能源与资本劳动弹性对碳价下限的影响

上述三种因素的敏感性分析具体结果如表3－2所示。可以看出，不论是其他国家的 NDC 目标约束，还是 ETS 的覆盖行业范围，抑或是能源与资本劳动的替代弹性，均对基础碳价下限造成一定的影响。

表3－2　敏感性分析主要结果

影响因素	CO_2 价格（美元/吨）				与基础碳价下限的比较（%）			
	2020 年	2025 年	2030 年	2035 年	2020 年	2025 年	2030 年	2035 年
其他国家没有 NDC 目标约束	3.6	6.9	10.8	16.6	−10	−9	−8	−7
覆盖八大行业	4.6	9	14.2	22.5	15	19	21	26
能源与资本劳动的替代弹性加倍	3.2	6	9.4	14.2	−21	−21	−20	−20
能源与资本劳动的替代弹性减半	4.8	9	13.4	20.4	20	19	14	14

五　本章小结

本章分析了碳市场在实现 NDC 减排承诺目标和国内节能降碳约束性目标中的作用，重点针对中国碳市场配额价格下限问题，考虑了未来经济增

长、能效进步和可再生能源发展等不确定性因素，运用中国－全球能源模型
2.0（C－GEM2.0），模拟了27种情景和81条碳价路径，研究了确保实现
NDC减排承诺目标和国内节能降碳约束性目标的碳市场价格下限，并进行
了敏感性分析，得到如下结果：

（1）研究表明，碳市场是确保中国实现NDC减排承诺目标和国内节能
降碳约束性目标的必要条件。同时，考虑到经济增速、技术进步和可再生能
源发展等存在不确定性，为确保碳市场有效发挥作用，中国需要对碳排放配
额价格设定合理的下限。

（2）综合考虑未来GDP增长率、自动能效进步因子和可再生能源补贴
政策等三种不确定性因素，模拟得到未来中国碳市场的价格下限是2020年
前4.0美元/吨，2021～2025年7.6美元/吨，2026～2030年11.7美元/吨，
2031～2035年17.8美元/吨。

（3）碳价格下限还与其他国家减排力度、碳市场实际覆盖行业范围以
及能源与资本劳动的替代弹性等因素有关。当其他国家不实现其NDC减排
承诺目标时，碳价下限将降低10%左右；当碳市场覆盖行业缩减至八大行
业时，碳价下限将上升15%～26%；当能源与资本劳动的替代弹性增加一
倍时，碳价下限将降低20%左右；当能源与资本劳动的替代弹性减半时，
碳价下限将增加14%～20%。

参考文献

1. Cao, Jing et al., "Impacts of Carbon Pricing in Reducing the Carbon Intensity of China's Gdp", The World Bank, 2016.
2. China Carbon Forum：《2017年中国碳价调查》，2017，http：//www. chinacarbon. info/sdm_ downloads/2017。
3. Coase, R. H., "The Problem of Social Cost", The Journal of Law and Economics, 1960, Vol. 3, No. 4, pp. 1 – 44.
4. Energy Information Administration（EIA）："Annual Energy Outlook", 2010, Vol. 9, No. 9, pp. 1 – 15.

5. EU（European Union）：“China：Economic Outlook”，2015.

6. EU：《欧盟排放交易体系（EU ETS）》，2017，https：//ec. europa. eu/clima/policies/ ets_ zhhttps：//ec. europa. eu/clima/policies/ets_ zh。

7. Huo，M. L.，“Cost Reduction Potential of Photovoltaic Power Generation in China”，Energy Technology and Economics，2012，Vol. 24，pp. 7 – 11.

8. ICAP：“Emissions Trading Worldwide：Status Report 2017”，2017a.

9. ICAP：“ETS Map”，2017b，https：//icapcarbonaction. com/en/ets – map.

10. ICAP：《什么是碳排放权交易?》，2018a，https：//icapcarbonaction. com/zh/? option = com_ attach&task = download&id = 380。

11. ICAP：《碳排放交易实践手册》，2018b，https：//icapcarbonaction. com/en/? option = com_ attach&task = download&id = 409。

12. ICAP（International Carbon Action Partnership）： “Emissions Trading Worldwide：Status Report 2018”，ICAP，2018c.

13. ICAP：“Global Trends in Emissions Trading”，ICAP Quarterly，2018d，https：// icapcarbonaction. com/en/newsletter – archive/mailing/view/listid –/mailingid – 93/ listtype – 1.

14. International Energy Agency（IEA）：“World Energy Outlook 2016”，2016.

15. International Monetary Fund（IMF）：“World Economic Outlook Update”，2015.

16. Intergovernmental Panel on Climate Change（IPCC）：“IPCC Third Assessment Report Climate Change 2001 Working Group Iii Report Mitigation”，2001.

17. Li，W.，Jia，Z.，“The Impact of Emission Trading Scheme and the Ratio of Free Quota：A Dynamic Recursive CGE Model in China”，Applied Energy，2016，Vol. 174，pp. 1 – 14.

18. Li，W.，Lu，C.，“The Research on Setting a Unified Interval of Carbon Price Benchmark in the National Carbon Trading Market of China”，Applied Energy，2015，Vol. 155，pp. 728 – 739.

19. Market Insider：“CO_2 European Emission Allowances in EUR – Historical Prices”，2018，https：//markets. businessinsider. com/commodities/historical – prices/co_2 – emissionsrechte/euro/13. 5. 2008_ 13. 6. 2018.

20. Organisation for Economic Co-operation and Development（OECD）：“Economic Outlook No 95 – Long-Term Baseline Projections”，2017，http：//stats. oecd. org/Index. aspx? DataSetCode = EO95_ LTBhttp：//stats. oecd. org/Index. aspx? DataSetCode = EO95_ LTB.

21. Qi，T.，et al.，“An Analysis of China's Climate Policy Using the China-in-Global Energy Model”，Economic Modelling，2016，Vol. 52，pp. 650 – 660.

22. RGGI：“Market Monitor Report for Auction 39”，2018. https：//www. rggi. org/

auctions/market – monitor – reportshttps：//www. rggi. org/auctions/market – monitor – reports.

23. Sandbag："The UK Carbon Floor Price", 2017, https：//sandbag. org. uk/wp – content/uploads/2016/11/Sandbag_ Carbon_ Floor_ Price_ 2013_ final. pdf. https：//sandbag. org. uk/wp – content/uploads/2016/11/Sandbag_ Carbon_ Floor_ Price_ 2013_ final. pdf.

24. Tang, L. , et al. , "Designing an Emissions Trading Scheme for China with a Dynamic Computable General Equilibrium Model", Energy Policy, 2016, Vol. 97, pp. 507 – 520.

25. UN（United Nations）："World Economic Situation and Prospects 2015", 2015.

26. Weyant, J. P. , "An Introduction to the Economics of Climate Change Policy", PEW Center on Global Climate Change, 2000.

27. World Bank："Global Economic Prospects：The Global Economy in Transition", 2015.

28. World Bank："State and Trends of Carbon Pricing 2017", 2017.

29. 段茂盛、庞韬：《碳排放权交易体系的基本要素》，《中国人口·资源与环境》2013 年第 3 期。

30. 国家发展和改革委员会：《全国碳排放权交易市场建设方案（发电行业）》，2017，http：//www. ndrc. gov. cn/gzdt/201712/t20171220_ 871134. htmlhttp：//www. ndrc. gov. cn/gzdt/201712/t20171220_ 871134. html。

31. 国家发展和改革委员会：《强化应对气候变化行动——中国国家自主贡献》，2015。

32. 国家可再生能源中心：《国际可再生能源发展报告：2017》，中国经济出版社，2017。

33. 万方：《欧盟碳排放权交易体系研究》，博士学位论文，吉林大学，2015。

34. 张运洲、黄碧斌：《中国新能源发展成本分析和政策建议》，《中国电力》2018 年第 1 期。

35. 中国能源编辑部：《中美气候变化联合声明》，《中国能源》2014 年第 11 期。

36. 中华人民共和国中央人民政府：《中华人民共和国国民经济和社会发展第十一个五年规划纲要》，2006。

37. 中华人民共和国中央人民政府：《中华人民共和国国民经济和社会发展第十二个五年规划纲要》，2011。

附表 1 国际上主要碳市场比较

国家/地区	覆盖行业	覆盖气体	排放总量	配额分配	抵消限制
欧盟	电力、工业、航空	CO₂、CH₄、N₂O、HFCs、PFCs、SF₆	第一、第二阶段：根据各成员国 NAP 总量进行加总；第三、第四阶段：适用欧盟统一的总量设定	第一、第二阶段：免费为主，祖父法分配为主，拍卖极少；第三、第四阶段：免费与拍卖混合，拍卖逐渐增大，免费以基准法分配	第一阶段无合格抵消信用；第二和第三阶段可用 ERU 和 CER，限制在 2008～2020 年减排总量（16 亿吨 CO₂ 当量）的 50% 以下
瑞士	工业	CO₂、N₂O、PFCs	2008～2012 年：自愿减排；2013～2020 年：2012 年 563 万吨，之后每年下降 1.74%，到 2020 年为 490 万吨	免费与拍卖混合，免费以基准法分配	大部分项目限于源自最不发达国家或其他国家的信用，或源自 ERU 机制 2013 年 1 月 1 日之前所实现的减排量
美国加州	电力、工业、建筑、交通	CO₂、CH₄、N₂O、HFCs、PFCs、SF₆、NF₃	2013 年：1.63 亿吨；2014 年：1.60 亿吨，以 2% 左右的速率呈线性下降；2015 年：3.95 亿吨；2015～2020 年：以每年 3% 左右的速率下降	免费与拍卖混合，拍卖比例较大并不断增加；免费分配：基于产出的分配法（OBA），基于长期预购计划（电力行业），基于历史数据（天然气行业）	抵消信用数量总体上限制在覆盖实体履约义务总量的 8% 以下；基于行业的抵消信用数量在履约义务约在 2017 年之前限制在 2% 以下，2018～2020 年限制在 4% 以下
加拿大魁北克省	电力、工业、建筑、交通	CO₂、CH₄、N₂O、HFCs、PFCs、SF₆、NF₃	2013～2014 年：2320 万吨（每年）；2015 年：6530 万吨；2016 年：6319 万吨；2017 年：6108 万吨；2018 年：5896 万吨；2019 年：5685 万吨；2020 年：5474 万吨	免费与拍卖混合，绝大多数配额以拍卖方式分配，并随时间推移不断增加；免费以基准法分配	抵消信用（国内和国际）数量限制在各企业履约总量的 8% 以下

续表

国家/地区	覆盖行业	覆盖气体	排放总量	配额分配	抵消限制
RGGI	电力	CO_2	2009年:1.50亿吨(1.65亿短吨);2014年:8260万吨(9100万短吨),2012年倡议改革方案对总量进行了修订,以每年2.5%的速率呈线性下降	拍卖	最高为各个企业履约义务总量的3.3%,不过迄今为止这该体系尚未产生抵消信用
新西兰	电力、工业、建筑、交通、航空、废弃物、林业	CO_2、CH_4、N_2O、HFCs、PFCs、SF_6	2008~2015年:依照《京都议定书》总量执行,不设国内碳排放交易体系总量	免费与拍卖混合,但拍卖比例很小;免费配额以基准额以基准线分配	不接受:来自核项目的CER和ERU,长期CER,临时CER等
韩国	电力、工业、建筑、交通、航空、废弃物	CO_2、CH_4、N_2O、HFCs、PFCs、SF_6	2015年:5.73亿吨,到2017年总量下降约2%	免费分配,祖父法(应用于大多数行业),基准法(应用于水泥业、炼油业、国内空业)	限制比例低于10%;国际抵消信用数量最高占比50%
日本埼玉	工业、建筑	CO_2	2011~2014年:先在设施层面设定总量,然后加总成为整个埼玉范围的总量,每个财政年度较基准年减排6%~8%;2015~2019年:较基准年减排15%~20%	免费分配,祖父法	总体上对抵消信用的使用不设限
日本东京	工业、建筑	CO_2	2010~2014年:先在设施层面设定总量,然后加总成为整个东京范围的总量,每个财政年度较基准年减排6%~8%;2015~2019年:较基准年减排15%~17%	免费分配,祖父法	总体上对抵消信用的使用不设限

资料来源：Emissions Trading Worldwide: Status Report 2018, 2018。

附表 2　中国碳市场相关政策

时间	相关政策	相关内容
2010.07	《国家发展改革委关于开展低碳省区和低碳城市试点工作的通知》	研究运用市场机制推动控制温室气体排放目标的落实
2010.10	《国务院关于加快培育和发展战略性新兴产业的决定》	建立和完善主要污染物和碳排放交易制度
2011.03	《国民经济与社会发展第十二个五年规划纲要》	建立完善温室气体排放统计核算制度,逐步建立碳排放交易市场
2011.08	《"十二五"节能减排综合性工作方案》	开展碳排放交易试点,建立自愿减排机制,推进碳排放权交易市场建设
2011.10	《关于开展碳排放权交易试点工作的通知》	明确提出北京、广东等五市二省开展碳排放权交易试点工作
2011.11	《中国应对气候变化的政策与行动(2011)》	逐步建立碳排放交易市场,包括逐步建立跨省区的碳排放权交易体系
2011.12	《"十二五"控制温室气体排放工作方案》	探索建立碳排放交易市场
2012.06	《温室气体自愿减排交易管理暂行办法》	明确自愿减排交易的交易产品、交易场所、新方法申请程序等认定程序
2013.11	《上海市碳排放管理试行办法》	上海市碳排放交易的地方法规
2014.01	《广东省碳排放管理试行办法》	广东省碳排放交易的地方法规
2014.03	《深圳市碳排放权交易管理暂行办法》	深圳市碳排放交易的地方法规
2014.04	《重庆市碳排放权交易管理暂行办法》	重庆市碳排放交易的地方法规
2014.04	《湖北省碳排放权管理和交易暂行办法》	湖北省碳排放交易的地方法规
2014.07	《北京市碳排放权交易管理办法(试行)》	北京市碳排放交易的地方法规
2014.12	《碳排放权交易管理暂行办法》	对主管部门、覆盖范围、总量设定、配额分配等关键要素做出规定
2015.09	《中美气候变化联合声明》	宣布于2017年启动全国碳排放交易体系
2016.01	《关于切实做好全国碳排放权交易市场启动重点工作的通知》	部署全国碳排放权交易市场启动前的重点准备工作
2017.12	《全国碳排放权交易市场建设方案(发电行业)》	发电行业率先启动全国碳排放交易体系,提出碳市场建设三阶段

B.4

中国碳排放权交易与其他碳减排
政策的交互与协调研究[*]

段茂盛　田智宇　赵勇强　李梦宇[**]

摘　要： 中国采取了多种政策措施来实现其雄心勃勃的温室气体减排
目标，除现有的降低单位国内生产总值二氧化碳排放量、提
高能源效率、促进可再生能源发展等政策之外，最新的政策
选择是实施碳排放权交易。本文通过对政策构成要素、政策
制定过程、特征、维度、绩效及影响的分析，定性阐释了碳
排放权交易和其他相关政策之间的相互影响。笔者对50多位
参与相关政策制定与实施过程的主要利益相关者进行了深度
访谈，包括各层级的政策制定者、专家、行业代表及核查机
构，同时笔者本身也深度参与了有关政策的制定与实施过程。
分析表明，虽然碳排放权交易与其他碳减排政策的协调从各
个角度看都非常必要，但在实践中这种协调仍然比较缺乏，
造成这一局面的原因有很多，而最重要的原因可能是各个机
构都在努力维护各自的既得利益。本文建议，为实现碳排放
权交易的最大效益，应在政治和技术两个层面协调碳排放权
交易和其他减碳政策，而从技术层面开始协调或许是更为可
行的方案。

---

[*] 原文 Interactions and Coordination between Carbon Emissions Trading and Other Direct Carbon
Mitigation Policies in China 发表于 Energy Research & Social Science, 2017 年第 33 期, 中文版由
穆赛翻译。

[**] 段茂盛，清华大学能源环境经济研究所；田智宇，国家发展和改革委员会能源研究所；赵勇
强，国家发展和改革委员会能源研究所；李梦宇，清华大学能源环境经济研究所。

关键词： 碳排放权交易　节能　可再生能源　碳减排

一　简介

中国在哥本哈根和巴黎气候大会上公布了其中期的温室气体减排目标（国务院，2009；中国政府，2015），包括到 2020 年单位 GDP 二氧化碳排放比 2005 年下降 40%～45%，到 2030 年时单位 GDP 二氧化碳排放比 2005 年下降 60%～65%，二氧化碳排放量于 2030 年左右达到峰值并争取尽早达峰，2030 年非化石能源占一次能源消费比重达到 20% 左右。

为实现这些政策目标，中国已经采取了一系列政策措施，也会继续推出新的政策，正如中国在《强化应对气候变化行动——中国国家自主贡献》（以下简称《国家自主贡献》）所承诺的那样，除采用传统的命令－控制型政策以外，例如"十二五"（2011～2015 年）期间的"万家企业节能低碳行动"（国家发展改革委，2011a）和可再生能源应用支持政策（国家可再生能源中心，2016），在全面深化改革的政策背景下，中国将会更加依赖市场手段实现减排目标，主要是碳排放权交易体系（ETS）政策（中国共产党中央委员会，2013）。

作为一个拥有 30 多个处于不同发展阶段省份的国家，中国一直有着"摸着石头过河"的政策传统（Zhang & Chang，2016），即重大政策在全国范围内实施以前，必须先在一些地区进行试点，以测试其可行性和可能改进的空间。ETS 是中国第一个促进温室气体减排的市场手段，试点的传统也在这一政策上得到延续，在面向全国推广之前，中国先在北京等七个省市开展了碳排放权交易试点（国家发展改革委，2011b）。与中国在《国家自主贡献》中的承诺一致，全国 ETS 于 2017 年正式启动（国家发展改革委，2014a，2015，2016a；United States & China，2015）。

很多的节能和可再生能源政策已经为主要的温室气体排放企业设立了具体的强制义务，而这些企业也将被纳入全国 ETS 中，例如针对发电企业的

具体节能和可再生能源发展目标（国家能源局，2016a）。其他一些政策例如全国和省级的碳强度降低目标，也将影响全国 ETS 关键要素的设计，例如排放上限和配额分配方案。ETS 设计和其他减碳政策之间紧密相关，而政策之间的有效协调对这些政策的成功实施至关重要。

从理论分析和实证研究的角度探究能源与气候变化政策之间的交互影响和协同是近年来能源和气候变化领域研究的重要议题（Rogge & Reichardt，2016；Grubb et al.，2015；Lütkenhorst Pegels，2014；Nam et al.，2014；Mercure et al.，2014；Kern et al.，2017；Strambo et al.，2015）。针对中国 ETS，包括试点体系和全国体系，已经有很多的相关研究。这些研究主要探讨了试点和全国体系的细节设计、特点和背后的考量（Pang & Duan，2015；Wang et al.，2017；Jiang et al.，2016；Lo，2016；Zhang，2017；Duan，2015）。目前只有少数文章涉及了 ETS 与部门政策、能源与减排政策之间的协调，其主要强调了这种协调的重要性（Duan & Zhou，2017；Wang et al.，2015；Lin et al.，2016；Lo，2016；Liu，2015）。

本文探讨了中国主要碳减排政策的特点，包括全国 ETS、其他主要的专门减排政策、节能与可再生能源政策，以及 ETS 和这些政策之间可能的交互作用。本文分析了这些政策的制定过程，识别了 ETS 与其他政策缺乏协调的主要原因，提出了 ETS 与其他政策的协调机制。本文的分析沿用了针对可持续发展转型的综合分析框架（Rogge & Reichardt，2016）。

为进行这一研究，笔者在 2016 年 9 月到 12 月间集中访谈了 50 多位参与相关政策制定和实施的主要利益相关者，包括不同层级的政策制定者、专家、企业及核查机构。访谈中讨论的问题有：ETS 和其他减排政策是否相互影响？如果有，它们之间如何相互影响？在政策设计和实施过程是否充分考虑了这些相互影响？未来还应如何应对这些相互影响？每次访谈时长约半小时。本研究的完成也得益于各位笔者深入参与相关政策制定和实施的亲身经验。

本文的结构如下：第二节介绍了全国 ETS 构成要素的主要特点，以及相应的政策过程；第三节介绍了中国其他主要的专门减排政策的主要目标、制定过程、特点、维度、绩效和影响，并分析了这些政策与 ETS 之间可能的相互影响和协调；第四节和第五节是关于节能和可再生能源政策的内容，内容和第三节类似，第三、第四和第五节均强调了非常关键但是在以往的研究中很少提及的政策制定过程；第六节给出了简要结论。需要指出的是，本文主要通过定性而非定量的方法来对政策间的相互影响和协调进行分析。

二 全国碳排放权交易体系

为使全国 ETS 在 2017 年如期启动，国家发展改革委作为 ETS 的主管机构，在立法、覆盖范围、配额分配方法、监测报告与核查（MRV）、企业历史数据核算与核查、抵消机制等方面进行了大量的准备工作。在 2017 年 1 月之前，国家发展改革委发布的《碳排放权交易管理暂行办法》（以下简称《暂行办法》）是全国 ETS 的主要法律依据（国家发展改革委，2014a），为这一体系的构建提供了路线图，明确了基本规则（Duan，2015）。作为国务院的部门规章，《暂行办法》的实际效力比较弱，无法设立许多对于体系运行至关重要的规则，比如相关的行政许可（如第三方核查机构的资格要求）。针对这一挑战，国家发展改革委起草了《全国碳排放权交易管理条例》（以下简称《条例》）（国家发展改革委，2015），目前正在审查过程中。

（一）体系设计的主要特点

根据《暂行办法》和《条例》，全国 ETS 作为一个统一的体系，其基本规则将适用于其覆盖的所有地区，没有任何地区将享受特殊待遇。下文将主要分析可能与其他政策存在相互影响的体系要素设计。

1. 覆盖范围

虽然尚未正式宣布，但从准备阶段可看出全国体系的覆盖范围不会超出以下八个行业，即钢铁、电力、化工、建材、造纸、有色金属、石化和民用

航空（国家发展改革委，2016a）。除此之外，ETS 还将设立一定的排放门槛，如 2013~2015 年中任意一年排放达到 2.6 万吨二氧化碳或者年综合能耗达到 1 万吨标准煤以上的企业。基于这些标准，约 7000 家能源密集型企业将被纳入全国 ETS 之中。

2. 配额分配方法

在 ETS 运行的初期，免费配额分配方式将占主体，拍卖方式作为补充并逐渐增大其比重。当前的体系覆盖的大多数行业都是中国供给侧结构改革政策针对的主要对象，面临着去产能的问题。国内民航在其中是个例外，近些年来民航部门增长迅速，并将在未来持续快速发展。

为保证不同地区的企业在全国 ETS 中享受公平待遇，在免费分配排放权时，将以行业基准法为主，历史强度下降法为辅。如果因数据问题无法实施前两种方法，祖父法将作为配额分配的保留方法。另外一个需要考虑的方面是分配配额时，应当使用历史产量还是实际产量来计算。使用历史产量时，不仅在经济下行时会出现在欧盟 ETS 的第二阶段出现过的超额分配问题（Laing et al.，2013），而且会导致正在快速增长的部门如国内民航等的强烈反对。因此，为避免这些可能出现的负面影响，全国 ETS 将使用实际产量进行分配。

3. 监测报告与核查系统（MRV）

数据对于 ETS 的设计和运行来说十分关键，但鉴于当前能源消费和温室气体排放的统计系统极不完善，因此保证数据的质量和可获得性是一个难题。而不管是行业基准法还是历史强度下降法，这两种配额分配方法都是基于碳强度来进行分配的，都进一步放大了数据方面的困难。建立坚实的监测报告与核查体系一直是国家发展改革委的重点工作之一。其中主要包含四个方面，即排放核算和报告指南、第三方核查机构的资格要求、核查过程中的技术准则和对核查机构的监督。

2016 年末，国家发展改革委公布了 24 个行业企业碳排放核算与报告指南以及作为参考的第三方核查机构的资质要求和核查指南，从而统一了历史数据报告和核查的技术标准，这对于全国 ETS 设计和运行来说意义重大。

此外，核查机构的表现将由第四方来进行评估，如有问题将面临惩罚。主管部门希望通过这样的机制保证 ETS 所使用的数据质量，从而促进 ETS 的效率和公平。

4. 抵消机制

在全国 ETS 中，企业可以使用核证自愿减排量（CCERs）抵免其部分排放量。虽然目前尚未公布具体的抵消规则，但明确的一点是并非所有的核证自愿减排量都可以用于抵消目的。在大部分试点 ETS 中，用于抵消的核证自愿减排量也需要满足附加要求，涉及自愿减排项目的类型和发生时间等。例如，在北京试点，由氢氟碳化物（HFCs）、全氟化合物（PFCs）、一氧化二氮（N_2O）和六氟化硫（SF_6）项目以及水力发电项目带来的减排量不能够用于抵消。显然，这些即将发布的关于抵消指标的具体要求将会对其他领域的减排措施实施带来直接影响，例如可再生能源的发展和能效项目。

（二）政策制定过程

1.《暂行办法》

政策制定的过程，尤其其他相关政策制定主管部门也会参加的利益相关方咨询过程，为各相关政策之间的协调提供了宝贵的机会，从而保证不同政策之间的一致性。对于我国 ETS 和其他相关政策之间的协调来说也是如此。尽管《暂行办法》只是由国家发展改革委发布的部门规章，但其实际的制定过程却相当复杂，涉及了众多利益相关者，包括负责制定与 ETS 政策交互影响政策的主管部门。根据《中华人民共和国立法法》（全国人民代表大会，2000）和《规章制定程序条例》（国务院，2001），部门规章制定都必须遵守非常严格的过程，包括立项、起草、审查、决定和公布。

（1）立项和起草。《暂行办法》的立项工作从 2014 年正式开始，由国家发展改革委负责起草，并经过了多个中央文件的授权（中国共产党中央委员会，2013；全国人民代表大会，2011；国务院，2011）。起草过程主要由国家发展改革委的应对气候变化司统筹安排，清华大学等提供主要的技术

支持。《暂行办法》由专家深度参与的起草团队安排，这符合《规章制定程序条例》的规定，保证了草案的质量和中立性。《暂行办法》草案的准备环节很大程度上受益于国际主要 ETS 的经验，以及对国内 ETS 试点的研究。

除此以外，国家发展改革委也就草案向各类利益相关方广泛征求了意见，包括国家发展改革委内部的其他司局、国务院的其他部委、省级政府、相关行业和企业、研究组织、核查机构等。以上咨询工作主要通过三种形式实施：正式书面征求意见、专门的会谈和非正式沟通。其中前两种较正式的方式主要用于征求其他政府部门以及企业等的建议。其他相关方，如参与 ETS 工作的咨询机构，也主动提出了一些建议，也有个人通过各种渠道反映他们的意见。

国家发展改革委在制定重要的社会和经济发展政策方面发挥着极为关键的作用，其中很多政策都跟 ETS 相互影响。例如，资源节约和环境保护司（以下简称环资司）负责制定中国主要的节能政策，这与温室气体减排和 ETS 紧密相关。从这个意义上来说，与国家发展改革委其他部门尤其是跟环资司的协调，对设计有效的全国 ETS 至关重要。

部分其他国务院部委的职能与企业的减排活动直接相关，例如，国家能源局负责可再生能源战略、项目和政策的制定与实施，工信部负责工业领域的节能政策的制定和实施等，这些战略和政策也与 ETS 的设计紧密相关。为保障未来全国 ETS 的平稳运行，我们需要将这些部门的建议纳入考量之中。

根据《暂行办法》，省级碳交易主管部门将承担 ETS 运行中的许多责任，包括审批监测计划、监督碳排放的报告和核查、监管核查机构以及分析其行政区域内重点排放单位上年度的配额清缴情况。此外，省级地方政府还担负着其他减排任务，包括中央政府分配的降低单位 GDP 二氧化碳排放指标。保证地方政府充分理解政策的影响并取得他们的支持和认同对全国 ETS 的运行至关重要。

行业排放行为将直接受到 ETS 的约束，而它们对该体系的接受程度将直接影响当地或部门管理机构对该体系的态度。在起草的过程中，面向行业的意见征询主要通过行业协会来完成。行业意见的征集对于碳排放配额分配工作和监测报告与核查系统的发展很有帮助。

（2）审核和通过。国务院部级机关起草行政法规的审核工作由该部委的法制部门来负责，《暂行办法》的审查是由国家发展改革委法规司完成的。审核主要集中于以下几个方面：①与现行行政规章的一致性；②利益相关方的评论与建议；③技术上是否达到立法的标准。对于第二个方面来说，应为气候变化司准备了一系列阐释性文件，内容包括起草过程、法规关键内容、核心条款的争议以及针对这些争议的讨论。同时，阐释性文件也着重解释了一些意见并未被采纳的原因。

ETS 和其他相关政策之间的竞争或协调一直是与各相关方协商中的关键问题。这些相关政策包括财政部和生态环境部支持的碳税、国家能源局负责的可再生能源政策、国家发展改革委环资司制定的用能权交易，以及国家发展改革委环资司和工信部共同制定的能效政策等。某些机构更倾向于采用其中一项政策，比如碳交易体系或碳税，原因可能有很多，但其中最重要的可能是不同单位的部门利益以及个人利益。例如，税收属于财政部的职责范围，因此财政部理论上就会大力支持碳税政策。

《暂行办法》于2014 年12 月批准。公布前的最后一步是国家发展改革委主任办公会就该草案展开正式讨论，在会议中，应对气候变化司就关键事项、草拟条款、主要意见和针对以上意见的考虑结果做了相关陈述。

2.条例建议稿

由于部级机关制定的行政规章没有设立行政许可的权力（全国人民代表大会常务委员会，2003），为避免行政许可缺失对全国 ETS 运行造成的不利影响，国家发展改革委努力促进可以设立行政许可的国务院条例的制定。国务院条例的制定与国务院部门规章在程序上相似，主要的区别在于各步骤中相应的负责机关的不同。

（1）立项和起草。国家发展改革委从一开始就清晰地认识到 ETS 的成功离不开坚实的法律基础，因此便寻求制定法律或者国务院行政法规的可能性。国家发展改革委与在法律和行政法规制定过程中扮演关键角色的国务院法制办公室就这一问题进行了大量协商。由于法律和行政法规的制定过程较

为漫长，而亟须尽快建立相关规则来推进 ETS 的建立，故制定部门规章成为 ETS 立法的第一步。

行政规章的起草也由国家发展改革委负责，并以《暂行办法》作为基础。除了要与众多利益相关方进行磋商以外，2015 年 7 月国家发改委还举行了一场关于条例下行政许可的听证会，参加人员来自各相关部委、行业、国际组织、研究组织和个人。2015 年 12 月，《全国碳排放权交易管理条例》的建议稿被提交至国务院，随之提交的还有一系列文件，这标志着国家发展改革委完成了该建议稿的起草过程。2016 年，《全国碳排放权交易管理条例》被正式纳入国务院年度立法计划之中，标志着这一工作进入新阶段。

（2）审查和通过。除国家发展改革委法规司的内部审核之外，行政法规草案的审查还由国务院法制办公室负责。相关方的协商在其中起着重要作用，国务院法制办公室需要协商的相关方比国家发展改革委那一级广泛得多。除了国家发展改革委在起草过程中涉及的相关方，国务院法制办公室的协商还征求了来自以下机构的正式书面意见：全国人民代表大会常务委员会办公厅、国务院办公厅、中央机构编制委员会办公室，以及最高人民检察院办公厅等。国务院法制办公室还举行了一系列研讨会来加强各方意见的沟通，包括一次由约 20 位部委代表参与的会议，一次由所有相关行业领域的代表出席的会议，还有一次专家研讨会。这些意见都被纳入了国务院法制办公室的考量之中，他们将据此对行政法规进行修改并在合适的时间提交至国务院。

国家发展改革委内部和部门间的协商程序都是保证全国 ETS 与其他减排政策一致性的绝佳机会，但最终的协调结果并不乐观。

三　其他主要减排政策

为实现 2030 年减排目标，中国政府制定并出台了一系列规划、政策、措施、战略和子目标，包括最近出台的《"十三五"控制温室气体排放工作方案》（以下简称《方案》）（国务院，2016）。在《方案》所包含的各项减排政策中，有两项与 ETS 密切相关，必须在全国 ETS 设计中认真考虑。

（一）GDP 二氧化碳排放强度目标

"十二五"（2011～2015 年）期间，GDP 碳排放强度下降目标已成为中国社会经济发展的约束性指标之一（全国人民代表大会，2011，2016），国务院也将这一国家级目标分解为各省、自治区、直辖市层面的约束性指标（全国人民代表大会，2011；国务院，2016）。

1. 与 ETS 的相互作用

省级约束性的降低碳排放强度目标是根据不同地区的具体情况制定的，发达省份的减碳目标相对较高。具体而言，"十三五"期间，北京、上海、广东等发达省份的碳排放强度下降 20.5%，远高于下降 18% 的国家目标，而海南、西藏、青海、新疆的下降目标最低，只有 12%（国务院，2016）。

全国 ETS 的配额分配方法将采用统一的行业基准法。由于地区差异较大，全国 ETS 的免费配额分配方法将比较适中，避免配额过松或过紧。处于发达地区的企业通常采用较先进的技术，因此在统一的分配方法下，将比较容易完成其在国家 ETS 下的义务。由于大多数具有巨大减排潜力的主要排放企业都被全国 ETS 所覆盖，因而对于具有较高的降低碳排放强度目标的地区而言，不被全国 ETS 所覆盖的其他行业在碳减排方面的压力会增大，继而导致实现这一目标将会比较难。因此，为了能更好地实现减排目标，这些地区的气候主管部门要激励主动对全国 ETS 覆盖的企业实施更为严格的减排指标。

为了评估各地区降低 GDP 二氧化碳强度目标是否已经完成，国家发展改革委 2014 年公布了相关的责任考核评估办法（国家发展改革委，2014b），而计算这些地区二氧化碳排放量的方法至关重要。在 ETS 中会发生跨区域配额交易，而上述的评估办法中没有考虑跨区域配额交易，因此缺少解决这一问题的相关明确规定。如果在评估办法中没有考虑净跨区域配额交易量，那么作为净配额进口地区的主管部门将会主动限制跨区域交易，这反过来会妨碍全国 ETS 在降低减排成本方面的有效性。

2. 与 ETS 的协调

ETS 框架和降低 GDP 二氧化碳强度政策的起草工作都是由国家发展改革委应对气候变化司牵头的，这一安排为协调这两项政策提供了很好的基础。在了解上述两个问题后，国家发展改革委应对气候变化司组织进行了技术层面的讨论，以期了解其潜在的挑战和可能的解决方案。

为了应对地区差异以及国家层面的统一规则带来的挑战，全国 ETS 中给予地方政府在配额分配方面一定的灵活性。具体而言，根据《暂行办法》和《条例》的建议稿，省级主管部门可以在本行政区域内实施比国家层面更严格的免费配额分配办法，但不允许实行更宽松的办法。这就解决了 GDP 二氧化碳强度降低目标幅度较大地区的担心，因而 GDP 碳强度降低政策不会阻碍统一的全国 ETS 的发展。

虽然已考虑到跨区域配额交易产生的问题，但截至 2016 年底政府尚未采取任何具体行动。目前解决这一问题有两种选择：第一种同时也是较为简单的方法是，考虑到跨区域配额交易可能产生的影响，修改关于 GDP 二氧化碳减排目标的责任考核评估办法；第二种方法是修改对各省区市的约束性指标，同欧盟一样，只设立针对非 ETS 部门的减排目标，这是较难的方法（EU，2009）。国务院已确定了"十三五"期间各地区的 GDP 二氧化碳强度降低目标，而且评估不同地区非 ETS 部门的减排潜力可能比评估总的减排潜力更为困难。因此用第一种方法协调 GDP 碳强度下降政策和 ETS 是更好的方法。

（二）区域与部门碳排放达峰

为推动我国二氧化碳排放尽早达到峰值，国务院印发的《"十三五"控制温室气体排放工作方案》指出，支持优化开发区域碳排放率先达峰，力争重工业和化工部门的碳排放在 2020 年左右达峰。

1. 与 ETS 的相互影响

部分区域和部门二氧化碳排放的尽早达峰可能会直接影响全国 ETS 的总量设定。中国目前处在以新常态为特征的发展新阶段，经济和重化工行业的发展存在很大不确定性。为了解决这些不确定性并消除对全国 ETS 的政治阻力，全国 ETS 在原则上将采用与大部分试点地区类似的配额分配方法，即基于企业的实际生产活动数据，而非历史生产活动数据进行免费配额分配（Pang & Duan，2015；Duan & Zhou，2017）。

与配额分配一致，中国将主要采取"自下而上"的方法设定全国 ETS 的排放总量。例如，分配给被全国 ETS 覆盖企业的免费配额将是全国 ETS 配额总量最重要的构成部分。这种方法与目前中国到 2020 年的二氧化碳强度减排目标一致，也意味着全国 ETS 的排放上限是事后确定的，因此具有一定的灵活性。然而，这也可能导致全国 ETS 与某些地区和部门尽早达峰的政策不一致。

2. 与 ETS 的协调

试点地区和全国 ETS 中的总量设定方法一直是一个政治敏感的问题。在《暂行办法》和《条例》的起草和审核过程中，对碳排放总量的上限设定方法提出了许多问题和质疑，核心问题是事先确定的排放上限可能对经济发展产生负面影响。

解决上述问题的方法之一是采用混合方法，例如结合"自下而上"和"自上而下"两种方式设定体系的排放总量。可以通过"自上而下"的方法预先确定排放上限，保证与某些地区和行业的二氧化碳达峰要求相一致。但应明确的是，如果通过"自下而上"确定的排放上限比"自上而下"确定的要低，那么"自上而下"确定的上限将只是一个名义上的上限。换句话说，这两种方法确定的较低的排放总量将作为 ETS 的真正排放上限。

在采用混合方法的情况下，需要一种机制来协调通过两种方式确定的总量。若"自下而上"方法设定的排放总量比"自上而下"设定的要高，那么 ETS 主管部门将面临技术和政治方面的困难。随着对政策相互影响问题认识的深入，国家发展改革委关于全国 ETS 下总量设定的观点也在不断发展。这里提出的混合总量设定方法可能会被用于设置全国 ETS 的排放上限。此外，给予各地区使用更严格的免费配额分配方法的灵活性也有助于协调这两项政策的一致性。

四 节能政策

节能在平衡能源供需、转变发展方式、改善环境质量和能源安全方面发挥着巨大的作用，中国政府长期以来都把节能作为一项长期战略（国务院，2006a）。自 2006 年以来，降低 GDP 能耗强度被列为中国社会经济发展的约束性目标之一（全国人民代表大会，2006）。《中华人民共和国节约能源法》（2007 年修订版）中明确规定，将为地方政府设定明确的节能目标，并将节能目标完成情况作为对地方人民政府及其负责人考核评价的内容。工业能耗约占中国一次能源消费的 70%（国家统计局，2016），因此其成为国家节能政策的重点。

（一）主要的节能目标与政策

1. 约束性指标

从"十五"计划开始，降低 GDP 能耗强度的指标分为省级、县级和重点耗能企业的约束性指标。在制定区域目标时，考虑的因素包括经济发展水平、产业结构、节能潜力和环境容量，经济能力较强、能耗较高的地区承担较高的减排目标（国家发展改革委，2011c）。以"十三五"期间地区 GDP 能耗强度降低目标为例，中国大陆 31 个省级地区被分为五组，目标从 10% 到 17% 不等。

对于地方政府和重点耗能企业，约束性的五年指标需要分解为年度目标，以评估其绩效（国务院，2007）。在评估过程中，要考虑的因素不仅包括年度节能目标的完成情况，还包括相关节能措施的实施，如能源管理系统、节能技术的利用和节能投资。评估结果是对地方政府官员和国有企业负责人进行综合评估的重要指标，对表现良好的企业和地方政府将进行表彰，而表现不佳的需要在规定的时间内进行整改。

2. 重点用能企业节能行动

中国主要能源的平均价格反映了能源供应的财务成本，而没有涵盖全部的环境和安全成本（Taylor，2010）。在这样的背景下，中国政府一直将命令控制型政策工具作为推动企业节能的主要政策之一。2006 年，国家发展改革委与包括国家能源局在内的五家单位启动了"千家企业节能行动计划"，覆盖了九个重点耗能行业的一千多家企业，包括钢铁、有色金属、煤炭、电力等。该计划为这些企业设立了 2006 ~ 2010 年约 1 亿吨标准煤的节能总目标，并将该目标分解为每个企业的节能目标。

2011 年，国家发展改革委和其他部门启动了《万家企业节能低碳行动实施方案》（以下简称《实施方案》）（国家发展改革委，2011a）。该《实施方案》覆盖了 16000 多家企业，包括年能耗超过 1 万吨标准煤的工业企业，以及年能耗超过 5000 吨标准煤的酒店、饭店和学校。根据《实施方案》，为该方案覆盖的所有企业制定了 2011 ~ 2015 年约 2.5 亿吨标准煤的节能目标，并将该目标分解为每个企业的节能目标，能源密集型企业，如火电、钢铁和水泥行业的企业承担更高的节能目标。除上述定量节能目标外，《实施方案》中的企业还需要采取一系列促进节能的措施，包括建立能源管理体系、加强能源计量统计工作、开展能源审计和编制节能规划。

3. 财政激励手段

自改革开放以来，中国政府就采用财政补贴作为激励手段支持企业的节能行动，以解决能源短缺问题。2002 ~ 2005 年，中国能源消费增速超过了经济增速，导致 GDP 能耗强度增加，这一趋势促使中国政府加大了对企业节能行动的资金支持力度。例如，建立专门的节能资金支持节能技术改造，推广能源合同管理，促进企业节能能力建设等。

为了避免虚报节能投资以获取更多的财政补贴的情况，截至 2006 年，节能资金补贴的形式已改为在节能成果的基础上提供总投资的 6% ~ 8%，即奖励金额按项目技术改造完成后实际取得的节能量和规定的标准确定（财政部，2007）。以工业企业为例，根据国家财政部印发的《节能技术改造财政奖励资金管理暂行办法》，节能技术改造项目奖励标准为东部地区 200元/吨标准煤，中西部地区 250 元/吨标准煤。从节能奖励资金的拨付来看，

财政部根据国家发展改革委下达的"十大重点节能工程"领域内的节能技术改造项目实施计划，先按照奖励金额的60%下达预算，在节能项目完成后，由政府委托的第三方机构进行审核，根据审核结果向企业提供剩余金额。

一些地方政府也设立了节能专项资金，用于支持年耗能量在一万吨标准煤以下的企业节能，资金拨付流程与中央设立的节能补贴资金相似。以北京市为例，申请节能专项资金补贴的门槛很低，对于非工业企业来说，节能能力达到100吨标准煤的项目就可以申请补贴（北京市发展和改革委员会，2013）。

（二）政策制定过程

这些政策的制定过程与《暂行办法》的制定过程非常相似，包括启动批准、起草、审核、决策和颁布等步骤。然而，从节能政策制定和实施的演变中可以看出一些具体的趋势。

1. GDP 能耗强度下降目标

在将国家层面的 GDP 能耗强度下降目标分解为省级目标的过程中，中央政府与各地方政府的协商起到了至关重要的作用。在实现国家层面目标的前提下，在为不同地区设立目标时，要充分考虑到地区间发展阶段和技术水平的差异。与此同时，国家鼓励地方政府设立更高的减排目标。自2006年以来，中央政府每年对省级政府 GDP 能耗强度下降目标的绩效进行评估，各级地方政府也相应评估下一级政府的相应绩效。

"十一五"期间，根据2006年《国务院关于"十一五"期间各地区单位生产总值能源消耗降低指标计划的批复》，吉林、山西和内蒙古的单位GDP 能源消耗下降幅度目标分别为30%、25%和25%（国务院，2006b）。然而，这些地区实现的单位 GDP 能源消耗下降幅度远低于初始目标。考虑到这是第一次为省级地区设立此类目标，相关经验非常有限，经中央政府与上述三个省级政府协商后，这三个省份的目标降至22%。这种调整反映了学习和完善对这类政策制定和执行的重要性。

2. 重点用能企业的节能指标

自 2006 年以来，相应企业通过签署"节能目标责任书"，确认了约束性节能指标以及分配给重点企业的年度目标，"节能目标责任书"在一定程度上类似于具有法律效力的合同。但是，企业的约束性指标是通过政府的命令控制型政策而非协商过程来确定的。

在政策实施方面，国家发展改革委负责"千家企业节能行动计划"约束性指标的下达和实施效果评估。同时，在"万家企业节能低碳行动"下，企业由各级政府、工信部、住房城乡建设部、交通运输部等其他部门共同管理。自 2015 年起，确定企业节能目标方面的责任从国家发展改革委转移到了地方政府，国家发展改革委主要负责二次审核。此外，在对企业的日常监督管理中，政府也越来越关注相关法律、法规和标准的作用，企业也可以利用能源合同管理等市场手段来完成其任务。

3. 财政补贴

通过中央财政预算建立专项节能资金的初衷是支持企业节能技术改造、研究、开发和示范，以及促进节能相关产品的传播，以帮助企业实现其约束性节能指标。中央政府一直试图通过推动和拉动相结合的政策加强节能减排，但在政策实施过程中出现了许多意想不到的挑战，包括成本效益低和腐败现象。因此，2011 年中央政府调整了财政补贴形式，取消了对部分项目、产品和技术的补贴，开始为符合条件的地区提供综合补贴，以此来撬动地方政府的资金投入。

（三）节能政策与 ETS 的相互影响和协调

1. 节能政策与 ETS 的相互影响

从企业角度来看，全国 ETS 最初只纳入二氧化碳这一种温室气体，覆盖在 2013～2015 年中任意一年年综合能耗达到 1 万吨标准煤的八个部门中的企业。全国 ETS 覆盖的工业企业与"万家企业节能低碳行动"非常相近，因此，全国 ETS 纳入的工业企业同时也承担约束性的节能指标。这两项政策有着密切的联系，因为节能政策针对能源消费，而全国 ETS 首先覆盖化

石燃料消费产生的二氧化碳排放。因此，对企业来说，实现节能目标将直接影响其二氧化碳排放，从而影响其在全国 ETS 下的配额提交义务。

两种政策之间的差异也是显而易见的：（1）不同的能源种类在很大程度上影响了二氧化碳的排放，而节能政策中并没有区分这些能源种类；（2）某些企业可以通过购买配额来完成其在 ETS 下的义务，但节能政策中并没有考虑这种交易机制；（3）全国 ETS 有严格的监测报告与核查（MRV）系统，以确保数据质量，而在节能政策中第三方核查机构的作用则相对较弱。此外，通过节能投资，企业不仅可以从政府获得财政补贴，还可以减少它们在 ETS 中的配额提交义务，从而可能出现双重补贴或过度补贴的结果。

从省级政府的角度来看，不管是全国 ETS 还是约束性节能指标政策，二者都能够帮助省级政府实现中央政府分配的约束性指标：单位 GDP 二氧化碳排放强度降低目标或能源强度降低目标。因此，省级政府的温室气体减排和能源强度降低目标对企业层面的政策设计有直接影响。为了在企业层面更有效地协调上述两项政策，应该从协调省级政府的节能措施和温室气体减排目标开始做起。

中国节能政策的最新进展之一是所谓的"双控"目标，即控制能源消费强度目标和能源消费总量目标（国家发展改革委和国家能源局，2016a）。"双控"目标又将分解为许多子目标，对能源消费总量的控制以及分解到各区域或部门的子目标无疑将对全国 ETS 的设计产生重大影响，尤其是在总量设定和配额分配方法方面。

为促进"十三五"能源消耗总量和强度"双控"目标的完成，国家发展改革委于 2016 年发布《用能权有偿使用和交易制度试点方案》，开始在四个省份开展用能权有偿使用和交易试点（国家发展改革委，2016c）。虽然该交易系统的详细内容尚未确定，但公布的试点计划表明它与全国 ETS 比较类似，包括合理确定各地市能源消费总量控制目标、采用基准法或祖父法确定企业初始用能权、建立能源消费报告审核和核查制度、发展注册和交易体系、制定合规准则等。由于该试点计划与全国 ETS 的相似性，该政策的出台已经在各利益相关方之间造成了很多困扰，特别是两个系统均覆盖的企业。

2. 节能政策与 ETS 的协调

自 2008 年国务院机构改革以来，中国专门的碳减排政策（包括全国 ETS）主要由国家发展改革委应对气候变化司发起，而主要的节能政策由国家发展改革委环资司牵头。由于国家发展改革委内部磋商是制定任何重大政策的强制性要求，因此这在理论上为协调全国 ETS 和节能政策提供了很好的基础。然而在实践中，这种协调非常困难，甚至是缺失的。

自 2012 年中国新一届领导班子履职以来，就非常重视自上而下的顶层设计以更好地协调相关政策（Gao & Ding，2015），并且就不同领域的改革发布了一系列指导方针，其中包括《生态文明体制改革总体方案》（中国共产党中央委员会和国务院，2015），该方案在同一条款（第四十二条）中同时提到"推行用能权和碳排放权交易制度"。显然，这两个密切相关的政策在国家最高层文件中并没有得到很好的协调。原因很明显，即国家最高层文件的内容是由不同的部门提出的，国家发展改革委和国务院没有进行必要的全面审核和改进。如果在全国 ETS 和用能权交易这两项政策之间进行了必要的协调，可能会产生两种后果：第一种结果是一种政策可能被另一种政策取代；第二种结果是不能达成共识，导致两项政策的实施同时被耽误。

由于无法在最高层面进行协调，次优选择是协调两类政策的细节设计。例如，在免费配额分配方法和确定约束性节能目标（或企业的初始用能权）之间保持一致性。对于未被全国 ETS 所覆盖的企业，在承担约束性节能责任的同时，应在考虑到碳排放配额价格的基础上确定其减排目标，以确保不同企业之间的公平竞争。

在技术层面，这两项政策之间的协调也是缺失的。关于用能权交易，国家发展改革委并没有对试点省份提供指导意见，因此只能由各省份承担起协调这两项政策的责任。

一些省份尽管进行了 ETS 和节能政策的协调尝试，但不够系统。例如，

北京是七个 ETS 试点之一，在北京试点体系的设计中，受到公共节能补贴的项目所实现的节能量可以转化为碳减排量，发放相关信用额度，并可用于抵消 ETS 所覆盖企业的碳排放量。北京市的协调工作得益于节能政策和 ETS 均由北京市发展改革委同一部门负责。但在许多其他省级地区，如湖北省和广东省这两个 ETS 试点省，节能政策和 ETS 由发展改革委的不同部门负责，甚至分别由发展改革委和经信委负责。在这种情况下，ETS 和节能政策之间的协调可能会更加困难。

五　可再生能源政策

中国在 20 世纪 90 年代之前发展可再生能源的主要动力是解决农村地区的能源短缺问题，减少温室气体排放并不在考虑之内（Li & Shi，2006）。21 世纪初以来，开发可再生能源成为实现能源供应多样化、应对气候变化和促进可持续发展的重要途径。随着 2005 年《中华人民共和国可再生能源法》的出台，确立了支持可再生能源发展的五项最重要的政策：总体目标、可再生能源强制并网发电、分类电价、费用分摊与专项资金。

（一）主要的可再生能源目标和政策

1. 发展目标

国家发展改革委印发的《可再生能源发展"十一五"规划》是中国首个专门的可再生能源发展计划，旨在为中国可再生能源发展确定量化目标（国家发展改革委，2006）。根据这一计划，到 2010 年可再生能源占能源消费总量的 10%，每年使用的可再生能源将达到 3 亿吨标准煤。除了这些总体目标外，该规划还宣布了开发水电、风电、生物质发电、太阳能发电和其他可再生能源技术的具体目标。然而，该规划中没有提到气候变化。

在 2007 年发布的《可再生能源中长期发展规划》提出，力争到 2020 年使可再生能源消费量达到能源消费总量的 15%（国家发展改革委，2007），而且这是我国第一次在可再生能源发展计划中提到应对气候变化问题。2012

年印发的《可再生能源发展"十二五"规划》提出，到 2015 年，商业化可再生能源占能源消费总量的比重达到 9.5% 以上，可再生能源发电量争取达到总发电量的 20% 以上（国家发展改革委，2012a）。2016 年印发的《可再生能源发展"十三五"规划》提出，到 2020 年，可再生能源年利用量将达到 7.3 亿吨标准煤，其中商业化可再生能源利用量达到 5.8 亿吨标准煤；可再生能源发电装机容量达到 6.8 亿千瓦，发电量达到 1.9 万亿千瓦时。除了发电装机目标外，规划中还提出了发电量目标，以改善已有发电装机利用率不高的问题（国家发展改革委，2016b）。

2. 财政补贴

为了实现政府的发展目标，自 2009 年以来，除了水电之外，我国已经实施了固定的可再生能源上网电价政策。2009 年，根据不同地区的资源条件，国家为陆上风电项目设立了四类上网电价。太阳能发电项目也采用了类似的固定上网电价方式。在实际运行中，可再生能源发电项目有两种收入来源：电网公司支付的燃煤发电标杆上网电价和来自可再生能源发展基金的电价补贴。可再生能源发展基金由国家财政资金和来自所有终端电力用户支付的可再生能源电价附加组成。

固定上网电价政策极大地刺激了中国可再生能源的发展。到 2015 年底，中国在风电与太阳能发电领域的新增装机容量和累计装机容量方面都位居世界第一。随着可再生能源的快速发展和燃煤发电标杆上网电价的降低，对可再生能源发电补贴的需求也在急剧增加。虽然可再生能源电价附加增长了 5 倍，但 2016 年底可再生能源电价补贴缺口累计达到了 550 亿元，因此，自 2015 年 4 月以来所有的可再生能源发电补贴都没有支付。

3. 目标分解

近年来，随着能源消费总量增速放缓和可再生能源占比的不断增加，化石燃料与可再生能源之间的矛盾日益凸显，一方面燃煤发电装机容量迅速增加，另一方面是弃风率和弃光率居高不下，大量的清洁能源被白白浪费（Wang & Kitson，2016）。为应对包括可再生能源财政补贴的资金严重缺乏在内的挑战，能源主管部门已将补贴政策的改革提上日程，并制定政策从需

求侧拉动可再生能源发展。

《可再生能源发展"十三五"规划》提出了可再生能源强制性份额（也称为"可再生能源配额制"）及绿色电力证书两项重要政策。根据《关于建立可再生能源开发利用目标引导制度的指导意见》，国家将采取若干措施确保实现可再生能源发展目标。第一，国家能源局将制定各省能源消费总量中的可再生能源比重和全社会用电量中的非水电可再生能源电量比重的约束性指标，鼓励省级能源主管部门制定本地区更高的可再生能源利用目标。第二，省级能源主管部门为行政区内电网企业制定非水电可再生能源电量占供电量/（售电量）最低比重指标。第三，到 2020 年，各发电企业非水电可再生能源发电量应达到全部发电量的 9% 以上。第四，建立对企业和地区的可再生能源开发利用监测和评价制度。另外，一份征求意见的政策草案中规定，2020 年各燃煤发电企业承担的非水可再生能源发电量配额与燃煤发电量的比重应达到 15% 以上（国家能源局，2016b）。

为帮助发电企业更有效地实现其可再生能源配额目标，可再生能源绿色电力证书核发和交易机制被推出。为了证明其达到了规定的可再生能源配额目标，发电企业必须向能源主管部门提交相应电量的绿色电力证书。发电企业出售绿色电力证书后，相应的电量便不再享受国家可再生能源电价附加资金的补贴（国家发展改革委、财政部和国家能源局，2017）。

（二）可再生能源政策与 ETS 的相互影响及协调

1. 可再生能源政策与 ETS 的相互影响

国家发展改革委制定主要可再生能源政策的过程与制定主要碳减排政策和节能政策非常相似，都需要寻求和考虑国家发展改革委应对气候变化司的意见。

电力部门碳排放在中国碳排放总量中占比显著，在全国 ETS 所覆盖的碳排放量中占比更大。全国 ETS 和可再生能源政策都将对发电企业的投资和运营决策产生显著影响，近而影响到两项政策的实施和效果。

中国通过碳市场促进可再生能源发展的行动开始于《京都议定书》中

建立的清洁发展机制（CDM）。数千个水电、风电和太阳能发电项目得益于销售经核证的减排量（CERs）的收入。随着近年来 CDM 市场的急剧下滑和国内碳市场的逐步发展，利用全国 ETS 促进可再生能源发展的可能性不断增加。

在中国的自愿减排制度下，国家将根据相关项目的减排量向其签发核证自愿减排量（CCER）（国家发展改革委，2012b）。七个试点 ETS 均允许企业使用符合条件的 CCER 来抵消其部分排放量。除了电量收入之外，出售 CCER 可以为可再生能源发电项目提供新的收入来源。

为了能从 CCER 中受益，可再生能源发电项目必须经过额外性的审核，这一过程与 CDM 非常相似。然而，这是一个非常有争议的概念，因为它需要开发一个反事实的"无减排效益"的情景，如果一个项目是为满足约束性目标而开发的，那么一般认为它并不具有额外性，也没有资格获得减排额度。因此有人担心，根据新发布的关于非水可再生能源强制性份额的要求，可再生能源发电项目可能不再符合自愿减排制度下的额外性要求。

ETS 下的配额分配具有直接的成本分配效应，在全国 ETS 下免费分配方法的选择将影响被覆盖企业履行配额提交义务的难度。如果在全国 ETS 下根据企业的历史排放量向其分配免费配额，由于近年来火力发电设备平均利用小时数不断降低，实际上可能相当于补贴了燃煤电厂，并可能降低非水电可再生能源配额政策的影响（国家能源局，2016c）。

2. 可再生能源政策与 ETS 的协调

尽管七个试点 ETS 都允许企业利用 CCER 抵消排放量，但也设定了很多的限制条件，如项目类型、年份和地理位置等。例如，在项目类型方面，北京试点规定不能使用来自水电和化工类项目的 CCER 抵消排放量（北京市发展和改革委员会，2014）。类似的规则（即允许使用来自非水电可再生能源项目的 CCER 抵消排放）也已在其他几个试点中实施。在某种程度上，该规则与能源主管部门制定的促进非水电可再生能源发展的政策是一致的，尽管这两项政策并没有经过协调。

全国 ETS 关于抵消机制的细则仍在制定过程中，而根据《暂行办法》，

符合条件的 CCER 可用于抵消企业的部分排放量。考虑到已经签发了的大量 CCER 以及大量的潜在自愿减排项目，可以预期在全国 ETS 下的抵消机制将限制可用于抵消的 CCER 的来源项目类型。考虑到七个试点 ETS 的抵消规则，全国 ETS 中允许使用非水电可再生能源发电项目所产生 CCER 的可能性是很高的。

由于已经为所有的发电企业建立了非水电可再生能源的约束性配额，而额外性则是自愿减排规则的一部分，因此这两项政策急需在全国 ETS 的背景下进行协调。一种方案是取消非水电可再生能源项目的额外性认证，从而允许这些项目自动具有额外性，以便与可再生能源政策保持一致。这种做法可以使自愿减排规则在实施过程中更具有预测性和客观性，也将与广泛的政策背景更相符合。节能政策就是一个很好的例子，它不仅为重点企业制定了约束性指标，同时还提供了补贴政策以促进其实现该指标。也就是说，只具备强制性目标约束政策是远远不够的。为了保持 CCER 的质量，可以对签发的非水电可再生能源项目的减排量进行打折，并定期对相应的折扣系数进行修改。

还有一些观点认为，如果可再生能源项目获得了 CCER 签发，它就不应再获得政府补贴。幸运的是，根据公布的可再生能源绿色电力证书核发及自愿认购交易制度的通知，绿色证书的颁发与 ETS 无关，这避免了在两种政策之间出现矛盾的局面。根据已批准的全国 ETS 总量设定与配额分配原则方案，免费配额分配将基于企业的实际产出，这与可再生能源政策是一致的。

六 结论

2008 年国家发展改革委应对气候变化司成立，在此之前，可以合理假设中国没有制定针对温室气体减排的专门目标和政策，那个阶段的温室气体减排战略实质上是具备减排作用的现有政策和行动的组合，因此不同政策之间的协调也不是个重要问题。应对气候变化司成立后，提出了包括全国 ETS

在内的许多碳减排政策，不同政策间的协调就变得非常必要。表4-1概括了全国ETS与其他主要减排政策之间的可能相互影响和协调的结果。

表4-1　全国ETS与其他碳减排政策之间相互影响概览

政策工具	相互影响	协调结果
区域GDP二氧化碳排放强度目标	-统一的分配方法和差异化的区域强度指标 -跨区域配额交易与强度指标的评估细则	-省级主管部门可以采用更严格的分配方法 -在评估细则中考虑跨区域交易
地区与部门碳排放达峰	-基于实际活动数据的免费配额分配 -自下而上的总量设定方法和一些地区与部门的提前达峰	-采用混合方法设置体系的排放总量，例如自上而下和自下而上相结合的方法 -省级主管部门可以采用更严格的免费配额分配方法
用能权交易	-框架体系与ETS相似 -覆盖企业范围与ETS几乎相同 -用能权交易中没有区分能源类别	-政策设计时没有考虑对企业的重复规制 -两个系统没有就技术细节进行协调
节能财政补贴	-节能量不能转化为碳减排量 -关于减碳量是否可用于ETS中的抵消目的	-国家级政策层面上没有进行协调 -通过允许减排量用于碳抵消，部分省份进行了一定程度的协调
可再生能源配额制	-全国ETS是否允许符合要求的可再生能源项目产生用于抵消目的的减排量 -发电部门中的免费配额带来的分配效应	-可再生能源项目可产生减排量，但进一步的要求尚不明确 -关于抵消机制的要求不明确 -发电行业采用基于实际生产数据的免费配额分配方法

全国ETS与其他主要的减排政策之间的协调，主要是根据相关法律法规的要求，通过强制性咨询程序在国家发展改革委内部以及在国家发展改革委与国家能源局之间进行的。然而，这种协调机制表明，许多高度相关、并行实施的政策工具并不是有效和高效的，而主要原因是协调涉及了有关部门和个人的既得利益，没人愿意减少自己的职权范围。

为了避免在碳减排方面的重复立法和漫长无效的协调过程，如前面研究所指出的那样，最基本和有效的解决方案或许是只采用某几项最重要的政策工具，废除其他多余的政策（Breslin，2016）。这将影响许多组织和个人的

利益，因此需要比受影响的个人和机构更高的层面的强大政治意愿。中国新一届领导集体关于自上而下的深化改革要求为全国 ETS 和其他相关政策的系统协调提供了绝佳机会，但中国却错失了这次机会，因此，协调工作只能在较低层级和技术层面进行。需要指出的是，在中央和省级政府层面都已经进行了一些协调，尽管还不够系统化，也不是很常见。

随着全国 ETS 和其他相关政策技术细节的公布，我们可以从许多构成要素中发现不同政策之间的一致性，但这种一致性可能只是偶然取得的，要真正实现 ETS 和其他碳减排政策的完全协调一致，还有很长的路要走。全国 ETS 的许多细节仍在制定中，即便实现全国 ETS 和其他主要碳减排政策之间的完全协调一致是不可能的，也应抓住这一机会，以避免它们之间的直接冲突。

所有受访专家都认为，全国 ETS 与许多其他主要的碳减排政策之间将相互影响，并且为了实现政策效果的最大化，需要在制定政策时，对其进行有效协调。事实上，相关主管部门已经正式认识到了全国 ETS 与其他相关政策（如用能权交易）之间协调的必要性（国家发展改革委和国家能源局，2016b）。

本文从定性的角度分析了全国 ETS 与其他主要减排政策之间可能的相互作用和协调。在全国 ETS 和其他相关政策设计细节公布后，一个有趣的后续研究是量化研究这些政策，例如，全国 ETS 和可再生能源配额制之间的相互影响。

参考文献

1. Breslin, S., "China and the Global Political Economy", Springer, 2016.
2. China, United States, "U. S. – China Joint Presidential Statement on Climate Change", edited by The White House, 2015.
3. Duan, M., Zhou, L., "Key Issues in Designing Chinas National Carbon Emissions Trading System", Energy and Environment Policy, 2017, 6 (2).

4. EU, "Decision No. 406/2009/Ec of the European Parliament and of the Council of 23 April 2009 on the Effort of Member States to Reduce Their Greenhouse Gas Emissions to Meet the Community's Greenhouse Gas Emission Reduction Commitments up to 2020", edited by the Council of 23 the European Parliament, Official Journal of the European Union, 2009.

5. Gao, J., Ding, Y., "Research on the Top-Down Design of China's Economic Reform and National Governance Modernization", Journal of US – China Public Administration, 2015, 12 (6): 431 –439.

6. Grubb, M., Hourcade, J., Neuhoff, K., "The Three Domains Structure of Energy-Climate Transitions", Technological Forecast and Social Change, 2015, 98: 290 – 302.

7. Jiang, J., Ye, B., Ma, X., Miao, L., "Controlling GHG Emissions from the Transportation Sector through an ETS: Institutional Arrangements in Shenzhen, China", Climate Policy, 2016, 16 (3): 353 – 371.

8. Kern, F., Kivimaa, P., Martiskainen, M., "Policy Packaging or Policy Patching? The Development of Complex Energy Efficiency Policy Mixes", Energy Research and Social Science, 2017, 23: 11 – 25.

9. Laing, T., Sato, M., Grubb, M., Comberti, C., "Assessing the Effectiveness of the EU Emissions Trading System", Centre for Climate Chance Economics and Policy, Working Paper, No. 126, Grantham Research Institute on Climate Change and the Environment, Working Paper, 2013, No. 106.

10. Li, J., Shi, J., "International and Chinese Incentive Policies on Promoting Renewable Energy Development and Relevant Propasals", Renewable Energy, 2006, 1: 1 – 6.

11. Lin, W., Gu, A., Wang, X., Liu, B., "Aligning Emissions Trading and Feed-in Tariffs in China", Climate Policy, 2016, 16 (4): 434 – 455.

12. Liu, Y., "CDM and National Policy: Synergy or Conflict? Evidence from the Wind Power Sector in China", Climate Policy, 2015, 15 (6): 767 – 783.

13. Lo, Y., "Challenges to the Development of Carbon Markets in China", Climate Policy, 2016, 16 (1): 109 – 124.

14. Mercure, J. – F., Pollitt H., Chewpreecha U., Salas P., "The Dynamics of Technology Diffusion and the Impacts of Climate Policy Instruments in the Decarbonization of the Global Electricity Sector", Energy Policy, 2014, 73: 686 – 700.

15. Nam, K., Waugh, C. J., Paltsev, S., Reilly, J. M., "Synergy between Pollution and Carbon Emissions Control: Comparing China and the United States", Energy Economy, 2014, 46: 186 – 201.

16. Pang，T.，Duan，M.，"From Carbon Emissions Trading Pilots to National System：The Road Map for China"，Climate Policy，2015，16（7）：815 – 835，http：// dx. doi. org/10. 1080/14693062. 2015. 1052956.

17. Pang，T.，Duan，M.，"CAP Setting and Allowance Allocation in China's Emissions Trading Pilot Programmes：Special Issues and Innovative Solutions"，Climate Policy，2016，16（7）：815 – 835.

18. Pegels，A.，Lütkenhorst，W.，"Is Germany's Energy Transition a Case of Successful Green Industrial Policy? Contrasting Wind and Solar PV"，Energy Policy，2014，74：522 – 534.

19. Rogge，K. S.，Reichardt，K.，"Policy Mixes for Sustainability Transitions：An Extended Concept and Framework for Analysis"，Research Policy，2016，45（8）：1620 – 1635.

20. Strambo，C.，Nilsson，M.，Månsson，A.，"Coherent or Inconsistent? Assessing Energy Security and Climate Policy Interaction within the European Union"，Energy Research and Social Science，2015，8：1 – 12.

21. Taylor，R. P.，et al.，"Accelerating Energy Conservation in China's Provinces"，World Bank，2010.

22. Wang，B.，Jotzo，F.，Qi，S.，"Ex-Post CAP Adjustment for China's ETS：An Applicable Indexation Rule，Simulating the Hubei ETS，and Implications for a National Scheme"，Climate Policy，2017，Vol. 18，http：//dx. doi. org/10. 1080/ 14693062. 2016. 1277684.

23. Wang，C.，Yang Y.，Zhang J.，"China's Sectoral Strategies in Energy Conservation and Carbon Mitigation"，Climate Policy，2015，15（sup1）：S60 – S80.

24. Wang，H.，Kitson，L.，"Wind Power in China：A Cautionary Tale"，International Institute for Sustainable Development，2016.

25. Zhang，X.，Xin C.，"The Logic of Economic Reform in China"，Springer，2016.

26. Zhang，Z.，"Carbon Emissions Trading in China：The Evolution from Pilots to a Nationwide Scheme"，Climate Policy，2015，15（sup1）：S104 – S126.

27. 北京市发展和改革委员会：《关于征集 2014 年北京市节能技术改造财政奖励备选项目的通知》，2013。

28. 北京市发展和改革委员会：《北京市碳排放权抵消管理办法（试行）》，2014。

29. 财政部：《节能技术改造财政奖励资金管理暂行办法》，2007。

30. 国家发展和改革委员会：《可再生能源发展"十一五"规划》，2006。

31. 国家发展和改革委员会：《可再生能源中长期发展规划》，2007。

32. 国家发展和改革委员会：《关于印发万家企业节能低碳行动实施方案的通知》，2011a。

33. 国家发展和改革委员会：《关于开展碳排放权交易试点工作的通知》，2011b。

34. 国家发展和改革委员会：《国家发展改革委有关负责人就"十二五"节能减排综合性工作方案答记者问》，2011c。

35. 国家发展和改革委员会：《可再生能源发展"十二五"规划》，2012a。

36. 国家发展和改革委员会：《温室气体自愿减排交易管理暂行办法》，2012b。

37. 国家发展和改革委员会：《碳排放权交易管理暂行办法》，2014a。

38. 国家发展和改革委员会：《单位国内生产总值二氧化碳排放降低目标责任考核评估办法》，2014b。

39. 国家发展和改革委员会：《全国碳排放权交易管理条例（草案）》，2015。

40. 国家发展和改革委员会：《关于切实做好全国碳排放权交易市场启动重点工作的通知》，2016a。

41. 国家发展和改革委员会：《可再生能源发展"十三五"规划》，2016b。

42. 国家发展和改革委员会：《用能权有偿使用和交易制度试点方案》，2016c。

43. 国家发展和改革委员会、财政部、国家能源局：《关于试行可再生能源绿色电力证书核发及自愿认购交易制度的通知》，2017。

44. 国家发展和改革委员会、国家能源局：《"十三五"能源规划》，2016a。

45. 国家发展和改革委员会、国家能源局：《能源生产和消费革命战略（2016—2030）》，2016b。

46. 国家可再生能源中心：《中国可再生能源产业发展报告》，中国经济出版社，2016。

47. 国家能源局：《关于建立可再生能源开发利用目标引导制度的指导意见》，2016a。

48. 国家能源局：《关于征求建立燃煤火电机组非水可再生能源发电配额考核制度有关要求通知意见的函》，2016b。

49. 国家能源局：《2015 年全国 6000 千瓦及以上电厂发电设备平均利用小时情况》，2016c。

50. 国家统计局：《中国统计年鉴 2016》，中国统计出版社，2016。

51. 国务院：《规章制定程序条例》，2001。

52. 国务院：《关于加强节能工作的决定》，2006a。

53. 国务院：《关于"十一五"期间各地区单位生产总值能源消耗降低指标计划的批复》，2006b。

54. 国务院：《批转节能减排统计监测及考核实施方案和办法的通知》，2007。

55. 国务院：《"十二五"控制温室气体排放工作方案》，2011。

56. 国务院：《"十三五"控制温室气体排放工作方案》，2016。

57. 全国人民代表大会：《中华人民共和国立法法》，2000。

58. 全国人民代表大会：《中华人民共和国国民经济和社会发展第十一个五年规划纲

要》，2006。

59. 全国人民代表大会：《中华人民共和国国民经济和社会发展第十二个五年规划纲要》，2011。

60. 全国人民代表大会：《中华人民共和国国民经济和社会发展第十三个五年规划纲要》，2016。

61. 全国人民代表大会常务委员会：《中华人民共和国行政许可法》，2003。

62. 中国共产党中央委员会：《中共中央关于全面深化改革若干重大问题的决定》，2013。

63. 中国共产党中央委员会、国务院：《生态文明体制改革总体方案》，2015。

64. 中国国务院：《中国控制温室气体排放的行动目标》，2009。

65. 中国政府：《强化应对气候变化行动——中国国家自主贡献》，2015。

绿 色 金 融

Green Finance

B.5

我国绿色债券市场与发展前景[*]

马 骏　刘嘉龙　陈周阳[**]

摘　要： 2017 年全球绿色债券发行规模达到 1555 亿美元（约 1.01 万亿人民币），创年度发行规模的最高纪录。从全球来看，发行人基数呈逐年扩大的趋势，可再生能源投资继续成为绿色债券募集资金最普遍的用途。中国绿色债券市场从 2016 年启动，截至 2017 年末，中国境内和境外累计发行约占同期全球绿色债券发行规模的 27%。从发行基本要素来看，中国境内绿色债券（不包括绿色资产支持证券）的发行主体类型更加多元，信用层级更为丰富，首次出现一年期和两年期的绿色债券，同时长期债券发行有所增加，募集资金方向则主要包

---

　*　原文发表于《中国证券》2018 年第 2 期。

　**　马骏，中国金融学会绿色金融专业委员会主任、清华大学金融与发展研究中心主任；刘嘉龙，清华大学金融与发展研究中心经济分析师；陈周阳，中国金融信息网绿色金融研究小组研究员。

括清洁能源、污染治理、清洁交通等领域。绿色债券市场监管和服务逐步完善，国际交流与合作不断增强，我国的绿色债券市场正在从起步逐渐走向成熟。

关键词： 绿色债券市场　产品创新　市场制度　国际合作

党的十九大报告强调，"建设生态文明是中华民族永续发展的千年大计"，并重点指出，要"构建市场导向的绿色技术创新体系，发展绿色金融，壮大节能环保产业、清洁生产产业、清洁能源产业"。这表明我国高度重视绿色金融发展，将其作为国家战略的同时也提出了支持绿色产业的具体要求。

绿色债券市场是绿色金融体系的重要组成部分。自 2015 年 12 月中国人民银行在银行间债券市场推出绿色金融债券、中国金融学会绿色金融专业委员会（绿金委）发布《绿色债券支持项目目录》以来，我国的绿色债券市场取得了快速发展，2016 年中国跃升为全球最大的绿色债券市场。两年来，一些绿色债券领域的创新产品如绿色资产担保债券、绿色资产支持证券等不断涌现，绿色债券市场监管和服务逐步完善，国际交流与合作不断增强，我国的绿色债券市场正在从起步逐步走向成熟。

一　2017年全球绿色债券市场概况

根据气候债券倡议组织（CBI）按照绿色债券的窄口径定义①的统计数据，2017 年全球绿色债券发行规模达到 1555 亿美元（约 1.01 万

---

① CBI 的窄口径标准侧重于应对气候变化，因此较其他一些绿色标准更为严格。前者不包括对化石燃料发电站的改造、清洁煤炭和煤炭效率改进、携带化石燃料能源的电网输电基础设施、大型新型水电项目（＞50 兆瓦）、垃圾填埋场废物处理和其他没有明确气候效益的项目。此外，CBI 标准要求有 95% 的募集资金投向绿色项目。

亿人民币），创年度发行规模的最高纪录，比 2016 年的 872 亿美元增长78%[1]。其中，排名前三位的经济体是美国、中国和法国。美国的住房贷款担保机构房利美（Fannie Mae）是全球最大的绿色债券发行人，其绿色住房抵押贷款证券（MBS）发行规模达到 249 亿美元，这也使美国超过中国成为 2017 年全球最大的绿色债券市场。如果剔除该绿色证券化产品，则中国绿色债券发行规模在 2017 年排名第一，美国为第二。

自 2016 年以来，由于 G20 和一些国际组织的推动，许多国家和地区开始研究或发布了本地的绿色金融政策框架和路线图，许多国家启动了本国的绿色债券市场，首次发行了绿色债券。CBI 数据显示，2017 年，全球来自 37 个国家的 239 个发行人发行了绿色债券，其中 146 个是首次发行，这反映了发行人基数逐年扩大的趋势。特别是在主权绿色债券发行上，2017 年法国、斐济和尼日利亚政府相继发行了主权绿色债券。其中，法国政府发行的 70 亿欧元用于增加环保投资的"绿色债券"，市场反应热烈。国际上，可再生能源投资继续成为绿色债券募集资金最普遍的用途。值得注意的是，募集资金投放到低碳建筑和能效项目的规模同比增长 2.4 倍，占比从 2016 年的 21% 上升至 2017 年的 29%。

二 2017年我国绿色债券发行概况

根据中国金融信息网绿色债券数据库统计[2]，2017 年上半年由于市场利率波动，中国绿色债券发行下降，下半年则快速回升，全年中国在境内和境外累计发行绿色债券（包括绿色债券与绿色资产支持证券，如无特殊说明则下同）123 只，规模达 2486.8 亿元，同比增长 7.6%，约占同期全球绿色债券发行规模的 22%[3]。其中境内发行 113 只，发行规模为 2044.8 亿元（见图 5-1）。

---

[1] 若按宽口径（即各国根据各自定义统计的绿色债券的总和），2017 年全球绿色债券发行量为 1694 亿美元（CBI）。

[2] 数据库收入中国"贴标"绿色债券，即以绿金委编制的《绿色债券支持项目目录》以及国家发展改革委发布的《绿色债券发行指引》为标准认定的绿色债券。

[3] 分母为宽口径定义，即包括各市场（国家）按自己定义所报告的绿色债券发行量的总和。

　　自 2016 年中国绿色债券市场启动以来，截至 2017 年末，中国境内和境外累计发行绿色债券 184 只，发行总量达到 4799.1 亿元，约占同期全球绿

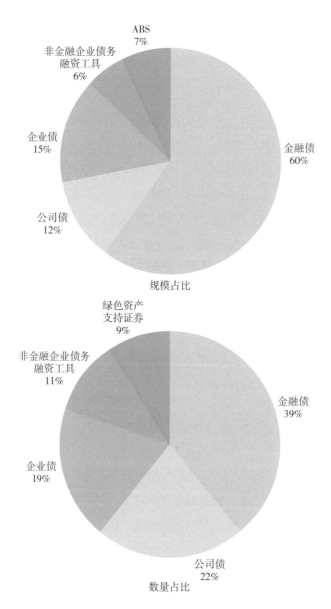

图 5 - 1　2017 年各类型绿债发行规模和数量占比

资料来源：中国金融信息网绿色债券数据库。

色债券发行规模的27%①。其中，境内发行 167 只，发行总量达到4097.1 亿元。从发行基本要素来看，2017 年中国境内绿色债券（不包括绿色资产支持证券）的发行主体类型更加多元，信用层级更为丰富，首次出现 1 年期和 2 年期的绿色债券，同时长期债券发行有所增加，10 年期以上绿色债券发行 7 只，而 2016 年仅有 3 只发行，规模为 103.5 亿元，其中 2 只 15 年期，规模为 50 亿元。此外，还有 3 只永续绿色债券发行，规模为 30 亿元。募集资金方向则主要包括清洁能源、污染治理、清洁交通等领域（见图 5 - 2）。

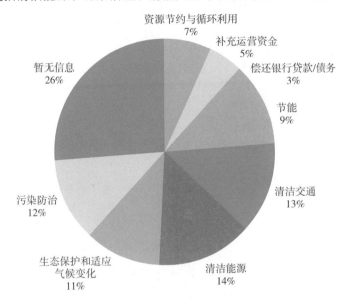

图 5 - 2 2016 年以来绿色债券募集资金投向

资料来源：中国金融信息网绿色债券数据库。

三 我国绿色债券市场的发展趋势

我国绿色债券市场在经过 2016 年的高速发展之后，逐步呈现产品持续创新、监管制度逐步完善、国际影响力和国际合作增强等特点。

---

① 分母也是以宽口径定义的数据。

（一）绿色债券市场产品创新

1. 绿色债券指数研发和创新

绿色债券指数的研发可以多角度反映绿色债券的市场走势，给投资者提供多元化的业绩比较基准和投资标的。绿色债券指数的发布将有助于提升我国绿色债券市场的国内外影响力，吸引海外投资者参与我国绿色金融体系建设并促进绿色产业发展。2017年，我国绿色债券市场参与各方加大了绿色债券指数研发与创新力度，但在指数投资应用方面仍有待加强。

继2016年中央结算公司、中节能咨询有限公司和兴业银行先后发布的中债-中国绿色债券指数系列、中债-兴业绿色债券指数等我国第一批绿色债券指数外，上海证券交易所和中证指数有限公司于2017年6月19日发布上证绿色公司债指数、上证绿色债券指数和中证交易所绿色债券指数。上证绿色公司债指数和上证绿色债券指数于上海证券交易所和卢森堡交易所官方网站同步展示，以吸引境外投资者关注我国绿色债券市场。

中央财经大学绿色金融国际研究院、深圳证券交易所、卢森堡证券交易所联合推出首只在中国和欧洲两地同步发布行情的中国绿色债券指数——"中财-国证绿色债券指数"。此外，中债金融估值中心有限公司将9只地方政府债券纳入中债-中国绿色债券指数和中债-中国绿色债券精选指数。在理财市场，2017年6月，兴业银行"万利宝-绿色金融"绿色债券指数型理财产品正式发布，该产品以中债-兴业绿色债券指数作为投资基准和跟踪标的，为全国首只绿色债券指数型理财产品，同时也是首只使用中债绿色系列指数作为基准与标的理财产品。该产品的本金部分投资于中债-兴业绿色债券指数，并参考中债-兴业绿色债券指数表现，动态设定业绩比较基准。

2. 产品持续创新

中国绿色债券市场虽然起步较晚，但发展迅速，特别是一些绿色债券领域的创新产品如绿色资产担保债券、绿色资产支持证券不断涌现。

2016年11月，中国银行伦敦分行在境外发行5亿美元"绿色资产担保债券"。中国银行本次发行的债券以中国银行伦敦分行为主体在境外发行，以中国银行在境内持有的绿色资产作为担保资产池，为债券项下的支付义务提供担保。债券募集资金用于中国银行在境内的绿色信贷项目。担保资产池中资产全部为"中债—中国气候相关债券指数"的样本券，在资金用途和担保资产层面具有"双重绿色属性"，兼顾了国内外绿色债券市场准则和最佳实践，也是落实中英财金对话的重要成果之一。本次发行的债券较中国银行自身评级提升一档，体现了资产担保结构较好的增信作用。这种担保结构也为中国银行伦敦分行降低了 15 个基点的融资成本，债券票面利率为 1.875%，最终发行利差为 95 个基点，较中国银行同期限普通高级债券利差进一步收窄，为中资银行开拓低成本融资渠道做出了有益尝试。[①]

　　资产证券化以未来的现金流作为基础资产进行结构化融资，其结构特点非常适合以绿色项目为主业的主体进行融资。2017 年绿色资产证券化产品发行扩大至 10 只，较 2016 年增长 6 只，规模达到 146.0 亿元，较 2016 年增加近 80 亿元。绿色资产证券化产品在中国境内绿色债券市场发行规模占比 5%。目前市场已发行的绿色资产证券化产品包括绿色资产支持证券（绿色 ABS）和绿色资产支持票据（绿色 ABN）。2016 年以来发行的 12 只绿色 ABS 中，其中 10 只非金融企业绿色资产证券化产品的原始权益人均属"绿色"相关行业，包括污水处理企业、地铁及公路运输企业、水电和风电企业等。2017 年，国内首单经独立第三方绿色认证的 CMBS（商业房地产抵押贷款支持证券）——"嘉实资本中节能绿色建筑资产支持专项计划"也在深圳证券交易所成功发行。

　　2017 年还有一些具有特点或创新的绿色债券相继发行。中电投融和融资租赁有限公司发行了国内首单"纯双绿"资产支持票据；北控水务（中国）投资有限公司发行了全国首单绿色资产支持票据；浙江泰隆商业银行发行全国首单小微企业绿色金融债。此外，绿色金融债券还首次面向个人零

---

①　参考中国银行网站，http：//www.boc.cn/aboutboc/bi1/201611/t20161104_7978208.html.

售，国家开发银行发行的 50 亿元"长江经济带水资源保护"专题绿色金融债券，首次向社会公众零售不超过 6 亿元的柜台债。

（二）绿色债券市场制度进一步完善

2017 年以来，中国人民银行、证监会等监管部门，以及中国银行间市场交易商协会等自律组织相继推出了关于绿色债券的指导意见和业务指引等政策措施细则，在引导和规范绿色债券发展的过程中发挥了重要作用。

2017 年 3 月，证监会发布《关于支持绿色债券发展的指导意见》，对绿色公司债券的发行主体、资金投向、信息披露以及相关管理规定和配套措施做出了原则性的规定。同月，中国银行间市场交易商协会发布《非金融企业绿色债务融资工具业务指引》及配套表格，明确了企业在发行绿色债务融资工具时应披露的项目筛选和资金管理等信息，首次要求发行前应披露项目的环境效益；鼓励第三方认证机构在绿色债务融资工具发行前及存续期进行持续评估认证，首次鼓励第三方机构披露绿色程度；明确了绿色债务融资工具可纳入绿色金融债券募集资金的投资范围；明确了开辟绿色通道并鼓励建立绿色投资者联盟。

值得关注的是，绿色第三方认证是信息披露的重要关口，是绿色债券真实性与可靠性的保证。2017 年 12 月，为了加强绿色债券第三方认证规范、避免洗绿风险，中国人民银行与证监会联合公布了《绿色债券评估认证行为指引（暂行）》，这是我国乃至全球第一份针对绿色债券评估认证工作的规范性文件，对机构资质、业务承接、业务实施、报告出具、监督管理等方面做了相应规定。

（三）绿色债券市场国际合作进一步深化

2017 年，欧洲投资银行和中国人民银行主管的中国金融学会绿色金融专业委员会（绿金委）共同开展中欧绿色债券标准一致化的研究，旨在推动跨境绿色资本流动，加强中国和欧洲在绿色债券、绿色金融领域的合作。2017 年 11 月 11 日，绿金委和欧洲投资银行在第 23 届联合国气候大会举行地德国波恩联合发布题为《探寻绿色金融的共同语言》（The Need for a Common Language in Green Finance）的白皮书。白皮书对国际上多种不同绿色债券标准进行了比较，以期为提升中国与欧盟的绿色债券可比性和一致性提供基础。

2017 年 9 月 4 日，中英绿色金融工作组在"中英绿色金融论坛"上发布 2017 年中期报告。报告建议向全球投资者开放中国绿色债券数据库，香港证券交易所还可以在"债券通"下运用该数据库建立绿色债券板块，即建立"绿色债券通"，使国际投资者可以直接投资中国绿色债券。

除了上述国际合作之外，中资发行人在国际绿色债券市场上的影响力也得到了进一步的提高。国内外绿色债券市场的深入衔接和融合进展，促使多家中资机构在境外发行绿色债券。自 2015 年 10 月中国农业银行在英国发行首单中资银行绿色债券以来，中国工商银行、中国银行等多家中资机构在境外发行符合国际标准的绿色债券，有效推动和引领了全球绿色债券的发展。2017 年，中资发行人继续在国际绿色债券市场上发力。中国银行继 2016 年发行绿色高级债券和绿色资产担保债券后，2017 年在境外发行了第三笔绿色债券。

值得一提的是，2017 年 10 月 12 日，中国工商银行通过卢森堡分行发行了首只"一带一路"绿色气候债券，于 10 月 30 日在卢森堡证券交易所的"环保金融交易所"（LGX）专门板块挂牌上市。而国家开发银行则成功发行了首笔中国准主权国际绿色债券，并获得 CBI 的气候债券标识。该笔债券在香港联交所和中欧国际交易所上市。中国银行通过巴黎分行成功发行约 15 亿等值美元的气候债券，该笔债券不仅遵循《绿色债券原则》（2017 版）的最新标准，还获得了 CBI 的贴标认证，为 CBI 贴标认证的首笔三币种绿债。此外，中国长江三峡集团公司发行了中国实体企业首单绿色欧元债券；中广核集团公司首次发行欧元绿色债券。

四　如何推动绿色债券市场的进一步发展

虽然我国的绿色债券市场取得了快速的发展，但是绿色债券市场仍然面

临着激励机制较弱、投资者缺乏绿色投资理念、产品工具不足等问题和挑战。我国发行的绿色债券仍只占到国内全部债券发行量的2%，相对于每年几万亿且快速成长的中长期绿色融资需求来说，我国的绿色债券市场仍有巨大的增长空间。针对我国绿色债券市场发展的特点和问题，我们就如何进一步推动绿色债券市场提出几点看法。

（一）加大宣传绿色债券市场和发行绿债给发行人带来的好处

虽然我国已有近百家机构发行了绿色债券，但绝大部分潜在发行人（包括银行及参与污水和固废处理、新能源、绿色交通、绿色建筑等中长期绿色项目的业主单位等）还不了解绿色债券市场，更不了解绿色债券市场可能为其带来的好处，因此尚未参与绿债发行。行业协会以及银行、券商等承销机构和第三方服务机构（如绿债认证评级机构）应该加大对潜在客户的宣传推广力度，尤其要说明绿色债券可以帮助解决期限错配问题，可以提高发行人的市场声誉和赢得未来客户，可以通过成为"绿色企业"来强化对污染投资的内在约束机制以规避环境风险，可以获得政府不断强化的对绿色产业的政策支持等。

（二）进一步完善绿色债券的标准，提升认证评估质量和信息披露

绿色债券的标准应随着产业政策和技术的变化而适时更新。在下一步修订我国绿色债券目录的过程中，一方面，应考虑强化对绿色建筑、生态农业等重点领域和薄弱环节的支持力度；另一方面，对包括清洁煤炭在内的有争议的若干领域应以"有显著环境效益"和进一步推动能源转型为原则，制定更加明确的、有可操作性的标准。在绿色债券的认证评估环节，应落实好人民银行和银监会发布的《绿色债券评估认证行为指引（暂行）》，强化对发行人绿色表现和所投资项目的尽职调查，保证评估认证的质量。发行人应充分披露绿色债券的相关环境信息，尤其是银行作为绿债发行人应该充分披露资金的投向信息，以避免出现市场误解。

（三）强化对绿色债券的激励措施

一些发行人抱怨，发行绿色债券会涉及认证和披露等额外成本，因此积极性不高。《关于构建绿色金融体系的指导意见》提出，要用央行的宏观审慎评估（MPA）、再贷款和地方政府的担保、贴息等手段支持和鼓励绿色金融发展。这些措施都有可能成为对绿色债券的激励措施来对冲那些额外成本，因此应该积极探索具体的落地方案。广州花都和浙江湖州、衢州等地推出了对绿色债券发行的奖励或补贴措施，上海出台了对中小绿色债券发行人的奖励措施用以覆盖绿债认证成本，这些做法都值得推广和借鉴。

（四）鼓励绿债产品创新，扩大绿色资产证券化，支持绿色建筑

金融机构应加大绿色债券产品创新的力度，比如发行中小企业绿色集合债，促进绿色债券指数的投资应用，进一步发展绿色资产支持证券产品。

绿色 ABS 以基础资产的现金流而非企业整体资信水平为基础进行融资，通过不同增信方式能为企业提供快速、长期、稳定的资金支持。这既匹配绿色产业发展特性，也有利于从源头确保资金使用到指定绿色项目，提高资源配置的有效性和精准性；既可激活存量资产，又能提供创新投资产品，匹配投融资双方多元化需求。未来的绿色资产支持证券产品的基础资产可以逐步拓宽，包括可再生能源、污染防治等各类绿色资产。

应积极探索绿色债券支持绿色建筑的模式。国际金融公司（IFC）的研究显示，我国碳排放总量 40% 以上是由高耗能建筑产生的。目前无论是绿色信贷还是绿色债券，其多半均投放于绿色能源、绿色交通和环保领域，绿色建筑仅占很小的一部分。下一步，一方面，应加快出台有关绿色建筑的标准细则，加大绿色建筑标准强制执行力度；另一方面，金融监管机构可联合住建部、国家发改委等部委，共同探索推动绿色信贷和绿色债券等金融工具支持绿色建筑的具体措施。

（五）培育绿色机构投资者

我国的许多机构投资者刚刚开始接触绿色投资、责任投资等理念，投资于包括绿色债券在内的绿色资产的偏好还不强。未来，应加大培育我国绿色投资者的力度，为绿色债券市场创造更强的需求。可从如下八个方面入手：建立和完善上市公司和发债机构强制性环境信息披露制度、宣传绿色投资可提升长期回报的理念、政府背景的长期机构投资者应率先开展绿色投资、鼓励绿色金融产品的开发、支持第三方机构对绿色资产评级和评估、强化环境风险分析等能力建设、鼓励我国机构投资者披露环境信息、鼓励我国机构投资者采纳责任投资原则。

（六）加强绿色债券领域的国际合作

应该进一步鼓励中资机构到国外发行绿色债券，鼓励外国机构到中国发行绿色熊猫债。中资机构到国外发行绿色债券可以为中国引入更多的绿色资金，也可以为发行人理解和参与国际资本市场、宣传企业品牌提供重要的机会。外国机构到中国发行绿色熊猫债可以在我国扩大绿色市场的同时推进人民币国际化。中英、中法等双边财金对话都对绿色金融合作提出了具体的要求，包括鼓励中英机构在对方市场发行绿色债券，欢迎英国机构投资者投资中国绿色债券市场，合作推动绿色资产证券化发展等。为便利外资进入我国绿色债券市场，相关金融机构和第三方服务机构可考虑开发在境外交易的中国绿债交易所交易基金（ETF）产品，提供中国绿色债券的英语信息以及检索、分析工具。

B.6

绿色金融背景下的
中国可再生能源投资

董文娟　高　杰　刘汐雅　张子涵*

摘　要： 中国的海外能源投资结构日趋多样化，近年来中国已经从可再生能源制造大国转变为可再生能源投资和出口大国，2017年中国大型清洁能源对外投资额达440亿美元。中国境内可再生能源投资依然领跑全球，2017年电源领域内约85%的投资都流向了可再生能源发电，即使不计入大中型水电，2017年可再生能源（不含大中型水电）发电投资占比也高达77%。2017年中国可再生能源应用境内和境外投资金额合计约为1700亿美元，而来自境内主要绿色金融渠道的新增可再生能源资金约为400亿美元，不到总投资额的1/4，两者之间仍存在巨大的资金缺口。绿色金融支持可再生能源发展仍然任重道远。

关键词： 可再生能源　投资　出口　绿色金融

2017年，全球可再生能源投资额达2798亿美元，比上年增长2%。中国继续领跑全球，境内可再生能源领域投资额为1266亿美元，占全球总投资额的45%（Frankfurt School – UNEP Center/BNEF，2018）。近年来，中国

---

* 董文娟，清华－布鲁金斯公共政策研究中心；高杰，清华大学经济管理学院；刘汐雅，北京大学外国语学院；张子涵，清华大学人文学院。

已经成为重要的可再生能源对外投资国，2017年中国大型清洁能源对外投资额达440亿美元，比2016年的320亿美元高出37.5%（IFFEA，2018）①。因此，2017年中国境内和对外的清洁能源投资合计超过1706亿美元。从2015年以来，可再生能源一直是全球范围内新增发电装机的主要来源。2017年可再生能源发电新增装机达到157GW，是化石能源新增发电装机（70GW）的两倍多（REN21，2018）。可再生能源的发展也创造了大量的就业机会，2017年全球范围内可再生能源领域的从业者首次超过1000万人，而中国在该领域内的从业者约为443万人（IRENA，2018）。随着煤炭行业去产能工作的进行，中国可再生能源领域内的从业人数很可能会在2018年底接近煤炭行业从业人数。

2015年《巴黎协定》签署，开启了全球携手迈向更加清洁和低碳的未来道路。英国、加拿大和法国等国已经正式宣布了淘汰煤炭的路线图。英国计划到2025年关停现存的8个煤电厂，由天然气、可再生能源替代燃煤电厂。加拿大承诺通过淘汰煤电，到2030年减少1600万吨碳排放，这份计划将作为《泛加拿大清洁增长和气候变化框架》的一部分，以应对全球气候变化。中国发布《能源生产和消费革命战略（2016~2030）》，宣布到2030年的非化石能源（包含核能和可再生能源）发电量将占发电总量50%左右的比重；到2050年非化石能源占能源消费总量比重将超过50%。

企业加入应对气候变化的阵营，承诺具体的应对行动和措施。2017年在巴黎举行的"同一个地球峰会"上，全球200多家公司承诺加强气候相关风险披露。此外，超过200家非政府组织联名要求多边开发性银行和20国集团（G20）的国家承诺淘汰化石燃料补贴。

可再生能源发电正在快速走向全面平价上网时代，金融机构纷纷承诺削减对化石能源的融资支持。在一些太阳能资源丰富的国家，如智利、印度

---

① IFFEA报告中的海外清洁能源投资包括项目投资及项目建设承包两部分，清洁能源不仅包括可再生能源，还包括大中型水电和电网设施投资。从China Global Investment Tracker的投资额在一亿美元以上的项目来看，2017年没有大型可再生能源制造业投资，因此可以认为对外投资的440亿美元都是可再生能源应用投资。

等，光伏发电已成为所有新建电源中电价最低的发电方式。全球最大主权财富基金——挪威主权财富管理基金于 2015 年宣布将终止对涉煤业务收入超过 30% 的公司进行投资。世界银行集团承诺 2019 年后将不再为石油和天然气勘探开发项目提供融资支持；在 2020 年前，将 28% 的贷款用于支持气候行动的项目。2018 年 3 月，国际太阳能联盟（ISA）在印度召开正式启动会议，计划在 2030 年前，在联盟国家部署超过 1000GW 的太阳能，并为贫穷发展中国家筹措一万亿美元以上的资金以支持太阳能发展，全球多家开发性金融机构、国际能源署、国际可再生能源机构已经与该联盟签署了合作伙伴关系宣言。

一 对外可再生能源投资稳步增长

能源一直是中国对外投资中最为重要的投资领域之一，近年来对外能源投资受到了国际社会的广泛关注。本研究根据美国企业研究所与传统基金会发布的"中国境外投资项目追踪数据库"（收录投资额在一亿美元以上的能源项目），对投资额达一亿美元以上的能源项目进行分析[①]。2015 年与 2016 年，能源占中国对外投资总额的比重均超过 20%，在所有领域中位居第一位。2017 年能源领域对外投资略有下降，为除农业外的第二大投资领域，占比 16%。此外，能源也是中国对"一带一路"沿线国家投资的主要领域之一，2015 年、2016 年和 2017 年，能源投资占"一带一路"沿线国家总投资的比重分别为 58%、41% 和 25%。

化石能源（煤炭、石油与天然气）构成了中国对外能源投资的主体（见图 6 - 1）。相比于石油和天然气，煤炭投资在整体对外投资中的占比相

---

① 该数据库收录了投资额在一亿美元以上的能源项目。笔者将该数据库的投资数据与中国商务部网站发布的历年《中国对外直接投资统计公报》进行了比较，发现除 2013 年以外，这些大额项目投资额之和占当年对外直接投资流量的比重都在 78% 以上。总体来看，该数据库的大额投资项目数据能够代表中国对外投资的分布和趋势。此外，本研究的分析对象仅包含对外投资项目，不含对外建设施工承包项目。

对较小。除 2015 年之外，煤炭的投资额占比均不足 10%，而 2015 年的投资高峰主要来自单笔大额投资的影响。随着近年来主要能源消费国煤炭消费额的减少，中国煤炭领域的对外投资也呈减少的趋势。此外，中国的对外煤炭投资几乎完全集中于"一带一路"沿线国家。煤炭投资形式主要为煤矿勘探与收购，近年来也出现少量火力发电的投资案例。2017 年中国煤矿企业的最大投资交易是兖矿集团收购力拓旗下的联合煤炭，交易共分三期，兖矿集团共计将投资 24.2 亿美元完成对联合煤炭 29% 的股权收购（蔡译萱，2018）。在中国煤炭消费已然达峰，全球可再生能源转型加速的今天，即便不考虑企业的环境社会责任，而只从投资回报考量，大规模投资于煤炭开发也需要慎之又慎。

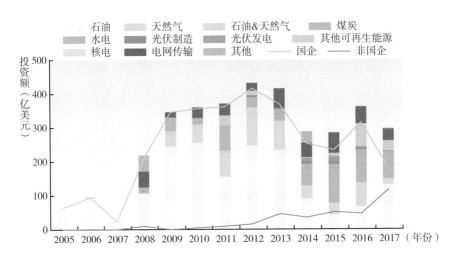

图 6 - 1　2005 ~ 2017 年中国对外能源投资（投资额在一亿美元及以上项目）

资料来源：China Global Investment Tracker。

石油一向是中国对外能源投资中金额最高、占比最大的部分。2005 ~ 2007 年，石油甚至是中国对外能源投资的唯一领域。石油投资的高峰出现在 2009 ~ 2013 年，年度投资额一度突破 250 亿美元。在此期间，每年石油对外投资项目数均超过 10 个，并且都存在着单笔金额超过 50 亿美元的投资。2017 年国际油价反弹，中国对"一带一路"沿线国家的油气项目投资显著增加。三大石油央企中，目前中石油在"一带一路"沿线的 19 个国家共有 91 个油气项目。至 2016 年底，中国石化在"一带一路"沿线 30 多个国家开展投资和项目合作，完成投资项目近 30 个。中海油在"一带一路"沿线 20 多个国家进行投资和建设，海外资产占比为 38.8%（蔡译萱，2018）。

中国企业的天然气对外投资始于 2008 年，至 2011 年呈逐年大幅上升趋势，之后每年投资金额则处于波动之中。总体来看，天然气投资占对外能源投资的比重一直保持在 10% ~ 20%。天然气对外投资面向的主要是西亚国家，2015 ~ 2017 年该地区投资占比均在 50% 以上。2017 年 7 月，由道达尔领衔的三方财团与伊朗政府签署合同，总投资 48 亿美元（其中中石油占股 30%），合作开发全球最大天然气田——南帕尔斯天然气田 11 期项目。该项目是解除对伊朗制裁以来，国际石油巨头对该国最大规模的投资（蔡译萱，2018）。

除了煤油气等化石能源投资项目外，中国的海外能源投资结构日趋多样化，在可再生能源和电网传输领域迅速增长。中国是可再生能源制造大国，近年来已转变为可再生能源投资和出口大国。水电是中国对外能源投资的重要领域，尽管年际波动较大，但自 2014 年起基本保持了稳步增长的趋势，2016 年水电项目投资额更是达到了 78.8 亿美元，占当年对外能源投资总额的 21.9%。近五年来，中国的对外水电投资主要集中在南美和亚洲国家，且对南美地区的投资呈逐年上升趋势。在 2016 年的水电投资中，南美地区占比高达 61%，2017 年的水电投资则全部集中在南美地区。

太阳能光伏制造已经成为对外能源投资的重要组成部分。中国光伏电站对外投资始于 2010 年，从 2013 年开始出现较为显著的增长，并在 2015 年达到 14.4 亿美元的高峰。中国光伏制造业的对外投资发展较晚，2013 ~ 2017 年集中进行全球投资布局，海外建厂投资额超过一亿美元的项目就有 11 个，总投资额达到 25.4 亿美元。中国风电、生物能源等其他可再生能源领域的对外投资始于 2011 年，自 2014 年开始稳步增长，主要投资目的地为欧美和澳大利亚等发达国家。

电网作为重要的电力基础设施，单笔投资额较大，国家电网公司是主要的对外投资方。自 2007 年开始布局对外电力传输投资以来，该领域的投资金额出现了两次高峰，分别占当年对外能源投资总额的 27.63%（2008 年）和 24%（2015 年）。尽管近三年投资金额又出现了持续回落，但在 2/3 的年份中，电力传输占总能源投资的比重均超过 10%。近年来电力传输投资的重点也是南美国家，其中主要单笔大额交易的对象国均为巴西。

随着中国对外能源投资迅速增长，参与投资的企业数量也大幅增加，同时其背景也日益多元化。自 2005 年以来，国有企业在项目数与投资金额上一直占据主导地位，但私营企业占比逐年增长。2005 年国有企业包揽了全部的海外能源投资，而在 2015 年进行的 34 项投资中，私营企业贡献了将近 40% 的项目数（13 项）；到 2017 年，私营企业的投资总额已增长至 116.7 亿美元，占当年对外能源投资总金额的 40%。由此可见，更多的私营企业开始在对外能源投资中迸发活力。

二　境内可再生能源发电投资引领全球

可再生能源的大规模开发利用是中国能源生产和消费革命的核心内容，当前的开发利用以电力领域为主。长期来看，中国的电力需求仍将继续增长，自 2012 年以来，电力消费进入了中低速增长时期，这为电力行业乃至整个能源系统清洁低碳转型创造了历史契机。近年来，电力供应趋于多元化，火力发电日益清洁化，可再生能源发电所占比重增加趋势明显。2016 年中国超过美国，成为全球最大可再生能源电力生产国。2017 年可再生能源发电已占中国电力行业总装机容量的 36.6%，总发电量的 26.5%（国家能源局，2018）。可再生能源电力也将从满足新增电力需求，逐渐过渡到替代现存化石能源机组发电，并有望在 2030 年前后成为主力电源。

近年来，可再生能源发电占每年新增装机容量的比重逐渐增加。2017 年，中国可再生能源发电新增装机（含大中型水电）占电力行业新增装机的比重达到 66.2%，这是自 2013 年可再生能源发电新增装机首次超过化石能源后，创下的又一新纪录。太阳能发电新增装机容量为5306万千瓦，占全球新增太阳能发电装机的一半以上。并网风电新增装机为1503万千瓦，约为全球新增装机的1/4。此外，还新增水电和生物质发电装机1287万千瓦和274万千瓦（中国电力企业联合会，2018）。从图6-2可见，中国电力行业新增装机增速仍然维持在较高的水平，电源结构低碳化的趋势非常明显。

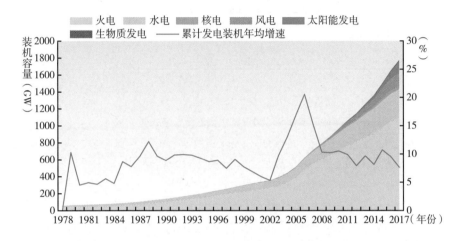

图6-2 1978～2017年中国发电装机容量构成及增速

资料来源：中国电力企业联合会，2010～2016，2018；国家能源局，2018。

从电源领域投资来看，可再生能源发电投资替代火力发电的趋势更为明显，其所占比重增加的速度也更快。2017年中国电源领域内投资共计7654亿元，其中85%的投资（6519亿元）都流向了可再生能源发电（见图6-3）。即使不计入大中型水电，2017年可再生能源（不含大中型水电）发电投资占比也高达77%。分种类来看，2017年，风电和太阳能发电占电源领域投资的比例分别为18%和48.3%。在可再生能源投资不断增长的同时，火电投资自2005年以来已呈显著减少趋势。此外，常规水电开发在"十二五"后期已呈现饱和趋势，2013年后水电领域投资迅速减少。由此可见，中国政府的能源转型战略和可再生能源支持政策已经产生了非常明显的投资引导效果。此外，可再生能源发电成本快速下降对该领域投资具有明显的激励效应。

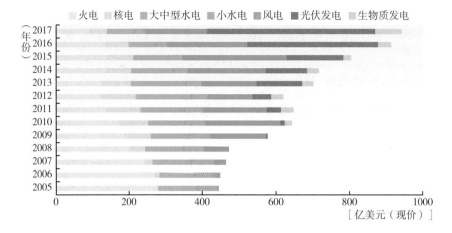

图 6-3 2005~2017 年中国电源领域投资构成

资料来源： （1）火电、核电和大中型水电的投资数据：中国电力企业联合会；
（2）小水电投资数据：国家统计局；（3）其余电源投资根据装机容量和单位装机成本计算。

2017 年太阳能发电占电源领域投资的比例达到 48.3%，比上年增加 10 个百分点。分布式发电成为亮点，新增装机 1940 万千瓦，全国新增户用光伏系统约 50 万户。太阳能发电的单位装机成本和主要设备价格都呈现快速下降趋势。近 10 年来，境内太阳能发电的单位装机成本下降了 65%，境内市场的晶硅光伏组件价格已经从 2000 年的 40 元/瓦下降到 2017 年底的 3 元/瓦。在 2017 年的"光伏发电领跑基地"招标中，已有企业报出单晶组件 2.66 元/瓦、多晶组件 2.48 元/瓦的价格。

风电投资在 2015 年后持续下降，2017 年比上年下降了 6 个百分点。因受到弃风限电的影响，风电新增装机容量在下降，但海上风电发展迅速。2017 年度共有 13 个海上风电项目获得投资，总容量为 370 万千瓦。风力发电机机型趋于大型化、定制化，2016 年 2 兆瓦风机已经取代 1.5 兆瓦风机成为主流机型，而 2010 年以来 2.5 兆瓦风机价格下降了 1/4。

水电投资从 2013 年后已显著减少，同时开发成本却呈现快速上升趋势。中国常规水电开发从 2003 年开始提速，至"十二五"后期已经饱和。在 2016 年和 2017 年，30% 的新增水电装机是用于调峰的抽水蓄能电站。由于抽水蓄能电站的单位装机投资不到常规水电的 1/2，因此水电投资额的下降速度快于新增装机量的下降速度。随着可用于开发的优良水电资源的减少，水电工程开发建设的难度加大，以及随着环境保护和移民安置的费用大幅提高，水电开发的成本也在迅速增加（中国电力企业联合会，2017）。

火电投资自 2005 年以来显著减少，火力发电的低成本优势正在减弱。尽管火电新增装机在 2015 年和 2016 年出现了大幅反弹，但总体来看新增装机仍呈现减少的趋势。随着技术装备制造及施工工艺的成熟，百万千瓦超临界机组的单位装机价格呈明显的下降趋势。然而，煤炭的价格自 2016 年下半年来一路飙升，2018 年初环渤海港口 5500 大卡动力煤市场价格已上涨至740 元/吨，比 2017 年年初水平大幅上涨了 130 元/吨左右。高煤价已导致各大发电集团的火电板块严重亏损。

技术变革加速推动可再生能源发电成本不断下降，同时全球竞标价格正在不断地创造新低。在德国 2018 年的首轮可再生能源项目招标中，风电平均中标价格为每度电 4.73 欧分（约合人民币 0.37 元/度）；太阳能发电平均中标价格为每度电 4.33 欧分（约合人民币 0.34 元/度）；中标电价均显著低于德国电网平均购电价格。荷兰政府招标了全球首次无补贴的海上风电项目，预计该项目将于 2022 年并网发电（该项目计划引入 18 欧元/吨的地板碳价）。中国第三批"光伏应用领跑基地"刚刚结束竞标，在最后的两个基地——青海省的格尔木和德令哈的竞价中，投标企业报出了 0.31 元/度的电价，这甚至低于当地 0.32 元/度的燃煤脱硫标杆上网电价。风电和光伏发电的成本正在快速逼近化石能源，可再生能源平价上网的时代即将来临。

三 绿色金融支持可再生能源发展仍存在巨大资金缺口

当前我国绿色金融①的主要融资渠道包括绿色信贷、绿色债券、证券市

---

① 根据 2016 年 8 月 31 日中国人民银行等七部委发布的《关于构建绿色金融体系的指导意见》，绿色金融体系包括了绿色债券、绿色股票指数及相关产品、绿色发展基金、绿色保险、碳金融等所有主要金融工具。

场的绿色投资等。从对可再生能源的开发与制造的支持来看（见表6-1），
2017年来自这些渠道的新增资金约为400亿美元①，而2017年中国可再生
能源应用境内和境外投资金额合计改为1700亿美元，两者之间仍存在巨
大的资金缺口。尽管2015年以来，境内21家主要银行对可再生能源开发
与制造的绿色信贷余额稳定在3500亿美元左右，但是截至2017年上半年，
可再生能源开发行业的新增绿色信贷仅为150.3亿美元，可再生能源制造
行业的新增绿色信贷甚至减少了66亿美元。2017年可再生能源行业通过
发行绿色债券共募集了68.7亿美元。2017年前三个季度，股权融资渠道
（包括首次公开募股、兼并收购、风投和私募）仅提供了21.5亿美元的资
金，并且呈现每季度逐渐减少的趋势。来自绿色金融渠道的资金仍存在巨
大的缺口。

表6-1 2014~2017年绿色金融支持可再生能源融资情况

单位：亿美元

	2014年	2015年	2016年	2017年	备注
绿色信贷余额——可再生能源开发	1891	2223	2221	2336	2017年为上半年数据
绿色信贷余额——可再生能源制造	1082	1291	1325	1237	2017年为上半年数据
绿色信贷新增——可再生能源开发	209.9	358.3	136.9	150.3	2017年为上半年数据
绿色信贷新增——可再生能源制造	220.2	223.3	114.6	-66.0	2017年为上半年数据
首次公开募股（IPO）	32.8	22.8	8.7	3.1	2017年为前三季度数据
兼并收购（M&A）	30.6	23.5	26.7	7.9	2017年为前三季度数据
风投和私募（VC/PE）	0.7	1.6	8.3	10.5	2017年为前三季度数据
绿色债券	0	10	76.02	68.7	2017年

注：表中绿色信贷数据为中国银行业监督管理委员会统计的21家主要银行的数据。
资料来源：中国银行业监督管理委员会，2018；Climate Bond Initiative & CCDC，2017，2018；
普华永道，2016，2017a，2017b，2017c，2017d。

绿色信贷是中国绿色融资的主要工具，近年来获得了快速的发展。根据
《绿色信贷指引》及《绿色信贷统计制度》，中国绿色信贷包括两部分：一

---

① 根据表6-1中数据估算，实际数据可能有出入。

是支持节能环保、新能源、新能源汽车这三大战略性新兴产业生产制造端的贷款；二是支持节能环保项目和服务的贷款。据中国银行业监管委员会的（银监会）统计，境内 21 家主要银行绿色信贷贷款余额从 2013 年末的 5.2 万亿元增长至 2017 年 6 月末的 8.22 万亿元，绿色信贷余额占总贷款余额的比例维持在 8.5% ~ 10.0%（银监会，2018）。

截至 2017 年 6 月 30 日，新能源制造业贷款余额为 8353 亿元，可再生能源项目贷款余额为 15770 亿元，占 21 家主要银行机构绿色信贷余额的 29.3%（银监会，2018）。从贷款余额来看，水力发电项目最多，其次为风力发电项目和太阳能发电项目。从每半年新增加的贷款数额来看，2013 年以来风力发电项目和太阳能发电项目的新增贷款稳定增长，而水电项目的新增贷款却在 2016 年下半年大幅减少。尽管可再生能源及清洁能源项目新增贷款总体呈增加趋势，新能源制造业新增贷款总体却呈现减少的趋势，这体现了绿色信贷对新能源制造业的支持在削弱。

股权融资渠道包括首次公开募股（IPO）、兼并收购（M&A）和风投/私募（VC/PE）等渠道。从首次公开募股的情况来看，2014 年以来募集资金呈显著下降趋势（见图 6 - 4）。2014 ~ 2015 年受政策影响，首次公开募股多次暂停。2016 年受 A 股首次公开募股市场整体小幅下滑的影响，上市企业仅有两家。2017 年前三季度上市企业达到 9 家，但是首次公开募股的资金大幅降低。企业兼并收购在 2014 ~ 2016 年均保持了相当的规模，但是 2017 年前三季度急剧减少。与前两种渠道相比，风投/私募所占比例相对较小，但 2016 年和 2017 年呈显著增加趋势。

全球绿色债券市场的发展开始于 2007 ~ 2008 年，中国于 2015 年发行首只绿色债券。2016 年中国创下全球最大绿色债券发行纪录（362 亿美元），2017 年占全球发行绿色债券的 24%（371 亿美元）。从投入领域来看，清洁能源是中国发行绿债最多的领域。2016 年清洁能源领域发行绿债为 76 亿美元，2017 年为 69 亿美元；分别占当年符合国际定义的绿债发行量的 21% 和 30%。绿色债券适宜作为中长期的融资渠道。2017 年境内绿色债券（不包括绿色资产支持证券）的发行期限覆盖 1 年到 15 年期，其中 3 年期和 5 年

■IPO ■M&A(并购) ■VC/PE

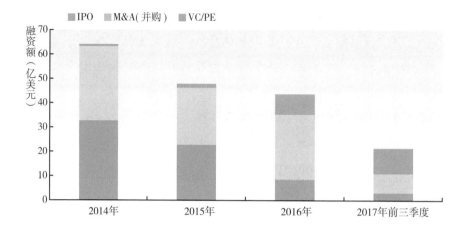

图6-4 2014~2017年前三季度公开市场清洁能源融资

资料来源：普华永道，2014~2017年《中国清洁能源及技术行业投资研究报告》。

期发行数量最大，占比分别为48%和27%（中国金融信息网绿色金融研究小组，2018）。从整个债券市场来看，绿色债券占境内全部债券发行量的比例仅约2%，未来仍有巨大的增长空间。

四 结论与建议

绿色金融负有为我国经济和能源转型提供长久支持的重任。2017年中国可再生能源应用境内和境外投资金额合计约为1700亿美元，而来自境内主要绿色金融渠道的新增可再生能源资金约为400亿美元，不到总投资额的1/4，两者之间仍存在巨大的差距。从具体数据来看，绿色金融对可再生能源制造业的支持甚至在减少，绿色金融支持可再生能源发展仍然任重道远。针对绿色金融支持可再生能源发展，我们提出以下建议。

（1）择优集中支持重点项目。工信部应加强政策支持，引导金融机构对那些具有成本、技术、规模等方面优势，且整体实力较强企业的关键技术创新、兼并重组、"走出去"等重点项目，择优集中支持。

（2）建议金融机构建立基于企业而非行业的批贷制度，一企一策，实现差异化贷款。可再生能源行业技术更新快，企业经营情况差异大，因此更适合基于企业而非行业的贷款制度。

（3）在降低投资风险方面，金融机构可以和保险公司合作，并联合第三方认证机构筛选优质项目，分散投资风险。此外，目前已经有一些第三方平台如"新能源资产投融资与交易平台"，提供银企对接服务。

（4）在增加金融行业对可再生能源发展支持方面，金融行业可以丰富绿色金融产品，研究支持项目融资产品、资产证券化产品等。

参考文献

1. Buckley, T., Nicholas, S., Brown, M., "China 2017 Review: World's Second-Biggest Economy Continues to Drive Global Trends in Energy Investment", Institute for Energy Economics and Financial Analysis (IEEFA), 2018, http://ieefa.org/wp - content/uploads/2018/01/China - Review - 2017. pdfhttp://ieefa.org/wp - content/uploads/2018/01/China - Review - 2017. pdf.

2. Climate Bonds Initiative, China Central Depository & Clearing Company (CCDC): "China Green Bond Market 2016", 2017, https://www.climatebonds.net/resources/reports/china - green - bond - market - 2016 - 0https://www.climatebonds.net/resources/reports/china - green - bond - market - 2016 - 0.

3. Climate Bonds Initiative, China Central Depository & Clearing Company (CCDC): "China Green Bond Market 2017", 2018, https://www.climatebonds.net/2018/02/china - green - bond - market - annual - report - 2017 - issuance - record - usd371bn - jointly - published - cbihttps://www.climatebonds.net/2018/02/china - green - bond - market - annual - report - 2017 - issuance - record - usd371bn - jointly - published - cbi.

4. Frankfurt School - UNEP Centre, BNEF: "Global Trends in Renewable Energy Investment 2018", edited by ULF Moslener Angus McCrone, Francoise d'Estais, Christine Grüning, Frankfurt School - UNEP Centre/BNEF, 2018.

5. Freeman, C. W., "The Geoeconomic Implications of China's Belt and Road Initiative", University of San Francisco's China Business Studies Initiative, 2017, http://chasfreeman.net/the - geoeconomic - implications - of - chinas - belt - and - road - initiative/http://chasfreeman.net/the - geoeconomic - implications - of - chinas - belt -

and – road – initiative/.

6. IRENA：“Renewable Energy and Jobs – Annual Review 2018”，International Renewable Energy Agency，2018.

7. Renewables Energy Policy Network for the 21st Century（REN21）：“Renewables 2018 Global Status Report”，Paris：REN21 Secretariat，2018.

8. 蔡译萱：《2017 中国能源企业“走出去”年度报告：能源对外直接投资的峰值过去了吗》，《南方能源观察》，2018，http：//www. in – en. com/article/html/energy – 2265080. shtmlhttp：//www. in – en. com/article/html/energy – 2265080. shtml。

9. 陈周阳、姜楠、王婧、王静：《2017 年中国绿色债券市场发展与未来展望》，中国金融信息网绿色金融研究小组，2018，http：//upload. xh08. cn/2018/0209/1518145334604. pdfhttp：//upload. xh08. cn/2018/0209/1518145334604. pdf。

10. 国家能源局：《2017 年度全国可再生能源电力发展监测评价报告》，2018，http：//zfxxgk. nea. gov. cn/auto87/201805/t20180522_ 3179. htm。

11. 环球汇：《商业分布式光伏电站银行融资怎么那么难》，2017，http：//mini. eastday. com/mobile/171109223933235. htmlhttp：//mini. eastday. com/mobile/171109223933235. html。

12. 普华永道：《2015 年中国清洁能源及技术行业投资研究报告》，2016，https：//www. pwccn. com/zh/publications/clean – energy – tech – apr2016. htmlhttps：//www. pwccn. com/zh/publications/clean – energy – tech – apr2016. html。

13. 普华永道：《2016年中国清洁能源及技术行业投资研究报告》，2017a，https：//www. pwccn. com/zh/industries/energy – utilities – and – mining/publications/cleantech – annual – report – 2017. htmlhttps：//www. pwccn. com/zh/industries/energy – utilities – and – mining/publications/cleantech – annual – report – 2017. html。

14. 普华永道：《中国清洁能源及技术行业投资研究报告（2017 年第一季度）》，2017b，https：//www. pwccn. com/zh/industries/energy – utilities – and – mining/publications/moneytree – cleantech – report – 2017 – q1. htmlhttps：//www. pwccn. com/zh/industries/energy – utilities – and – mining/publications/moneytree – cleantech – report – 2017 – q1. html。

15. 普华永道：《中国清洁能源及技术行业投资研究报告（2017 年第二季度）》，2017c，https：//www. pwccn. com/zh/industries/energy – utilities – and – mining/publications/moneytree – cleantech – report – 2017 – q2. htmlhttps：//www. pwccn. com/zh/industries/energy – utilities – and – mining/publications/moneytree – cleantech – report – 2017 – q2. html。

16. 普华永道：《中国清洁能源及技术行业投资研究报告（2017 年第三季度）》，2017d，https：//www. pwccn. com/zh/industries/energy – utilities – and – mining/publications/moneytree – cleantech – report – 2017 – q3. htmlhttps：//www. pwccn.

com/zh/industries/energy – utilities – and – mining/publications/moneytree – cleantech – report – 2017 – q3. html。

17. 中国电力企业联合会：《2017 年全国电力工业统计快报数据一览表》，2018，http：//www. cec. org. cn/guihuayutongji/tongjxinxi/niandushuju/2018 – 02 – 05/177726. html。

18. 中国电力企业联合会：《电力工业统计资料提要》，2010～2016。

19. 中国电力企业联合会：《中国电力行业发展报告 2017》，中国市场出版社，2017。

20. 中国银行业监督管理委员会：《2013 年至 2017 年 6 月境内 21 家主要银行绿色信贷数据》，2018，http：//www. cbrc. gov. cn/chinese/home/docView/96389F3E18E949D3A5B034A3F665F34E. htmlhttp：//www. cbrc. gov. cn/chinese/home/docView/96389F3E18E949D3A5B034A3F665F34E. html。

B.7
融资何处：20家上市光伏企业融资案例分析

董文娟　俞樵*

摘　要： 2017年中国可再生能源境外和境内投资之和约为1700亿美元。为研究中国企业的融资渠道、成本，以及这些渠道是否能为可再生能源产业提供可持续的支持，本研究选取了20家上市光伏企业进行分析，并重点分析了其中4家企业。研究发现，尽管中国光伏行业融资渠道呈现明显的多元化特征，但是在行业进入了新一轮产能扩张期的情况下，企业高负债投资，负债规模持续扩大。境内融资成本高，低成本的长期融资稀缺。在当前国际国内经济贸易形势下，包括利率上行风险、汇率风险、政策风险在内的各类风险开始显现；在借款成本大幅上升、流动性紧张的背景下，企业的资产负债表将变得脆弱，从而将制约企业创新投入和长期的良性发展。

关键词： 融资渠道　光伏企业　负债　风险

2017年中国可再生能源投资继续领跑全球，境内可再生能源领域投资额为1266亿美元，占全球总投资的45%（Frankfurt School – UNEP Center/

---

* 董文娟，清华－布鲁金斯公共政策研究中心；俞樵，清华大学公共管理学院。

BNEF，2018）；此外，中国已经成为重要的可再生能源对外投资国，当年大型清洁能源项目对外投资额也高达 440 亿美元（IFFEA，2018）[①]。这样巨大的投资规模背后，中国企业是从哪些渠道获得融资来支撑其大规模和高速度发展的呢？这些融资渠道是否能为可再生能源产业的良性发展及中国能源转型提供可持续的支持？在本研究中，笔者选取了 20 家上市光伏企业，分析这些企业的主要融资渠道，并重点对其中 4 家典型的大型企业的融资情况进行详细分析。

2017 年全球新增光伏装机容量为 98GW，超过燃煤发电、天然气发电和核电的新增容量总和（84GW），光伏自 2016 年来已成为全球新增装机容量最大的电源（REN21，2018）。光伏产业化发展在中国有将近 20 年的历史，该行业以私营企业为主，新技术不断出现和投入应用，导致行业格局不断发生变化。2017 年中国企业在光伏全产业链各环节占比都超过 50%；行业从业人数约为 220 万人，已超过煤电行业从业人数（IRENA，2018）。截至 2017 年底，中国光伏企业中，在美股、港股和 A 股上市的相关企业约 66 家，新三板挂牌的相关企业超过 108 家（刘洋，2018）。此外，光伏制造业积极布局海外生产，至 2017 年底，中国已有 20 家生产企业在全球 20 个国家建有生产基地。

中国的光伏产业融资经历了三个阶段：（1）在产业初始创立阶段以风投/私募为主的机构融资（2003～2005 年）；（2）在产业规模扩大阶段以资本市场融资和银行信贷为主的融资（2006～2011 年）；（3）产业发展成熟阶段的混合融资模式（2012 年至今）。从 2012 年以来，随着银行业对光伏产业信贷的紧缩，光伏产业一直被"融资难、融资贵、融资期限短"的问题所困扰。从 2015 年开始，中国光伏行业开始了新一轮的产能扩张，这次的产能扩张主要是位于产业链上游的硅料和硅片环节的产能扩张，是由单晶电池技术进步和全球光伏市场需求的快速增加驱动的。在激烈的产能扩张竞

---

① IFFEA 报告中的大型清洁能源投资项目指投资额在十亿美元以上的项目，包含了中国海外项目投资及项目建设承包两部分。报告中的清洁能源不仅包括可再生能源，还包括大中型水电和电网设施投资。

争和技术革新压力下，企业资金需求量快速增加，迫切需要金融机构提供大量的资金支持。全球范围内，政府补贴的大周期已接近尾声，《巴黎协定》的生效使清洁能源需求投资进一步增长。因此，后补贴时代为清洁能源提供可持续的融资模式至关重要。

一 20家上市光伏企业主要融资渠道分析

本研究选取的20家上市光伏企业是2017年度融资方面表现优异的企业，其融资情况优于行业平均水平。从上市情况来看，包括两家美国上市企业，5家香港上市企业和13家境内上市企业。这20家企业中，位于产业上游的晶硅材料制造的企业有两家；位于产业中下游从事太阳能电池和组件制造的企业有10家，这些企业同时也提供发电系统开发与集成服务；专注于产业下游发电系统开发的企业有8家。2017年对光伏行业来说是利好的一年，有18家企业均宣布净利润比去年增加；该年度也是行业产能迅速扩张的一年，行业融资规模巨大。

2017年20家案例企业共融资1592亿元[①]，平均单个企业融资规模约为80亿元；境外资金占比17.5%，境内资金占比82.5%；债权融资与股权融资占比分别为60%和40%。案例企业的资金来源以境内为主，只有少数企业具备了境外融资的能力。有境外融资行为的6家企业均为美国和香港上市企业；境内上市企业普遍缺乏境外融资渠道。此外，案例企业境外融资的渠道仍然较为单调，只有一家企业采用了超过两种渠道进行融资。总的来看，境外融资渠道的成本显著低于境内融资，而且期限更长。以绿色债券为例，案例企业在日本发行的绿色债券的利率约为1.4%，且期限可以长达20年左右。相比之下，案例企业境内发行的绿色债券票面利率高达6.5%～7.5%，时间为3年左右。

境内融资渠道呈现显著的多元化特点，资金领域拓宽，除了银行贷款、

---

① 20家案例企业2017年融资额根据企业年报、企业公布融资信息整理计算。

债券、票据①、可转换债券②这些常规融资渠道外，近两年来非公开发行募股③、金融租赁、资产证券化④、产业投资基金等成为企业青睐的新兴融资渠道（见表 7 - 1）。境内融资中，股权募集资金占 37.5%，债权募集资金占 62.5%。非公开发行募股的主要募集资金对象为机构和少数大股东，单次募资金额巨大。从一些企业披露的信息来看，单次融资额在 10 亿元以上。可转换债券是光伏企业使用较多的传统融资渠道，2017 年共有 3 家案例企业发行了可转为股权的债券，共计 108 亿元。此外，产业投资基金和合资企业成为新兴的股权融资方式，该途径是除了金融机构贷款之外占比最高的融资途径。光伏企业通常与投资公司、信托公司等金融公司合资成立产业基金或合资企业，通过此类融资渠道达到利用少量资金携手资本共同开发市场的目的。

表 7 - 1　案例企业 2017 年境内融资主要渠道及占比（共计 1313 亿元）

单位：%

融资分类	融资渠道	融资占比
股权融资	非公开发行募股（定向增发）	13.0
	可转换债券	8.2
	产业投资基金/合资企业	14.6
	股权转让	1.7

① 票据仅指以支付金钱为目的的有价证券，即出票人是根据票据法签发的，由自己无条件支付确定金额或委托他人无条件支付确定金额给收款人或持票人的有价证券。在中国，票据即汇票（银行汇票和商业汇票）、支票及本票（银行本票）的统称。

② 可转换债券是债券持有人可按照发行时约定的价格将债券转换成公司的普通股票的债券。该类债券利率一般低于公司的普通债券利率，企业发行可转换债券可以降低筹资成本。可转换债券持有人还享有在一定条件下将债券回售给发行人的权利，发行人在一定条件下拥有强制赎回债券的权利。

③ 非公开发行募股也称为定向增发募股，指上市公司向符合条件的少数特定投资者非公开发行股份的行为。对于上市公司来说，权益类融资的方式主要有三种，定向增发、公开增发、配股。相比之下，定向增发要求门槛低、操作灵活、定价方式灵活，在审核程序上也相对简单，因而受到企业的青睐。

④ 资产证券化是指将企业持有的缺乏流动性，但能够产生预计的、稳定的未来现金流的资产组合成资产池，通过一定的结构设计和信用增级，发行以资产池所产生的现金流为担保的证券的过程。资产标的可以是金融机构的信贷资产，也可以是工商企业的应收账款、土地、固定资产等。

续表

融资分类	融资渠道	融资占比
债权融资	银行贷款(含绿色信贷)	35.3
	债券(含绿色债券)	4.2
	金融租赁	8.2
	资产证券化	4.8
	票据	8.6
	信托贷款	1.2
	互联网小额贷款公司	0.2

资料来源：王亮，2018；案例企业网站发布的融资信息和年报。

中国的金融体系以银行为主，银行贷款仍然是光伏行业的主要融资渠道之一，但是其占比已经接近1/3。之前的研究表明，银行贷款曾经是大型光伏制造企业最重要的融资渠道，在2010年，少数企业的融资甚至100%依赖银行贷款（董文娟、柴莹辉，2014）。但是在2012年之后，银行对光伏产业的支持显著减少。目前银行贷款主要集中在产业链上游的硅材料制造和下游的电站开发，位于产业中下游的太阳能电池和组件制造商已经很难获得银行信贷支持。此外，国资背景企业的银行融资占比普遍高于其他类型企业。

银行贷款的特征是强担保强信用，审批周期长，但是利率较低。目前国内银行还未接受光伏发电的项目融资模式，其贷款仍以抵押借款、保证借款和信用借款为主。抵押借款需要以公司的财产（一般是固定资产）作为抵押，保证借款需要有其他公司或法人作为借款担保人，信用贷款则非常稀少。银行贷款在案例企业的所有债务融资渠道中成本最低，但是近年来银行利率呈明显的上升趋势。案例企业的短期借款显著高于长期借款，企业很难获得5年期以上的长期贷款，这也意味着企业短期内面临着非常高的资金流动性风险。相比之下，境外金融机构贷款多以光伏电站的项目贷款为主。

债券是光伏企业广泛使用的传统融资渠道。2017年，案例企业中有约一半的企业进行了债券融资。近年来债券市场的发行成本上升较为明显，案例企业发行的债券利率均高于同期基准利率；企业发行债券期限变短，从长期债券转向短期、超短期债券；通常经营业绩较好的行业龙头企业比较受到市场的青睐。从案例企业发行债券的票面利率来看，绿色债券最高（7.5%左右），短期融资券最低（5%左右）。

金融租赁、票据发行和信托借款都是成本比较高的融资渠道。尽管金融租赁融资渠道一直存在，但2015年以来才成为重要的融资手段。金融租赁一般是7~10年的长期借款，能够有效地改善企业的债务结构。另外，金融租赁融资成本较高，其利息普遍高于银行基准利率两个百分点以上。票据发行融资以中期票据和短期融资券为主，年利率普遍在7%~8%。信托借款具有高成本、低门槛的特点，借款的年化利率一般在10%左右，但是也同时具有门槛较低、选择面广的优点。

资产证券化是2017年新出现的融资方式，该方式可以将不具有流动性的应收账款资产转为流动性较高的资产，从而达到盘活资产的目的。资产证券化可以降低融资成本，减少企业受银行信贷政策的影响。2017年共有3家企业进行了资产证券化的尝试。此外，当前互联网金融在中国受到严格控制和监管，虽然案例企业中有两家注册了互联网小额贷款公司，但是交易量非常有限。

总的来看，尽管一些企业已经开始积极开辟国际资本市场融资渠道，以降低单一市场的融资风险，但是大多数企业仍然以境内融资为主。同时，境内融资呈现多元化的特点，资金领域拓宽，出现了产业基金、租赁、基础设施基金等新兴融资渠道。从案例企业境外融资的实践来看，境外融资具有成本低、期限长的优点；境内融资成本较高，且期限较长的债务融资难以获得。企业境内融资很大程度上依赖于非公开募集资金渠道和股权融资方式。例如非公开募股和非公开发行公司债券，这些发行渠道由于具有审核标准相对宽松、筹资时间短的优点，而受到企业的青睐。此外，合资企业和产业投资基金也成为与资本同行的重要融资模式。

二 典型案例企业情况简要介绍

为了更加深入了解光伏行业的融资情况，笔者选取了4个典型企业案例

进行深入分析。如表7-2所示，典型案例企业中，有两家企业（K企业和L企业）位于产业链上游，主要从事单晶硅棒和硅片的生产，2014年后都开始向产业链下游扩张。这两家企业是国内单晶领域的主要竞争对手，一家为私营企业，另一家企业是国有背景。M企业的主营业务位于行业的中下游，主要包括电池、组件制造与电站开发。N企业的主营业务为光伏电站开发，是国内最大的光伏发电开发商之一。

表7-2　四家典型案例企业2017年主要经营和投融资数据

	K企业	L企业	M企业	N企业
企业主营业务	单晶硅片	单晶硅片	电池、组件及电站开发	电站开发
企业性质	私营	国有	私营	私营
总资产(亿元)	294.8	310.1	401.4	554.3
资产负债率(%)	58.6	58.1	82.0	84.1
营业收入(亿元)	108.5	96.4	225.2	39.4
净利润(亿元)	22.4	5.9	6.8	9.8
应收账款(亿元)	39.3	14.4	26.6	27.9
存货(亿元)	23.8	16.5	1.7	NA
对外投资现金流(亿元)	-37.7	-33.9	-22.7	-133.5
筹资现金流(亿元)	47.6	34.9	11.0	118.9
短期借款(亿元)	16.1	40.7	130.0	70.7
长期借款(亿元)	16.6	41.7	26.9	254.8
利息支出(亿元)	2.7	3.9	7.8	18.0
研发占营收的比重(%)	6.8	4.7	1	NA

资料来源：案例企业2017年年报。

光伏行业属于资本密集型行业，行业整体负债率高，上游硅片企业负债率略低（见表7-2）。2017年光伏行业仍处在新一轮扩产能之中，案例企业为高负债投资，资金面趋紧。随着投资支出的逐渐增加，企业实际债务规模将进一步扩大，偿债压力也将进一步增大。从营利情况来看，除了企业K之外，其他企业的年度净利润水平并不高。另外，企业应收账款普遍偏高，行业上游企业存货水平较高。从企业投资现金流来看，案例企业处于加大投资抢占更多市场份额的阶段，案例企业当年对外投资现金流最高达到133.5

亿元。此外，企业短期借款占比普遍偏高，短期内面临很大的偿债压力。从融资成本来看，企业债务融资成本较高，案例企业每年的利息支出高达2.7亿~18亿元。光伏行业技术更新快，行业上游企业更加重视研发，研发占营收比重也更高。

三 典型案例企业融资情况分析

（一）企业K的境内融资策略

K企业2007年开始生产单晶硅棒，2009年开始生产单晶硅片，2012年在上海证券交易所上市，目前是全球最大的单晶硅光伏产品制造商。从2014年以来，K企业向两个方向扩张：一是纵向产业链延伸，目前已形成从上游单晶硅棒、硅片到单晶电池、组件的近乎全产业链的业务模式；二是K企业在横向以每年超过50%的规模扩大产能，2013年K企业单晶硅片产能1.6GW，2017年底已达15GW。此外，K企业还在国内多地从事电站开发业务。从该企业宣布的2018~2020年的战略规划来看，公司计划2020年底将产能增加至40GW。由于业务的持续扩张，该企业资金压力较大，存在持续的融资需求。

近年来单晶硅技术实现了重大突破，成本逼近一直具有价格优势的多晶硅技术，2017年全球单晶硅组件出货量首次超过多晶硅组件。从国内市场来看，分布式光伏的快速增加和追求高效率的"领跑者计划"的实施，对单晶硅产品的需求也迅速增加。2012年K企业上市时的市值仅为36.6亿元，但是至2017年9月，K企业的市值已达655亿元。从2012年来K企业的主要营收数据来看，由于大规模的投资活动，K企业的总资产一直在快速增加。与此同时，资产负债率也显著增加，其中2017年负债率比上年增加超过11个百分点。K企业始终保持着较高的毛利率，而且净利润也逐年增加。为了保持行业领先地位，K企业的研发投入也持续增加，研发投入占营业收入的比重始终保持在行业内较高的水平（见表7-3）。

表 7 - 3　2012 ~ 2017 年 K 企业主要营收数据

年份	总资产 （亿元）	资产负债率 （%）	营业收入 （亿元）	净利润 （亿元）	毛利率 （%）	研发占营收比重 （%）
2012	47.3	38.3	17.1	- 0.6	13.1	4.9
2013	46.9	36.2	22.8	0.7	12.3	6.8
2014	64.5	49.4	36.8	2.9	17.0	6.9
2015	102.1	44.6	59.5	5.2	20.4	5.0
2016	191.7	47.4	115.3	15.5	27.5	4.9
2017	294.8	58.6	108.5	22.4	35.0	6.8

资料来源：2012 ~ 2017 年企业年报。

2017 年度，K 企业共募资 75.36 亿元，债权融资占 36%，股权融资占 64%。从股权融资来看，通过成立合资公司和基金募资 20 亿元，通过大规模公开发行可转债募资 28 亿元，共计融资 48 亿元。这笔为期 6 年的可转债具有时间长、利率低的优点，其利率第一年为 0.3%，第二年为 0.5%，第三年为 1%，第四年为 1.3%，第五年为 1.5%，第六年为 1.8%。从债权融资来看，从银行贷款 19.01 亿元，其他机构借款 4.25 亿元，金融租赁融资 4.1 亿元，共计 27.36 亿元（见表 7 - 4）。

表 7 - 4　2017 年 K 企业公布的融资行为（共计 75.36 亿元）

序号	融资方	融资类别	募集资金（亿元）	期限（年）
1	天合光能、永祥股份	合资公司	8	
2	金融机构	基金	12	
3	金融机构	公开发行可转债	28	6
4	银行	银行贷款	19.01	
5	金融租赁机构	金融租赁	4.1	
6	其他机构	其他长期借款	4.25	

资料来源：王亮，2018；企业 2017 年年报。

随着 K 企业在宁夏和云南等地的扩产建厂，该企业与地方政府签署了多项战略合作协议。从协议来看，投资由 K 企业完成，而地方政府一般会给予厂房租借等方面的优惠。作为地方和行业领军企业，K 企业的借款银行构成非常多元化。从 2017 年情况来看，K 企业及其子公司的借款银行包括一家政策性银行、四家国有商业银行、一家外资银行、两家城市商业银行和六家股份制银行。政策性银行和国有商业银行的利率一般较低，而城市商业银行的利率一般会高两个百分点左右。从贷款余额来看，2017 年短期贷款和长期贷款的余额都有增加，短期贷款余额为 16.1 亿元，长期贷款余额为 16.5 亿元。2017 年 K 企业用于偿还银行贷款利息和金融租赁租金的支出共计 4 亿元，短期内偿债压力较高。

作为单晶行业的龙头企业，K 企业在 2017 年底和 2018 年初密集下调产品价格，使得一般单晶电池和一般多晶电池以接近同价在市场竞争，这也对 K 企业的成本控制提出了更高的要求。从融资来看，K 企业的股权融资占比较大，债权融资也有广泛的银行渠道，因而虽然有持续的融资需求，但是融资渠道基本是畅通的。从长期偿债能力来看，K 企业的资产负债率上升显著，应控制债务水平。K 企业产能扩张迅速，与此同时，存货也迅速增加，2017 年存货是上一年的两倍，企业应注意发展的稳健性。从市场来看，K 企业 80% 以上的市场在国内，非常容易受到国内市场规模变化的影响，应注意防范市场风险。

（二）企业 L 的境内融资策略

L 企业是国有控股企业，是中国境内最早的单晶硅材料企业之一，也是一家技术导向型企业，其研发投入和拥有专利数在行业内名列前茅。L 企业于 2007 年在深圳证券交易所上市。之后，L 企业开始生产单晶硅棒和单晶硅片，2012 年开始布局下游光伏电站建设。2014 年该企业依托新技术大幅降低产品成本，产能成功突破 3GW。2016 年 L 企业大幅扩张产能，预计项目全部达产后，公司太阳能级单晶硅材料合计年产能将达到 23GW 左右。同时，L 企业开始布局产业中游高效单晶电池、高效叠瓦太阳能电池组件生产等一系列动作。从产业战略布局来看，L 企业希望依托其在单晶硅材料领域的技术优势和多年的经营管理经验，完成从技术引领者向市场领先者的转变。但是由于大规模的产能和业务扩张，L 企业也面临较大的资金压力，存

在持续的融资需求。

2017 年度，L 企业的所有融资均在境内完成（见表 7 – 5）。该企业运用了多种渠道进行融资，既有银行贷款、金融租赁、公司债券、中短期融资券、票据等上市公司常用渠道，也有与其他企业成立合资公司、参股产业投资基金等新兴融资渠道，L 企业是当年运用融资手段最多的企业之一。从该公司 2017 年度的融资情况来看，债权融资占比 58%，股权融资占比 42%。从融资金额来看，各个渠道获得的资金较为平均，占比较高的渠道是成立合资公司和产业投资基金、金融租赁和银行贷款。从资金的期限来看，L 企业的融资既有短期资金，也有中长期资金，资金结构比较合理。从融资成本来看，L 企业的融资成本基本上位于 4.7% ~ 7%，属于境内融资成本控制比较好的企业。

表 7 – 5　2017 年 L 企业公布的融资行为（共计 116.5 亿元）

序号	融资方	融资类别	金额（亿元）	期限（年）	利息（%）
1	机构投资者	非公开发行公司债券	6.3	5	5.3
2	机构投资者	非公开发行公司债券	2.5	5	6.5
3	公众投资者以及机构投资者	短期融资券	7	1	5
4	公众投资者以及机构投资者	中期票据	7.7	3 + N	7
5	金融机构	银行贷款	17.9	NA	4.7 ~ 5.5
6	金融租赁机构	金融租赁	23.2	3 ~ 10	
7	其他机构	其他借款	2.5	NA	NA
8	宜兴创业园科技发展有限公司、建设银行	产业投资基金	17.5		
9	中环集团	合资公司	6		
10	保利协鑫集团	合资公司	22.3		
11	无锡艾能公司	合资公司	1.8		
12	Apple 和 Sunpower	合资公司	1.8		
13	SunPower 和中国东方电气集团有限公司	合资公司	NA		

资料来源：根据企业网站发布信息和企业年报整理。

成立合资公司和参股产业基金融资占 L 企业 2017 年融资额的 42.4%，是 L 企业该年度融资最多的渠道（见图 7-1）。L 企业在向全产业链拓展的同时，积极联合其他公司及金融资本，成立合资公司和产业基金。这些合资公司的业务内容涉及 L 企业的原材料（多晶硅）的生产，以保障公司的原材料供应，以及 L 企业向下游电站业务延伸的需求。L 公司参与的产业投资基金是和地方政府、国有银行合作的，这是私营企业难以达成的合作关系。此外，为满足公司境外融资需求，L 企业拟在香港设立子公司，作为公司发行海外债券的融资主体，开展境外融资业务。

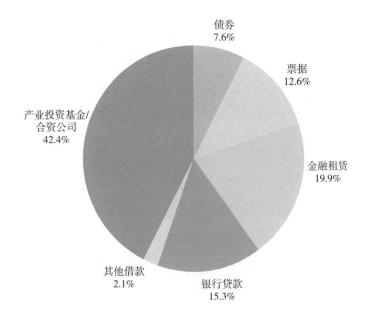

图 7-1　2017 年度 L 企业主要融资渠道、规模及占比

资料来源：根据企业网站发布信息和企业年报整理。

金融租赁占 L 企业 2017 年融资额的 19.9%。该年度 L 企业共进行了 9 笔金融租赁融资，总计融资 23.2 亿元。该公司的金融租赁形式以售后回租为主，将自己的生产设备和光伏电站资产出售，然后向买方租回使用。采用这种融资方式可迅速收回购买设备的资金，加速资金的周转。金融租赁合同的期限较长，显著改善了该企业的债务结构。2017 年度的 9 笔金融租赁融

资中，期限为 3 年和 4 年的各 1 笔，期限为 5 年的有 3 笔，期限为 10 年的有 4 笔。从融资机构来看，既有金融系租赁公司，也有能源系租赁公司。

来自金融机构的贷款是该企业重要的融资渠道。2017 年 L 企业新增银行贷款共计 17.9 亿元。截至 2017 年底，长期借款余额为 41.7 亿元，比期初增加 15.3 亿元；短期借款余额为 40.7 亿元，比期初减少 1.8 亿元。长期借款中，质押借款、保证借款和信用借款占比分别为 26.5%、30.5% 和 43%；短期借款以信用借款为主。从短期借款的绝对数量上来看，L 企业短期内面临较大的偿债压力。尽管 L 企业的当年新增借款额度并不高，但是总借款余额高达 82.4 亿元，此外，信用借款占比高，这都是国有企业在银行系借款中的优势。

债券一直是该企业的重要融资途径。2017 年 1 月，L 企业非公开发行第一期公司债券，发行规模为 6.3 亿元，票面利率 5.3%。同年 7 月，该企业发行了第二期非公开发行债券，发行规模为 2.5 亿元，票面利率 6.5%。2017 年的两笔非公开发行债券共融资 8.8 亿元，此前，公司得到深圳证券交易所核准的债券方案总额为 30 亿元。从债券发行情况来看，第二期债券发行规模远低于第一期，而票面利率却高于第一期 1.2 个百分点，说明境内债券市场的融资环境并不乐观。

2017 年度，L 企业还完成了一次中期票据发行和一次短期融资券①发行，共融资 14.7 亿元。L 企业于 2017 年 4 月获得中国银行间市场交易商协会出具的接受注册通知书，本次中期票据注册金额为 32 亿元。同年 9 月，L 企业发行了该年度第一期中期票据，发行规模为 7.7 亿元，发行利率为 7%。此外，L 企业还成功发行了 2017 年第一期短期融资券，规模为 7 亿元，票面利率为 5%，期限为 1 年。

L 企业的业务拓展需要产生了巨大的融资需求，仅 2017 年一年披露的融资额就高达 116.5 亿元。从披露信息可以看出，尽管 L 企业的融资额很

---

① 短期融资券为票据的一种，指具有法人资格的企业，依照规定的条件和程序在银行间债券市场发行并约定在一定期限内还本付息的有价证券，短期融资券是由企业发行的无担保短期本票。

高，但是其融资渠道多样化，资金配置结构较为合理。债权融资中，银行贷款的融资成本相对较低，但是债券和中期票据的融资成本较高。此外，L 企业的短期偿债压力较大。因为具有国有企业背景，该企业和银行的合作较多，银行借款余额高，信用借款占比高。此外，该企业和地方政府及国有银行合作的产业基金也是私营企业难以企及的融资渠道。面对巨大的资金需求，该企业正在积极谋求境外融资渠道。

（三）企业 M 的全球融资策略

案例企业中，美国上市的 M 企业采取了全球融资战略。M 企业成立于 2001 年，并于 2006 年上市，其主要从事光伏硅片、电池和组件生产，以及下游电站建设。通过多元化的发展战略和市场布局，M 企业已在全球范围内成立了 16 家生产企业，并且在 20 个国家和地区建立了分支机构。目前 M 企业已与全球 67 家大型银行和金融机构建立了合作伙伴关系。

2017 年 M 企业公布的融资行为共有 10 起，合计融资 50.6 亿元，债权融资占比 71.6%，股权融资占比 28.4%。这 10 起融资均为境外融资，其中有 5 起融资在日本完成。这些融资中，来自金融机构的贷款共有 5 笔，共计融资 26.1 亿元；发行绿色项目债券两笔，共计融资 7.7 亿元；金融租赁融资一笔，融资 2.5 亿元；基础设施基金上市融资一笔，融资 10.4 亿元；与金融集团合作成立一个合资公司（见表 7-6）。

表 7-6　2017 年 M 企业公布的融资行为（共计 50.6 亿元）

序号	融资方	融资类别	金额	期限	融资用途
1	中葡合作发展基金	贷款	2000 万美金	NA	巴西的光伏电站建设
2	巴西开发银行	贷款	1.63 亿美元	18 年	巴西的光伏电站建设
3	德国巴伐利亚银行	贷款	4190 万英镑	17 年	英国的光伏电站建设
4	美国金融机构	贷款＋股权融资	9700 万美元＋	NA	美国光伏电站建设
5	日本金融机构	贷款	5000 万美元	5 年	澳大利亚的光伏电站建设
6	东京证交所基础设施基金市场	绿色债券	54 亿日元	1.5 年/20.3 年	日本的光伏电站建设

续表

序号	融资方	融资类别	金额	期限	融资用途
7	东京证交所基础设施基金市场	绿色债券	74 亿日元	1.5 年/18.3 年	日本的光伏电站建设
8	日本金融租赁机构	金融租赁	40 亿日元	3 年	日本的光伏电站建设
9	以色列金融集团	合资公司	6000 万美元		合作
10	东京证交所基础设施基金市场上市	股权融资	177 亿日元		日本的 13 个光伏电站建设

资料来源：以上融资行为均根据 M 企业网站"投资者关系"板块中披露的信息整理。

2017 年度，M 企业共获得五笔金融机构贷款融资。从贷款期限来看，除了在美国的一笔贷款为建设期贷款外，有三笔都是优质的长期贷款，而且这些贷款均为以项目资产做抵押的无追索权项目贷款①。从贷款机构来看，两笔贷款来自开发性金融机构，另外三笔来自商业金融机构。从贷款金额来看，单笔贷款额度较大，最小的一笔贷款金额为 1.4 亿元，最大的一笔为 6.7 亿元。此外，该企业还获得了一笔为期 3 年额度为 40 亿日元的金融租赁融资。根据 M 企业披露的信息，该公司在该日本金融租赁有限公司获得的信贷总额超过了 130 亿日元。

M 企业还在日本成功发行了两只光伏电站绿色债券。这两只债券均为创新的双期限绿色项目债券，获得的资金用来支持该公司在日本的两座光伏电站的建设。这两只有资产担保、无追索权的债券按面值发行，初始期限都是 1.5 年，延期支付期限分别为 20.3 年和 18.3 年。在初始期限内，每年支付的固定息票率分为 1.29% 和 1.27%。如果 M 企业选择延期支付，每年支付的固定息票率则分别为 1.36% 和 1.3%。这种创新的双期限安排不仅为 M 企业的太阳能发电项目提供了长期融资支持，还提供给 M 企业最大化其投资价值的选择。

M 企业的一只基金在东京证券交易所基础设施基金市场挂牌上市融资。具体操作过程是：M 企业先成立了一只基础设施基金，然后其位于日本的

---

① 无追索权项目贷款，也称为纯粹的项目贷款。无追索权项目贷款是指贷款人对项目发起人无任何追索权，只能依靠项目所产生的收益作为还本付息的唯一来源的贷款。

分公司向该基金出售了 13 个太阳能电站项目，作为该基金的原始投资组合配置。随后，该基金在东京证券交易所基础设施基金市场挂牌上市，融资规模为 177 亿日元（约折合人民币 10.4 亿元）。这只基础设施基金把光伏电站资产分拆出来打包上市，把现金流中的部分现金作为红利分给投资人。与此同时，随着注入的电站资产越来越多，基础设施基金的规模也随之扩张。此外，M 企业还积极部署中东市场，和以色列的金融机构签订了合作协议。根据协议，双方将联合融资 6000 万美元（约合人民币 3.98 亿元）成立一家新的合资公司，开发以色列光伏发电市场业务。

2017 年度 M 企业也积极部署产能扩张，其在越南、泰国和中国包头新建的工厂陆续投产。此外，M 企业还宣布进军境内家庭分布式光伏市场。受业务扩张影响，M 企业的负债及债务水平有所增长。截至 2017 年底，M 企业短期债务余额为 19.6 亿美元，长期债务余额为 4.04 亿美元；与去年同期相比，短期债务增加 3.6 亿美元，长期债务减少 0.9 亿美元。与此同时，M 企业的现金、现金等价物及受限制的现金余额为 11.9 亿美元，远低于其短期债务水平，高负债的风险高悬。即使 M 企业善于在全球范围内融资，也急需改善企业的高负债情况，优化其债务结构。

（四）企业 N 的混合融资策略

N 企业是香港联合交易所上市企业，2014 年开始转向光伏电站开发业务，主要从事下游光伏电站开发与运营。2014～2017 年 4 年间，N 企业持有的光伏电站装机量迅速增加，由早前的仅 616MW 攀升至 5990MW。截至 2017 年底，N 企业在中国的光伏电站数目为 162 个，遍布全国 26 个省份。此外，N 企业在美国及日本共拥有 5 个约 92MW 的光伏电站项目。太阳能发电行业为资本密集型行业，对电站的投资需要进行较多的债务融资，N 企业的资产负债率自 2015 年以来均超过 80%，2017 年底达到了 84.1%。

2017 年 N 企业公布的融资总金额达到了 318 亿元[①]，其中有两笔融资发

---

① 这些融资信息均来自企业网站，实际到位资金可能有变化。

生在香港，总金额达到 73.9 亿元，其余融资均来自境内融资渠道。总的来看，占比最大的是银行贷款（45%），通过股权转让融资占比也非常可观（26.8%），金融租赁也是运用较多的融资方式（12.8%）。此外，N 企业还发行了 30 亿元的票据，主要用于偿还金融机构借款。N 企业在该年度两次发行 3 年期绿色债券，票面利率为 7.5%。这两笔绿色债券的票面利率甚至高于其他公司发行的普通债券。

表 7-7 2017 年 N 企业公布的融资行为（总计 318 亿元）

序号	融资方	融资类别	金额（亿元）	期限（年）	利率（%）
1	香港租赁机构	金融租赁	7.3（亿港元）	14	
2	金融机构	股权/可转债	80（亿港元）		
3	苏民睿能	股权融资（私募）	15		
4	中民协鑫	股权转让	2.5		
5	北控洁能	产业发展基金	10		
6	信达金融租赁	金融租赁	9.5	8	4.9
7	基石融租	金融租赁	1.1	8	6.2
8	恒嘉融租	金融租赁	8.3	10	6.2
9	芯鑫融资租赁	金融租赁	10	NA	NA
10	康富国际租赁	金融租赁	5	10	NA
11	华润租赁	金融租赁	4.7	9	6.2
12	中信金融租赁	金融租赁	1.6	10	NA
13	重庆润银融资租赁	金融租赁	5.7	10	基准利率上浮10%
14	中国金融租赁	金融租赁	11.6	10	6%（前8期）；6.5%（后32期）
15	机构投资者	非公开发行绿色债券	3.8	3	7.5
16	机构投资者	非公开发行绿色债券	5.6	3	7.5
17	机构投资者	票据	30		
18	银行	银行贷款	143.1		6.6

资料来源：企业网站和年报。

一般来说，光伏电站的负债占比在 80% 左右，因此，N 企业的资产负债率一直处于很高的水平。N 企业在光伏电站业务方面的迅速扩张导致其融资需求增加，N 企业每年融资成本支出也随之增加。2017 年 N 企业融资成本为 17.6 亿元，比上年增加 5.3 亿元。N 企业积极采取措施降低融资成本，用大量的长期融资租赁替代高成本的短期过桥贷款。2017 年新增项目融资成本约为 6.3%，较 2016 年的 6.9% 下降了 0.6 个百分点；平均借款成本也从 2016 年的 7.3% 降到 2017 年的 6.6%。

截至 2017 年底，N 企业借款余额为 325.5 亿元，其中银行贷款为 183.6 亿元，其他贷款为 141.9 亿元。从借款构成来看，1 年内借款占比为 21.7%，1~2 年借款占比为 15.1%，2~5 年借款占比为 25.3%，5 年以上借款占比为 37.8%。尽管 1 年内到期借款占比并不高，但是其额度高达 70.7 亿元，而 2017 年度 N 企业的现金及现金等价物仅为 42 亿元，企业面临着非常高的现金流动性风险和短期偿债压力。

N 企业的售电收入包括两部分：与电网公司结算的等同于当地脱硫燃煤标杆上网电价，以及向电力终端用户征收的可再生能源专项资金（也称为"电价补贴"）。自 2012 年 6 月开始，财政部、国家发改委和国家能源局开始发布《可再生能源电价附加资金补助目录》（以下简称目录），只有列入目录的项目才能享受电价补贴，未能列入目录的并网项目，电网公司只能以当地脱硫燃煤机组标杆上网电价结算。如表 7 - 8 所示，2014~2017 年，N 企业仍有大量的并网装机容量未能纳入国家补助目录。至 2016 年 9 月第六批目录发布之前，N 企业只有 80MW 的装机容量列入了目录。在第六批目录中，N 企业申报的 14 个共计 541MW 的电站全部进入补贴目录。在 2018 年 6 月发布的第七批目录中，N 企业纳入国家补贴目录的电站总规模达到 1773MW，但仅占 N 企业 2017 年底总装机容量的 30%。

一方面，由于补贴资金不足，大量已经并网发电的光伏项目不能及时被列入国家补贴目录。另一方面，被列入国家补贴目录的项目，分布式光伏发电项目补贴由电网公司垫付，一般不存在拖欠情况；而光伏电站发电补贴由可再生能源基金统一拨付，经常存在延迟的情况，截至 2018 年 7 月底，第六批项目的发电补贴只发放到了 2016 年 11 月份，补贴延迟时间长达一年零八个月。根据 N 企业的计算，如果该公司所有并网发电项目都能享受国家发电补贴的话，2014~2017 年，N 公司的电价补贴应收款项

已经从 0.5 亿元增加至 42.4 亿元。与此对应的是，N 企业的应收账款一直很高，2017 年应收账款占营业收入（名义售电收入）的比例高达 71%。若较为严重的电费补贴拖欠情况一直持续，则会对企业的日常运营和资金周转产生严重影响。

表 7－8 2014～2017 年 N 企业装机与售电情况

年份	总装机容量（MW）	并网装机容量（MW）	进入补贴项目规模（MW）	售电量（亿 kW·h）	电价补贴应收款项（亿元）
2014	616	NA	NA	0.006	0.5
2015	1640	1316	80	8.7	4.6
2016	3516	3138	621	27.9	21.2
2017	5990	5503	1773	53.47	42.4

资料来源：2014～2017 年企业年报。

四 结论与建议

自 2015 年以来，美联储已经 7 次加息，截至 2018 年 6 月底，全球已经有 7 家央行跟随了美联储的加息步伐。欧元区和日本尚未退出量化宽松货币政策，短期内不会启动加息进程，长期利率上升速度也将慢于美国。中国目前实施的是稳健中性的货币政策，利率稳中有升。总的来看，全球经济已处于加息通道，零利率/负利率时代结束。从国内的融资环境来看，中国资本市场处于金融去杠杆和强监管的环境之下。银行信贷收紧，股市融资门槛抬高，债券市场以及其他资本市场在融资政策方面都存在一定的不确定性，市场波动较大，融资成本一路抬升。

本研究中，分析了 20 家上市光伏企业的融资数据和 4 家企业的融资行为，研究发现尽管中国光伏行业融资渠道多元化，但是在行业进入了新一轮产能扩张期的情况下，企业高负债投资，负债规模持续扩大。境内融资成本高，低成本的长期融资稀缺。在当前国际国内经济贸易形势下，包括利率上行风险、汇率风险、政策风险在内的各类风险开始显现。从我国金融行业的支持力度来看，可谓审慎平缓。在借款成本大幅上升、流动性紧张的背景下，企业的资产负债表将变得脆弱，这将制约企业创新投入和长期的良性发展。主要研究结论如下：

（1）中国光伏行业总体负债率高，企业高负债投资，而且投资规模很大，使得企业负债规模持续扩大，资金面趋紧。

（2）光伏行业融资仍以境内融资为主，只有少数企业具备了境外融资的能力。光伏行业资金来源多元化，资金领域显著拓宽，出现了产业基金、租赁、产业发展基金等新兴融资渠道。

（3）境内债权融资成本高，低利率的中长期银行贷款稀缺。除银行贷款以外的债权融资渠道的利率高达6.5% ~ 10%。为了降低融资成本，企业倾向于通过短期融资方法进行融资，导致一年内到期的短期债务占比过高，积累了非常高的流动性风险。

（4）不同企业的融资成本差别较大，外向型企业的融资成本更低。国有企业与私营企业的融资渠道和融资成本有一定的差别，国有企业更容易得到利率较低的国有银行贷款和地方政府的支持。

（5）股权再融资品种结构失衡，企业股权再融资依赖非公开发行渠道。非公开发行条件宽松，定价时点选择多，发行失败风险小，逐渐成为绝大部分上市公司和保荐机构的首选再融资品种。

（6）各类风险开始显现。从金融方面来看，利率上行风险不可忽视，汇率风险不可低估。此外，全球性的政策风险凸显，使得光伏行业面临严重的市场风险和产能过剩风险。

（7）国内政策风险给企业带来了资金风险。已并网的光伏发电项目不能及时进入国家补贴目录，已进入目录的项目发电补贴发放不及时，给企业带来了非常高的资金风险。光伏电站售电收入的现金流并不稳定，导致以电站的收入作为抵押品的新融资模式受阻。

构建良好的支持可再生能源发展的金融环境需要政府、光伏企业、第三方、金融机构的共同努力。针对研究中发现的问题，我们向光伏企业、金融

机构和政府提出相应的措施和政策建议。

（1）企业应积极采取措施防范各类风险。针对资产负债率高的问题，企业应控制债务水平，注意发展的稳健性。针对利率上行风险，企业应加强资产管控和财务计划，并审慎投资。针对汇率风险，企业应严格货币匹配，解决货币错配问题。在全球政策风险开始显现的情况下，企业应积极去库存，确保技术研发投入，继续降低生产成本。

（2）金融机构应择优支持重点项目，制定差异化的贷款政策。第一，引导金融机构对那些具有成本、技术、规模等方面优势，且整体实力较强的光伏企业的关键技术创新、兼并重组、"走出去"等重点项目，择优集中支持。第二，光伏行业内不同企业经营情况差别较大，金融机构可探索制定以企业呆坏账率而非行业呆坏账率指标为衡量标准之一的批贷制度，一企一策，实现差异化贷款。第三，在降低投资风险方面，金融机构可以和保险公司合作，采用第三方评级机构的认证，分散投资风险。

（3）在构建好的融资环境方面，政府应重点降低可再生能源行业面临的政策风险。第一，政府应大力减少市场障碍，降低企业成本。例如，简化光伏发电项目申请和管理程序、制定户用光伏标准体系、规范市场准入等。第二，降低企业投资风险。例如，保障可再生能源基金规模和发电补贴的发放，解决弃光限电问题，提供稳定的市场预期，保证可再生能源支持政策的连续性。第三，增加对可再生能源行业的绿色金融支持力度。例如，完善绿色金融体系，推动标准体系统一等。

参考文献

1. Frankfurt School – UNEP Centre，BNEF："Global Trends in Renewable Energy Investment 2018"，2018.

2. Institute for Energy Economics and Financial Analysis（IEEFA）："China 2017 Review：World's Second-Biggest Economy Continues to Drive Global Trends in Energy Investment"，2018，http：//ieefa. org/wp － content/uploads/2018/01/China －

Review – 2017. pdf.

3. International Renewable Energy Agency（IRENA）："Renewable Energy and Jobs – Annual Review"，2018.

4. Renewable Energy Policy Network for the 21st Century（REN21）："Renewables 2018：Global Status Report"．Paris：REN21 Secretariat，2018.

5. 董文娟、柴莹辉：《政府在可再生能源融资中的作用》，转引自齐晔主编《中国低碳发展报告（2014）》，社会科学文献出版社，2014。

6. 刘洋：《光伏资本市场"十大真相"》，黑鹰光伏，2018，http：//www. 360doc. com/content/18/0715/07/57198050_ 770475069. shtml（2018 – 07 – 16）。

7. 王亮：《22 家光伏企业融资术》，黑鹰光伏，2018，https：//news. solarbe. com/201801/10/123092. html（2018 – 01 – 10）。

低碳转型前景和挑战

Low-carbon Development Outlook and Challenges

B.8

中国低碳能源转型展望

张希良　周　丽　翁玉艳*

摘　要： 我国公布的"国家自主决定贡献"目标中承诺二氧化碳排放 2030 年左右达到峰值并争取尽早达峰。同时，低碳经济也已经成为世界各国实现社会经济发展模式转变与产业结构升级的重要动力与发展趋势。转变经济发展模式、促进能源体系变革和发展绿色低碳经济已经成为我国保持中长期可持续发展与实现生态文明建设的重要战略选择。本文探讨了中国未来低碳能源转型问题，对不同排放路径下能源消费总量、能源结构、关键激励政策等进行了定量评估，有助于揭示中国未来低碳能源转型的逻辑和特征。

---

* 张希良、周丽、翁玉艳，清华大学能源环境经济研究所。

关键词： 碳排放控制 能源转型 排放情景 C‐GEM 能源模型

一 中国致力于低碳能源转型

我国作为当前温室气体排放大国，在全球应对气候变化的国际合作中面临越来越大的减排压力。我国公布的"国家自主决定贡献"（INDC）目标中已经提出到2030年单位 GDP 的二氧化碳强度要比2005年下降60%～65%，并且要在2030年实现碳排放达峰且努力早日达峰（UNFCCC，2015）。与此同时，伴随全球气候变化的加剧和相关极端气候事件的增加，能源、气候与环境问题将成为影响我国社会安全稳定与国家经济可持续发展的重要问题。我国在"十三五"规划中也首次将生态文明建设列入主要发展目标，而低碳发展正是生态文明的重要组成部分之一。此外，低碳经济也已经成为世界各国实现社会经济发展模式转变与产业结构升级的重要动力与发展趋势。转变经济发展模式、促进能源体系变革和发展绿色低碳经济已经成为我国保持中长期可持续发展与实现生态文明建设的重要战略选择。

随着经济的发展和人民生活水平的提高，中国二氧化碳等温室气体排放总量呈现了较快增长的态势。2010年，中国二氧化碳能源活动的二氧化碳排放大约为74.6亿吨，水泥、石灰、钢铁、电石四个行业工业生产过程中的二氧化碳排放总量为8.9亿吨。中国从"十一五"开始，在节能和提高能效、优化能源结构以及开展低碳试点等方面采取了一系列的政策措施，由采用命令控制型为主的政策逐渐转向更多利用基于市场的政策。2013年以来，国家陆续启动深圳、上海、北京、广东、天津、湖北、重庆七个碳排放权交易体系建设试点，同时开展了全国碳排放权交易体系建设的准备工作，并于2017年投入运行。

在多种政策措施的积极推动下，中国的碳减排工作取得了显著成效。单位 GDP 二氧化碳排放（如未特别说明，本文所指二氧化碳排放均为来自化石燃料燃烧的二氧化碳排放）自 2005 年以来逐渐降低。2005～2015 年，中国单位 GDP 能源活动二氧化碳排放量同比下降了约 34%。图 8 - 1 比较了在 2005 年 GDP 不变价基础上，2005～2015 年中国单位 GDP 能源活动二氧化碳排放量的变化情况，十年间年均碳强度下降率为 5% 左右，明显高于世界平均水平和发达国家水平（国家统计局，2016；国家统计局能源统计司，2016）。

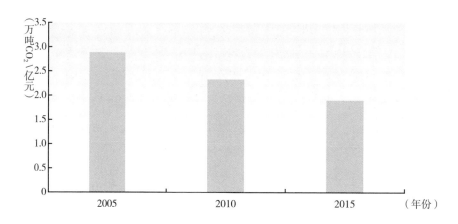

图 8 - 1　2005～2015 年中国单位 GDP 能源活动二氧化碳
排放量（2005 年不变价）

资料来源：国家统计局，2016；国家统计局能源统计司，2016。

二　中国低碳能源转型情景

中国作为世界上最大的二氧化碳排放国，其能源消费和减排潜力受到来自世界范围的越来越多的关注。目前已有许多组织及学者对中国中长期能源消费和二氧化碳排放路径进行研究分析，其中包括：

（1）国际能源署（IEA）发布的《2017 年世界能源展望》（IEA，2017）；

（2）能源研究所（ERI）发布的 "China's Low Carbon Development Path by 2050"（ERI，2016）；

（3）劳伦斯伯克利国家实验室（LBNL）发布的"China's Energy and Carbon Emissions Outlook to 2050"（Zhou，2011）；

（4）联合国开发计划署（UNDP）发布的"China Human Development Report"（UNDP，2009）；

（5）气候行动追踪（Climate Action Tracker）组织对中国的评估（Climate Action Tracker，2017）；

（6）日本能源经济研究所（IEEJ）发布的"Asia/World Energy Outlook 2014"（The Institute of Energy Economics，2014）；

（7）美国能源信息署（EIA）在网站上发布的"International Energy Outlook 2017"（EIA，2017）；

（8）荷兰环境评估署（PBL）2017 年发布的"Trends in Global CO_2 and Total Greenhouse Gas Emissions"（Olivier et al.，2017）；

（9）其他对中国中长期二氧化碳排放路径进行研究的机构还包括国际应用系统分析协会、麻省理工学院等。

上述不同研究采用了不同的模型方法、假设以及情景设计，对中国未来的能源与排放产生了不同的预测结果（见图 8 - 2）。

中国作为一个发展中国家，未来 15 年，GDP 年均增长率仍可能处于较高水平，如果在 5% ~7%，2030 年人均 GDP 仍然低于 1.5 万美元，那么相应的能源消费与二氧化碳排放还将持续增长。除了经济发展速度，影响未来能源消费量与二氧化碳排放量的主要因素还涉及以下几个方面。

产业结构：中国目前处于后工业化时期，但是第二产业能耗比重仍然偏大，其中钢铁、有色金属、建材、石化、化工和电力六大高耗能行业的能源消耗量占工业总能耗的比重一直高于 70%。未来 15 年，随着产业结构不断优化调整，中国第三产业的比重将不断提高，第二产业比重将相应不断下降。

人口增长与居民消费：2000 ~2015 年，中国的人口年均增长 715 万人，城镇化率平均每年提高 1.33 个百分点。在 2030 年之前，我国处于城镇化快

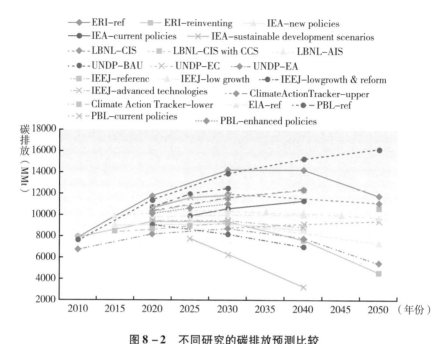

图8-2 不同研究的碳排放预测比较

资料来源：IEA，2017；ERI，2016；Zhou，2011；UNDP，2009；Climate Action Tracker，2017；The Institute of Energy Economics，2014；EIA，2017；Olivier et al.，2017。

速发展期，并且中国人口还将持续缓慢增长。随着人口规模的增长、城镇化水平的提高以及居民生活水平的不断提高，将带来大规模城市基础设施的建设需求，需要消耗大量的钢铁、水泥等高耗能产品，从而增加相应的能源消费与二氧化碳排放。

能源结构：2000～2015年，煤炭在能源消费总量中所占的比重由68.5%下降到64.0%，非化石比重由7.4%上升到12%。未来15年，中国将通过大力发展新能源与可再生能源，力争使非化石能源在一次能源消费中的比重在2020年超过15%，并在此基础上持续改善能源结构。

技术水平：2000～2015年，中国单位GDP能耗同比累计下降约26%。但是，中国高耗能产品的单位产品能耗总体高于国际先进水平。未来15年，中国将通过产业结构转型升级，抑制高耗能产业过快增长，突出抓好工业、建筑、交通、公共机构等重点领域节能，继续推广先进节能技术和产品等措施，大力推进节能降耗。

基于上述分析，为了分析中国能源活动二氧化碳排放变化趋势，本报告采用情景分析方法，共设计了基准情景、政策情景 1 和政策情景 2 等三种情景。在三种情景中，均假定中国总人口在 2030 年前后达到峰值，峰值水平在 14.5 亿人左右，此后持续下降。

基准情景即无政策约束政策，假设 2015～2020 年年均 GDP 增速为6.5%，2020～2025 年 GDP 增速降至 5.8%，2025～2030 年 GDP 增速进一步下降到 4.8%；三产比例从 2015 年的 50.2% 分别提高到 2020 年的 56.4% 和 2030 年的 63.2%。

政策情景 1 考虑了目前已经采取以及未来计划采取的各种节能减排政策措施，包括化石燃料资源税、可再生能源保护性上网电价、节能标准、碳市场等。为实现中国在巴黎大会上做出的二氧化碳排放在 2030 年左右达峰的承诺，未来碳强度年均下降率需要持续保持在大约 4% 的水平。

政策情景 2 是在政策情景 1 的基础上实施更加严格的节能减排政策，包括更高的化石燃料资源税、更严格的节能标准、更多行业被纳入碳市场、更紧的碳市场总量等。为了使中国的碳排放有望在 2025 年左右达到峰值，中国未来碳强度年均下降率需要持续保持在大约 5% 的水平。

三 模拟模型与数据

能源经济模型是对能源经济及环境政策影响评估的分析工具，并广泛用于开发能源经济与排放情景对人类活动的气候影响的评估。其中 CGE 模型是分析某种或多种政策组合对多重市场影响的首要分析工具。20 世纪 90 年代，伴随能源经济 CGE 模型在国际社会应用越发广泛以及国内对环境政策评价研究的日益重视，国内学者也开始着手开发中国能源经济 CGE 模型并取得快速进展。目前典型的中国能源经济 CGE 模型的进展情况如表 8－1所示。

表 8-1　典型的中国能源经济 CGE 模型

机构	模型	合作模型
国务院发展研究中心	中国递归动态环境 DRC - CGE 模型	OECD 发展中心贸易与环境项目 CGE 模型
社科院数量经济和技术经济研究所	中国 PRCGEM 模型	澳大利亚 MONASH 模型
国家发改委能源研究所	中国能源环境综合政策评价模型（IPAC）	日本 AIM 模型
国家信息中心	国家信息中心动态可计算一般均衡模型（SIC - GE）	基于 ORANI 模型和 MONASH 模型
中国科学院科技政策与管理科学研究所	我国能源经济动态可计算一般均衡模型（CDECGE）	MONASH 模型
清华大学	中国省级多区域（C - REM）与全球多区域（C - GEM）递归动态 CGE 模型	美国麻省理工学院（MIT）MIT - EPPA 模型

为模拟中国未来低碳能源转型的实现路径，本研究采用中国—全球能源模型（China in Global Energy Model，C - GEM）对上述三种情景进行模拟分析。C - GEM 模型是全球多区域多部门递归动态可计算一般均衡模型，用于开展中国与全球低碳减排政策的经济、贸易、能源消费与温室气体排放的影响与评估研究（Qi et al.，2014）（有关模型框架的详细介绍可参考文献 Qi et al.，2016；张希良、齐晔，2017）。

该模型属于全球模型，所采用的基础数据来自最新的全球贸易分析项目全球能源与经济数据库（GTAP 9）（Angel et al.，2016）。模型划分了 19 个区域，以 2011 年为基年，随后从 2015 年起以 5 年为一个周期运行到 2050 年。在最新数据库提供的 57 个具体部门的基础上，根据中国产业部门的特点和关系，我们对该 57 个部门进行了重新划分，最终合并形成了 21 个模型。农业、林业和畜牧业 3 个子部门合并为 1 个大农业部门；金属制品部门被划归到其他工业部门中；考虑到交通装备业和电子装备业在我国国民经济与进出口贸易中的重要作用，我们将装备制造业拆分为交通装备业和电子装备业两个部门；纺织业部门被单独划分出来，作为一个独立的部门进行分析；其他服务业被拆分为公共服务业和房地产业，即现有模型中的服务业包括交通运输业、公共服务业和房地产业3个子部门。部门的重新划分主要着眼于各个部门在国民经济与贸易中的重要性、各部门的能源消费与二氧化碳排放的影响效果，从而使模型结果更加接近于现实情况，提高了模型的仿真结果及与实际情况的匹配度。

同时，根据最新GTAP 9数据库中提供的有关电力模块的数据，我们对电力部门进行了非常细致的拆分：将旧有的1个电力部门拆分为现有模型中的输配、核电、煤电、气电（基荷发电）、气电（调峰发电）、油电（基荷发电）、油电（调峰发电）、水电（基荷发电）、水电（调峰发电）、风电、光伏以及其他电力技术共12种电力技术。同时，对以上的各种细分电力技术的技术成本、成本结构以及发电比例等工程数据进行了更新和改进。

四　情景分析结果

（一）二氧化碳排放趋势

图8-3给出了2005~2030年中国三种情景下能源活动二氧化碳排放预测结果。基准情景下，中国能源使用二氧化碳排放持续上升，在2020年达到106亿吨，2030年达到127亿吨。政策情景1下，中国能源使用二氧化碳排放在2020年达到96亿吨，2030年左右达到峰值，峰值水平在107亿吨左右，随后逐渐下降。政策情景2下，中国能源使用二氧化碳排放在2020年达到92亿吨，2025年左右提前达到峰值，峰值水平在94亿吨左右，随后到2030年下降到91亿吨左右。

政策情景1下，2005~2020年，中国单位GDP能源活动二氧化碳排放量累计下降了约48%；2005~2030年，中国单位GDP能源活动二氧化碳排放量累计下降了约65%。政策情景2下，2005~2020年，中国单位GDP能

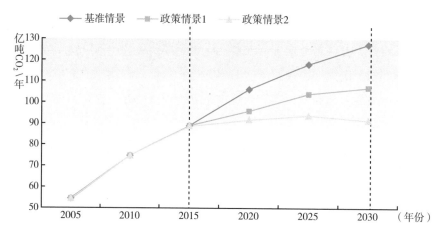

图 8 – 3　2005～2030 年中国三种情景下能源活动二氧化碳排放

源活动二氧化碳排放量累计下降了约 50％；2005～2030 年，中国单位 GDP 能源活动二氧化碳排放量累计下降了约 70％。

（二）能源转型的路径特征

图 8－4 和图 8－5 比较了三种情景下一次能源需求量及构成比例。基准情景下，中国一次能源需求量 2020 年约为 52 亿吨标煤，2030 年约为 65 亿吨标煤；非化石能源比重 2020 年达到 12％，2030 年达到 15％；煤炭比重从 2010 年的 64％下降到 2020 年的 63％和 2030 年的 58％；石油比重从 2010 年的 18％下降到 2020 年的 17％和 2030 年的 15％。政策情景 1 下，中国一次能源需求量 2020 年约为 49 亿吨标煤，2030 年约为 60 亿吨标煤；非化石能源比重 2020 年达到 15％，2030 年达到 20％；煤炭比重下降到 2020 年的 59％和 2030 年的 51％；石油比重 2020 年达到 17％和 2030 年达到 16％。政策情景 2 下，中国一次能源需求量有所下降，2020 年约为 48 亿吨标煤，2030 年约为 56 亿吨标煤；非化石能源比重 2020 年达到 16％，2030 年达到 25％；煤炭比重下降到 2020 年的 57％和 2030 年的 45％；石油比重 2020 年达到 18％和 2030 年达到 17％。

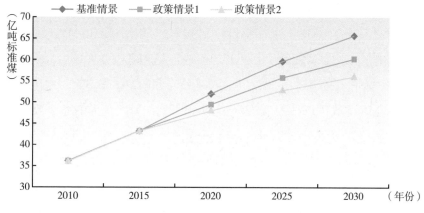

图 8 - 4 2010～2030 年中国不同情景下一次能源需求量

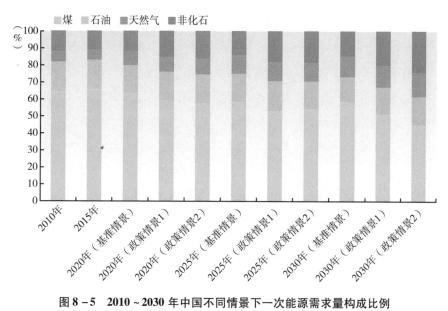

图 8 - 5 2010～2030 年中国不同情景下一次能源需求量构成比例

五 结论

中国已经并将继续采取各种强有力的政策措施，努力实现 2020 年单位GDP 二氧化碳排放下降、非化石能源发展以及 2030 年左右二氧化碳排放达峰等控制温室气体排放行动目标。利用模型进行情景分析的方法，我们对中国未来低碳能源转型的问题进行了探讨。上述情景分析结果表明，在政策情景 1 下，中国能源相关的二氧化碳排放在 2030 左右达到峰值并在以后呈现不断下降的态势，非化石能源比重 2030 年达到 20%；在政策情景 2 下，中国能源相关的二氧化碳排放可以体现实现峰值目标，即在 2025 年左右达到峰值，在 2025 年以后呈现不断下降的态势，非化石能源比重 2030 年达到 25%。情景分析结果还表明，中国很有可能实现政策情景 1，但在没有颠覆性技术出现的情况下，要实现政策情景 2，中远期有比较大的不确定性，不仅需要有高碳价政策激励，也要付出一定的经济代价。如果在 2030 年之后有颠覆性的能源技术出现，实现超常规低碳能源转型的可能性和可行性会大大提高。

但是，情景分析是在科学推测的基础上，对未来各种环境、社会及经济状况的一种定性或定量的描述，而并不是对未来的预测或预报。国内外不同研究机构对中国未来的能源与二氧化碳排放情景进行了各自的分析与研究，这些研究结果表明，由于中国经济发展速度仍处于较高水平，未来能源与二氧化碳排放情景的不确定性要大大高于发达国家。不确定性主要包括三个方面，即政策不确定性、技术不确定性以及经济不确定性。首先，最大的不确定性将来自经济发展的速度。如果 2015～2030 年的 GDP 年均增速增加或减少一个百分点，那么 2020 年相应二氧化碳排放总量大概会相应增加或减少 5% 左右，2030 年相应二氧化碳排放总量会相应增加近 16% 或减少 13% 左右。其次是技术的不确定性。技术是决定未来能源格局的重要因素之一，特别是一些关键的低碳技术，例如储能、分布式能源、智能电网等技术可能的突破性进展会促进它们的推广应用，从而进一步降低单位能源需求带来的碳排放。最后是经济政策的不确定性，特别是其他国家重大经济政策变化导致的显著国际贸易关系变化等。

参考文献

1. Angel，A.，Narayanan，B.，McDougall，R.，"An Overview of the GTAP 9 Data

Base", Journal of Global Economic Analysis, 2016, 1 (1): 181 – 208.

2. Climate Action Tracker: "Historical and Projected GHG Emissions", 2017, http: // climateactiontracker. org/decarbonisation/emissions/countries/us + eu + in + cn/ variables/all.

3. IEA: "World Energy Outlook 2017", 2017.

4. Olivier, J. G. J., Schure, K. M., Peters, J. A. H. W., "Trends in Global CO_2 and Total Greenhouse Gas Emissions: 2017 Report", Netherlands Environmental Assessment Agency, 2017, http: //www. pbl. nl/en/publications/trends – in – global – co2 – and – total – greenhouse – gas – emissions – 2017 – report.

5. Qi, T. Y., Winchester, N., Zhang, D., Zhang, X. L., Karplus, V. J., "The China-in-Global Energy Model", Cambridge, Massachusetts: MIT Joint Program on the Science and Policy of Global Change, 2014.

6. Qi, T. Y., Winchester, N., Karplus, V. J., Zhang, D., Zhang, X. L., "An Analysis of China's Climate Policy Using the China-in-Global Energy Model", Economic Modelling, 2016, Vol. 52: 650 – 660.

7. The Institute of Energy Economics: "Asia/World Energy Outlook 2014", 2014.

8. UNDP (United Nations Development Program): "China Human Development Report, 2009/10: China and a Sustainable Future: towards a Low Carbon Economy and Society", 2009.

9. UNFCCC: "INDCs as Communicated by Parties", 2015, http: //www4. unfccc. int/ submissions/indc/Submission%20Pages/submissions. aspx.

10. U. S. Energy Information Administration: "International Energy Outlook 2017", 2017, https: //www. eia. gov/outlooks/aeo/data/browser/#/? id = 10 – IEO2017&region = 0 – .

11. Zhou, N., "China's Energy and Carbon Emissions Outlook to 2050", Lawrence Berkeley National Laboratory, 2011.

12. 国家发改委能源所:《重塑能源:中国——面向 2050 年能源消费和生产革命路线图研究》,2016。

13. 国家统计局能源统计司:《中国能源统计年鉴 2016》,中国统计出版社,2016。

14. 国家统计局:《中国统计年鉴 2016》,中国统计出版社,2016。

15. 张希良、齐晔主编《中国低碳发展报告 (2017)》,社会科学文献出版社,2017。

B.9
新常态下的新能源：
弃风限电问题原因解析[*]

董长贵　齐晔　董文娟　鲁玺　刘天乐　钱帅[**]

摘　要：　自从中国经济发展步入新常态后，其能源转型也面临着严峻的挑战。中国正在由以煤为主的能源系统转为世界上最大的风能利用国，但面临的一个重要挑战就是弃风限电问题。弃风使得大量的清洁电力被白白浪费，由此带来的环境改善和气候变化减缓效应更无从谈起。以往的研究识别了导致弃风问题的重要影响因子，但是很少有研究提及弃风问题的演变，以及量化这些影响因子的贡献。在本研究中，我们提出了一个包含五种影响因子的分析框架，并且使用 LMDI（Logarithmic Mean Divisia Index）分解方法来定量分析不同因子对弃风问题的贡献。研究结果表明中国早期的弃风限电现象主要源于电网传输能力的限制，而近期则主要源于经济新常态所导致的电力需求增速的下滑，以及电力输入省份对于外来电力接受意愿的降低。经济新常态导致了普遍的电力供应过剩，风电大省更是严重过剩。如果政府具备强烈的政治意愿和政策设计，解决电力供应过剩问题可以转变为加速以风电代替燃煤发电，实现低碳化经济发展的良好机遇。

---

[*]　本文由 Decomposing Driving Factors for Wind Curtailment under Economic New Normal in China（发表于 Applied Energy 2018 年第 217 卷）改写，郭洋翻译。

[**]　董长贵，中国人民大学公共管理学院；齐晔，清华大学公共管理学院；董文娟，清华-布鲁金斯公共政策研究中心；鲁玺，清华大学环境学院；刘天乐、钱帅，清华大学公共管理学院。

关键词： 经济新常态 弃风 LMDI 分解 电力供应过剩

一 引言

可再生能源发展对于能源转型和气候变化行动来说至关重要。美国前总统奥巴马曾称可再生能源的发展是大势所趋（Obama，2017）。然而，由于可再生能源输出的间歇性，为适应可再生能源的大规模接入，当前的电网系统需要做出大量适应性的改革，包括新建输电线路、优化电力市场设计等（Lund，2015；Ambec & Crampes，2012）。缺乏这些措施将导致弃风限电问题，例如，舍弃有效的风电产出或在风机处于正常工作状态下暂停其发电（Bird et al.，2014）。随着风能和太阳能在电源装机中占比越来越高，可再生能源弃电已经成为一项重要的政策议题，对能源系统清洁转型和减缓气候变化构成了严重威胁。

国际经验表明平均弃风率通常在 1% ~ 3%（Bird et al.，2016）。2014年，丹麦的风力发电量达到总发电量的 40% 左右，并且达到了零弃风率（Yasuda et al.，2015）。国际能源署的数据同样显示德国和英国在 2015 年之前很少看到高于 4% 的弃风率（IEA，2016）。然而也有高弃风率的情况，例如 2009 年，意大利和美国得克萨斯州分别出现了高达 9.7% 和 17.1% 的弃风率，但随着输电线路的扩建，其弃风率在几年后下降至低于 1% 的水平（IEA，2016；Kies et al.，2016）。

虽然中国的风电装机约为美国的两倍，但 2015 年中国的风力发电量却低于美国（Lu et al.，2016）。2016 年，中国的弃风量高达 497 亿千瓦时，全国平均弃风率高达 17.1%（国家能源局，2017），弃风电量甚至超过了三峡水电站当年发电量的一半。如果以风电来取代燃煤电厂发电[1]，2016 年的弃风电量足以减少 1700 万吨的二氧化碳排放量，相当于斯洛文尼亚 2015 年

---

[1] 此处煤电的排放因子采用 94.6 吨 CO_2/TJ（Meng et al.，2017；IPCC，2016）。

的二氧化碳排放总量（EU Commission，2017）。虽然美国得克萨斯州在此前也达到了相似的弃风率，但它的实际弃电量只在 30 亿千瓦时左右（Yasuda et al.，2015），比中国低很多。相比之下，中国甘肃省的弃风现象最为严重，2016 年甘肃省的弃风率高达 43%，相当于 104 亿千瓦时的潜在发电量。由此来看，弃风问题已成为中国风能发展所面临的最大挑战。

很多研究针对中国的弃风限电问题提供了不同解释，这也反映出此问题的复杂性，包括：火电主导的电网灵活性不够、调峰能力不足（Lu et al.，2016；Davidson et al.，2016；舒印彪等，2017）；电网运行和定价规则有利于火电，不利于风电（Lu et al.，2016；Yuan，2016；Zhao et al.，2012）；电网输电能力不足，与风电发展不匹配（国家电力监督委员会，2012；Pei et al.，2015；Lu et al.，2016）；电力行业产能过剩（Pei et al.，2015；Wu et al.，2014；Zhang et al.，2016）；电力需求增长减缓（Davidson，2016；Zhang et al.，2016）。尽管以上所有原因都与弃风限电问题紧密相关，但它们仅仅着重分析了该问题的某些方面，如技术、政策、经济，而缺乏对此问题的统一分析框架。此外，这些研究只停留在弃风原因的描述上，缺少了对不同原因的量化研究分析，以及针对它们相对重要性的讨论。为了弥补此前研究在该领域的不足，本研究针对造成弃风现象的不同原因进行了定量分析，并提出了一个可以适应其他地区和领域的分析框架。

理顺并量化不同因素对弃风问题的影响程度是提出有效解决方案的前提条件。首先，两种以上不同的因素可能会相互作用。以甘肃省为例，省内高达 43% 的弃风率既可追溯到电网传输能力不足，也可理解为其他地区和省份对于外来电力的接受意愿低（也被广泛称为"省间壁垒"）。如果"省间壁垒"是造成弃风问题的根本原因，那么建立新的跨省跨区传输线路只是在浪费时间和金钱。其次，弃风问题背后的驱动因子在不同的经济发展阶段也会发生变化。因此，分析比较所有影响因素在不同时间段对弃风问题的贡献尤为重要。最后，导致各省弃风问题的原因不尽相同，对于弃风问题的分析也必须做到因省而异。

中国正在经历从一个以煤炭主导的能源系统过渡到全球最大风能应用国

的能源转型过程（Zhang et al.，2010；Liu et al.，2012）。当下，与经济新常态下的经济放缓现象并驾齐驱的弃风现象似乎正迅速蔓延。经济新常态下的中国正在经历一次至关重要的重新平衡过程：发展多元化经济，促进可持续发展，更平均地分配福利（Miranda et al.，2017）。更直接地说，中国即将进入"缓慢但更高质量的发展阶段"（Wang & Li，2017）。因此，经济新常态对于弃风现象有着直接并且重要的影响。我们对于弃风现象的研究很好地体现了能源转型和经济转型之间的紧密联系。在中国的能源和经济系统都面临着前所未有的巨大变革时，两者之间的关系将如何演化是一个具有国际影响力的重要议题（Green & Stern，2017）。

在接下来的第二节，我们首先会来回顾中国弃风限电现象自 2010 年以来的演变过程。随后在第三节中，我们提出了一个由五项因子组成的分析框架，用来解释弃风率波动的原因，并且进一步利用 LMDI 分解（Logarithmic Mean Divisia Index Decomposition）方法来计算不同因子对 2011～2016 年弃风问题的贡献率。第四节呈现了在全国和省级层面上相应的分解结果，并进一步从宏观角度来阐释我们的研究发现。第五节把研究结果和文献里提出的针对弃风问题的解决方案联系起来，以讨论各种解决方案的可行性。

二 弃风现象：时间和空间规律

早在 2010 年，中国就超越美国成为全球风电装机第一的国家，从此弃风现象也开始受到广泛关注，成为一项政策议题。2016 年，中国风电装机容量接近 150GW（占总电力装机容量的 9%）；当年风力发电量占电力行业总发电量的 4%，其中最高省份的比例已达到 12%。在此过程中，中国经历了两波严重的弃风现象（见图 9-1）：第一波是从 2010 年到 2012 年，第二波是从 2015 年到 2016 年。在 2013 年和 2014 年，因为输电线路扩建（如甘肃省建立了省内第二条 750 千伏的输电线路）和受 2014 年"小风年"的影响，弃风率曾大幅下降。

相关研究认为中国第一波弃风现象源自电网传输能力的约束（Luo

et al., 2012；王赵宾，2014)。2012 年国家电力监管委员会的调查文件对这些约束问题进行了分析（国家电力监管委员会，2012），例如，2010 年，甘肃省通过新建的一条 750 千伏线路将当地的最大输电容量增加至 3.9GW，而仅仅酒泉市的风电装机即达到 5.3GW。类似的情况也发生在松原白城地区，作为吉林省的风电中心，其风力和火力的装机量分别达到 2.75GW 和 2.4GW，超过了 2012 年的对外输电容量（1.8GW）。河北、内蒙古和新疆同样存在着输电能力约束问题。因此，弃风率于 2012 年达到了一个短暂的高峰（见图 9-1）。这一时期，装机容量和输电能力之间的差距成为迅速增长的风电装机并网的最大瓶颈。

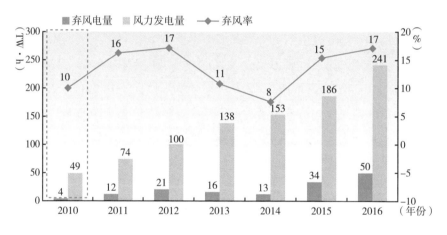

图 9-1　中国弃风限电现象和风能发展的时间序列

注：我们把 2010 年的数据用虚线圈了起来，因为来自文献的风力发电量比中国电力企业联合会报道的要少。如果我们使用文献中的弃风限电量和中国电力企业联合会所报道的风力发电量，则计算出的弃风限电率为 7%。

资料来源：2011 年来所有的数据都来自中国电力企业联合会。而 2010 年的数据有两个来源，风力发电量数据来自中国电力企业联合会，弃风限电量和弃风限电率来自文献（王赵宾，2014）。

另一波更加严重的弃风现象始于 2015 年，某些省份的弃风率在这一阶段甚至超过了 40%。甘肃是国内弃风现象最为严重的省份，弃风率从 2014 年的 11% 攀升至 2015 年的 39%，并于 2016 年达到 43%（2016 年上半年甚至达到 47%）。与此同时，省内的电力需求从 2014 年到 2015 年仅仅增长了

1%（从 1095 亿千瓦时增长到 1099 亿千瓦时），而外输电量却从 146 亿千瓦时下降到 129 亿千瓦时。因为电网传输能力和往年相同，所以外输电量的减少显然是由其他原因造成的。此外，与 2011 年和 2012 年不同的是，因为经济发展速度放缓，吉林省和辽宁省在 2015 年的用电负荷出现了负增长。这些省的数据表明造成第一波和第二波弃风现象的根本原因并不相同。在接下来的讨论中，我们认为第一波弃风现象是由电网输电能力不足所致，并重点解释第二波弃风现象的主要原因。

从地理上看，中国的弃风现象集中于风力资源丰富的"三北地区"（即东北、华北和西北地区）。根据 2016 年国家能源局对十个弃风大省的数据分析（国家能源局，2017），国内弃风率最高的三个省份为甘肃（43%）、新疆（38%）和吉林（30%）。甘肃和吉林自 2011 年来已是国内弃风现象最为严重的两个省份，而新疆的弃风率在过去数年因省内装机容量迅速增加而呈指数级增长。在《国民经济和社会发展第十二个五年规划纲要》内提到的八个千万千瓦风电基地中，七个位于新疆、甘肃、吉林、内蒙古、黑龙江、宁夏六省份之内。这种大规模的风电发展模式面临着电网接纳挑战以及风力资源和用电负荷中心之间的不匹配问题（Luo et al.，2015；Sun et al.，2017）。

美国得克萨斯州和意大利的经验体现了改善电网基础设施对于缓解弃风问题的重要性。因此，鉴于中国近年来快速的电网建设（见表 9-1），弃风率也应该相应降低。然而自 2015 年以来，在电网迅速扩建的同时却出现了第二波弃风高峰。因此可以肯定中国第二轮的弃风问题是由其他原因引起的。

表 9-1 弃风率最高省份的新建输电线路长度（330 千伏及以上）

单位：公里

省 份	2010	2011	2012	2013	2014	2015	2016
河 北	0	24	143	464	555	764	1347
山 西	335	267	138	0	396	152	538
内蒙古	238	165	160	338	30	491	754
辽 宁	225	402	183	640	364	274	69

续表

省　份	2010	2011	2012	2013	2014	2015	2016
吉　林	0	52	115	57	11	201	583
黑龙江	0	213	190	0	0	198	41
甘　肃	2138	653	72	1532	1103	1354	674
宁　夏	371	79	27	0	47	570	886
新　疆	1133	337	0	899	719	673	1010
云　南	394	885	857	2095	136	31	1433

资料来源：中国电力企业联合会，2010～2016。

三　方法和数据

在这一节中，我们首先介绍用来研究弃风率的分析框架，这个灵活的分析框架包含了五个弃风率的影响因子；其次，我们将讨论用于下一部分的研究数据；最后，我们会展示如何采用 LMDI 分解方法来量化这五个因子的贡献。

（一）弃风率的分析框架

弃风率（CR）的官方定义是弃风电量（CWind）占理论发电量（TWind）的比例，而这两个数值之差则为实际发电量（RWind）。

$$CR = \frac{\text{CWind}}{\text{TWind}} = 1 - \frac{\text{RWind}}{\text{TWind}} \tag{1}$$

根据国家电力监管委员会的测量方法，每个风电场的弃风电量（CWind）为理论发电量和实际发电量的差。理论发电量则以保持风电厂内的几架风机持续运转（不弃风）作为计算依据（国家电力监管委员会，2013）。最后，各省份和全国的总弃风电量由相应区域内的所有风场的弃风电量相加而得。

另外，公式（1）中的 RWind 可以写为：

$$RWind = 本地电力需求量 + 外输电量 - 其他电源发电量 \tag{2}$$

此公式基于电力需求和供应在任何时间都必须平衡的原理。具体来说，本地电力需求量为省内的总用电量，而外输电量则为向其他省份输出的电量（此数值可为负数），这两个数值构成了总用电需求量。在电力供应方面，其他电源发电量为除了风能以外的其他电源发电量，其中大部分为火力发电量。

TWind 可以进一步被定义为：

$$TWind = 风电装机容量 \times 风力资源 \tag{3}$$

风电装机容量定义为各省份的并网风电装机容量，而风力资源定义为风能利用潜力，或理论上最大的发电小时数（He & Kammen，2014）。因为 TWind 的数据比风力资源更容易收集，因此我们将用前者来推出后者。具体来说，

TWind 可以用 CR 的信息推导为：

$$TWind = \frac{RWind}{(1 - CR)} \tag{4}$$

并且：

$$风力资源 = \frac{TWind}{风电装机容量} \tag{5}$$

因此，我们可以推出 CR 的最终定义为：

$$CR = 1 - \frac{本地电力需求量 + 外输电量 - 其他电源发电量}{风电装机容量 \times 风力资源} \tag{6}$$

接下来，我们将进一步解释等式（6）右边的五个因子和弃风之间的联系。

本地电力需求量：在中国几乎所有省份，经济新常态下的电力需求增速下降都已成为电力市场的约束性因素。为了平衡电力需求和供给，必须减少电力供应、舍弃超出需求的发电量。由于发电装机规划是根据各省份以往的

高经济增速来预估的，所以中国的经济新常态导致一方面电力需求增长放缓，另一方面发电装机容量过剩。即使不考虑弃风电量，2014~2015年度的电力需求量增长也已经低于实际风电发电量的增长。

外输电量：由于中国的风力资源丰富地区和电力负荷中心不匹配，高压输电线路成为从风电基地向用电负荷中心输电的至关重要的环节。但是，风电基地建设和电网建设之间的时间差成为一大挑战（Luo et al.，2015）。其他难题包括远程高压线路电力传输技术问题以及其他省份对于外省电的低接受意愿。虽然弃风现象可以由扩大输电线路传输能力来缓解（Zhang et al.，2012），但是出于对本省份利益的保护，受电省份对外省电的接受程度不高。

其他电源发电量：在中国，煤电仍是占据主导地位的电源，2016年煤电占总发电量的72%。在应对弃风问题上，中国面临着发展更多风能或者增加煤电的难题。尽管中央政府于2007年推行了节能调度的试点（ESGD），强调风电在调度上具有优先权，但仍然面临着许多制度上、技术上和财政上的困难（Ding & Yang，2013）。另一项围绕着国家能源局于2016年6月颁布的"保障性收购"风电的相似政策详细规定了各省份风电的年均最低发电小时数，但在政策推进过程中也面临着相似问题。

风电装机容量：对于地方政府来说，发展风电能够带来基建投资、税收收入和就业机会。因此，在地方政府拥有通过规模小于50MW的风电项目审批权力时，他们通常会批准49.5MW的项目。此外，因为这些投资项目通常在严重弃风现象发生数年前就已被通过，风电开发商和大型发电公司在某些地区会有过度开发的行为。

风力资源：自然界的风力资源存在年际变化，这也会对弃风率产生影响。例如，2014年的风力资源低于历年平均值（称为"小风年"），而2013年则高于平均值（称为"大风年"）。根据中国气象局下属的国家气象中心的报道，10个大型风电基地的风力资源连续两年内的差异达到了14%。"小风年"内，理论发电量要低于平均值，因此弃风率会相应偏低（赵靓，2015）。

以上提到的五个因子一起构成了一个完整的分析框架，可以用来解释各省份的弃风率变化，而其他制度上的因素只能间接地影响弃风率。

（二）数据

我们以省份作为分析单元，具体研究了国家能源局密切关注的十个省份。这十个省份有着全国 3/4 的风电装机，同时弃风现象也最为严重。

本研究有两个主要的数据来源。2013～2016 年跟风能有关的数据（弃风率、风电装机、风电发电量）是从国家能源局发布的风能监测报告中提取的，而 2011 年和 2012 年的数据来自文献（国家电力监管委员会，2012；王赵宾，2014）。其他所有变量（本地电力需求量、总发电量、外输电量、风电装机容量）的信息，都来自中国电力企业联合会每年编辑的《电力工业统计资料提要》。《电力工业统计资料提要》中的数据并没有区分风电和其他电源的外输电量，因此本研究中使用的是外输电量的总数。

最理想的表征风力资源的数据应当为所监测的风力发电机的理论发电小时数，即风力发电机在没有任何弃风情况下的发电小时数。但是，因为没有信息说明每年新增的风力机是何时并网的，因此，仅仅使用容量因子表征各省份年均的风力资源用处并不大；而把并网风电装机容量和理论发电小时数相乘会导致风电的理论发电量被夸大，进而得出过高的弃风率。因此，我们采取了一个间接的手段，通过用理论发电量（即 TWind）除以已并网的风电装机容量来推算出合理的风力资源数值。

（三）方法

我们通过 LMDI 方法（也称为对数平均迪氏指数法）来量化等式（6）中 5 个指标对于弃风率变化的影响。LMDI 是一套没有剩余项的指数分解模型，它被很广泛地应用于分解能源消耗和二氧化碳排放（Luo et al.，2012；Zhang et al.，2016）。此方法一般只应用于乘积因子的公式中，我们把它稍做调整来适用于包含加法和乘法的因子。

为了方便呈现，我们把等式（6）重新表述为：$Z = \dfrac{x_1 + x_2 - x_3}{x_4 x_5}$。令

$x_6 = -x_3$，$x_7 = \dfrac{1}{x_4}$，$x_8 = \dfrac{1}{x_5}$，因此 $Z = (x_1 + x_2 + x_6) x_7 x_8 = x_1 x_7 x_8 + x_2 x_7 x_8 +$

$x_6 x_7 x_8$。我们可以很简单地推出 $dZ = d(1 - CR)$。注意 Z 仍是包含了加法因子的乘法公式。如设：$V_1 = x_1 x_7 x_8$，$V_2 = x_2 x_7 x_8$，以及 $V_3 = x_6 x_7 x_8$，我们可以推出：

$$V = V_1 + V_2 + V_3 = Z = \sum_{j=1}^{3} x_{j,1} x_{j,2} x_{j,3} \tag{7}$$

从 x 到 V 的映射过程如下：

$$
\begin{aligned}
V_{1,1} &= x_1, V_{1,2} = x_7, V_{1,3} = x_8; \\
V_{2,1} &= x_2, V_{2,2} = x_7, V_{2,3} = x_8; \\
V_{3,1} &= x_6, V_{3,2} = x_7, V_{3,3} = x_8
\end{aligned}
\tag{8}
$$

而 V 的第一下角标为子类别 j，第二下角标为因子 i。明显来看，V 内包含了 3 个子类别和 3 个一般因子。由此，我们回到了标准型的 LMDI 程式。

在代数变形后，我们可以得到以下结果：

$$\Delta V = w_1 \ln\left(\frac{x_1^T}{x_1^0}\right) + w_2 \ln\left(\frac{x_2^T}{x_2^0}\right) + w_3 \ln\left(\frac{x_6^T}{x_6^0}\right) + W \cdot \ln\left(\frac{x_7^T}{x_7^0}\right) + W \cdot \ln\left(\frac{x_8^T}{x_8^0}\right) \tag{9}$$

等式中：$w_j = L(V_j^T, V_j^0)$，$W = w_1 + w_2 + w_3$，L 为对数均值函数，$L(a,$

$b) = \dfrac{a - b}{\ln\left(\dfrac{a}{b}\right)}$ 以及 $L(a, a) = a$。至此，我们已把 CR（即 ΔV）的变化分

解为公式（6）中五项因素的影响。

（四）全国分解结果

我们首先在全国层面利用 LMDI 方法把弃风率的年际变化分解为上述五项因子的影响程度。专注研究年际变化让我们可以控制任何不随时间变化的因素。

图 9-2 展示了 2012～2016 年的分解结果。对于每个年际变化，每一条色块的高度代表了相应因子在其他因子不变的情况下对于弃风率变化的影响。当我们把所有的影响相加后，即可得到连续两年的总弃风率变化，此数值由图 9-2 中的黑色曲线代表。为了更好地理解图 9-2 中的分解结果，我们在图 9-3 中引入了五项因子中四项因子的描述性统计信息。

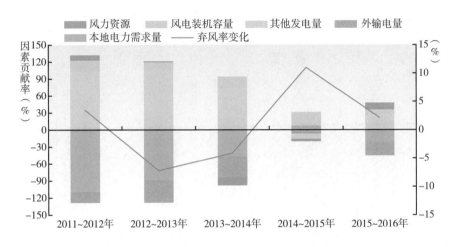

图 9-2　2012～2016 年十省份弃风率分解结果

注：此图中的弃风率数据与图 9-1 中的稍有不同。虽然分子——弃风电量和图 9-1 持平，但分母中的风力发电量与图 9-1 数据不同。图 9-1 包含了全国的风力发电量，而此图仅包括十个省份的风力发电量。

通过比较五项因子在此时间段内对弃风率的影响，本地电力需求量和其他电源发电量（煤电为主）的作用最为突出，紧随其后的是向其他地区的外输电量。本地电力需求的增长可消纳更多的风电从而降低弃风率，但是这一因子的影响作用从 2012 年到 2016 年在显著削弱。2012 年，在其他因子不变的情况下，2011～2012 年来本地电力需求的年度增长足以吸收风电的理论发电量，因此会降低 126% 的弃风率（实际的弃风率增加为 5%）；但是，在 2016 年本地电力需求仅仅能够吸收 24% 的理论发电量（相比之下实际的弃风率增长了 2%）。在 2015 年，本地电力需求量的下降甚至导致弃风率上涨（增长 7%），这表明弃风现象的发展迈入了新阶段。

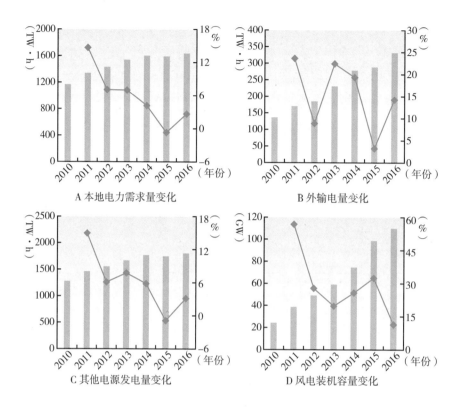

图 9 – 3　2010～2016 年十省份弃风影响因子变化情况

注：以上图中黑色曲线为年度增长率。

图 9 – 3A 中十个省份本地电力需求量的时间变化进一步证明了以上分解结果。2014～2015 年，此十个省份本地电力需求量总和的增长速度为负1%，是自 2011 年来的首次负增长，也因此导致 2015 年的弃风现象更为严重。在 2016 年，尽管本地电力需求量恢复了 3% 的增长率，但还是比 2014 年前的增长速度要迟缓。因此，在图 9 – 2 中，2016 年度本地电力需求量增长缓慢恢复，但弃风率继续增长。本地电力需求量降低弃风率的作用被其他因素的相反贡献所抵消。设想如果 2016 年本地电力需求量并无增长，尤其在下半年，弃风率可能会更高。例如，甘肃 2016 年上半年的弃风率为47%，而该省全年的平均弃风率为 43%。

其他电源发电量对弃风率的影响与本地电力需求量刚好相反（见图 9 – 2），

但作用程度相似。具体来说，在其他因子不变的情况下，其他电源发电量从可最大化地挤出风力发电量（例，弃风率提高 123%）变为只能挤出 29% 的风力发电量。其他电源发电量和本地电力需求量的紧密联系表示煤炭和其他发电能源几乎满足了本地全部的电力需求，而风电只占其中的一小部分。另一个关于其他电源发电量的有趣现象发生在 2013 年和 2014 年，这一因子提升弃风率的幅度甚至比本地电力需求降低弃风率的幅度还要高，这体现了煤电（和其他电源）的发展速度受经济发展影响的不一致性。在 2015 年，煤炭和其他电源发电量首次降低了弃风率，这体现了这些电源发电量的急速减少以及需求量和供给量之间的重新平衡（见图 9 - 3C）。减少火力发电也将提高它们的调峰能力。

2013 年和 2014 年不少输电工程完工后，外输电量对于降低弃风率的影响增强。但是，这一因子的影响力于 2015 年基本消失（见图 9 - 2）。在 2015 年，外输电量甚至导致弃风率上升，这体现了即使输电能力不变或增加，外输电量仍在下降的事实（例如甘肃、吉林、内蒙古），此现象也表明了受电地区不愿接受外省电力的情况。在图 9 - 3B 中，外输电量在 2012 年和 2015 年均有下滑，而 2012 年为弃风率的高峰年。虽然 2012 年的弃风高峰是由输电能力受限直接导致的，但 2015 年的本地电力需求量与 2012 年却大相径庭。因此，造成这两次弃风高峰的根本原因迥然不同。2016 年电力需求的提升增加了各省份之间的电力交易，并再次使外输电量成为降低弃风率的一个因子（见图 9 - 2）。

风电装机容量在此期间不受高弃风率的影响而持续增长。然而，由于 2013 年和 2014 年的低弃风率（见图 9 - 1），2015 年成了风力理论发电量增速迅猛的一年（见图 9 - 3D）。最后，由于 2014 年是"小风年"的缘故，风力资源成了降低弃风率的重要因子。除此之外，风力资源对于弃风率的影响如预想一样相对较小。

总结来说，这五项因子充分解释了弃风率的年度变化，没有留下任何残差。由图 9 - 2 中黑线代表的弃风率总年际变化可以看出，在经历了 2013 年和 2014 年两个"小风年"后，弃风率自 2015 年来经历了第二轮增长。2013 年和 2014 年弃风率的改善也可追溯为几个新建输电工程的投产（例如，在

甘肃建成的第二个 750 千伏的输电线路）和各省份之间电网设施的改善。自 2015 年以来，经济新常态下的经济增速放缓，导致用电需求增速的减缓甚至负增长，这已成为第二轮弃风现象的主要原因。

为了进一步量化不同因子对弃风率的影响作用，我们挑选了图 9-2 中弃风率最高（2014~2015 年）和最低（2012~2013 年）的两个年度，并提取两个年度之间弃风率差异的变化（双重差分），依此来考虑不同因子在这两个年度之间的影响。由此一来，我们可以看到本地电力需求量的减少与弃风率的上升呈正相关关系。在这两个时间段内，弃风率增长了 17%（见图 9-4），而本地电力需求量的增幅放缓有可能将弃风率提升至 101%（相当于弃掉所有的理论发电量）。同样，外输电量的下降将弃风率提高了 33%，而风电装机容量的增长仅仅使弃风率增长了 7%。从负面角度来看，煤炭和其他电源发电量的降低有可能将弃风率减低 118%，而风力资源有可能将弃风率降低 6%。总结来说，图 9-4 再次展现了近期攀升的弃风率在很大程度上来讲是一个电力需求方面的问题。

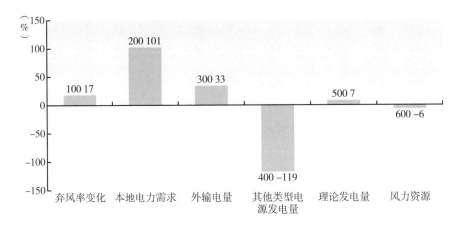

图 9-4 不同因素对 2012~2013 年和 2014~2015 年弃风率变化的影响

（五）省级分解结果

不同省份在风电消纳的过程中面临不同的挑战，弃风的原因也各有不同。我们的省级分解结果指出了各省份之间的显著差异，在图 9 - 5 中展示了国内弃风率最高四个省份的数据。四个省份之间共同的特征为本地电力需求量对于降低弃风率的影响越来越小，甚至在某些省份还导致了弃风率的上升，这与上述国家层面的现象相符。

在甘肃省，本地电力需求量对弃风现象的影响作用变化最大。自 2015 年来，本地电力需求量基本持平，并于 2016 年减少了 300 万千瓦时。本地电力需求的减少也造成了风电消纳的难题。另一值得注意的现象是，由于国家能源局的干预，2016 年甘肃省的风电装机容量基本没有增加，从 2015 年以来其他电源装机也受到了严格的限制。尽管电力外输，使得弃风率在 2014 年下降了 17%，但由于受电力输入省份接受意愿降低的影响，弃风率在 2015 年又升高了 11%。2016 年，电力外输不足的问题因各省份的用电负荷增长而略有缓解。最后，由于 2014 年是"小风年"，该年度甘肃的风力资源对于降低其弃风率的影响很大。

在吉林省，本地电力需求量对于弃风现象的影响并不是特别大，而最大的影响因子为外输电量。在东北电网内，吉林最大的电力外输对象为辽宁，因此会受到辽宁省内电力需求情况的影响。不幸的是，辽宁省近年来的GDP 增速缓慢，2016 年的 GDP 增长为负数并在全国排名垫底。2013 年和 2016 年，吉林高速发展其他电源，其中水力发电的增速尤为可观，导致了弃风率的提高。在其他年份（2014 年和 2015 年），因为其他电源的利用率降低，弃风率也相应减小。尽管近邻省份在冬天必须运行供暖的热电联产成了风力发电的重要阻碍因素，但此因素的影响在几年内并无太大变化。

如果单看各影响因子贡献分解的话，新疆的情况和全国最为相似。2011 年和 2012 年，新疆的风电发展规模相对较小，而本地电力需求量和其他电源发电量的增长较快，造成了这两个因素的影响力增强。尽管在 2013 年前，本地电力需求量和其他电源发电量的影响总体来说会相互平衡，但是在 2014 年和 2015 年，本地电力需求量的增长并没有跟上其他电源发电量的增加，因此造成弃风率上升。从图 9 - 5 来看，风电装机容量的影响似乎较小，但在近年新疆的风电装机容量却在呈指数级增长，直到国家能源

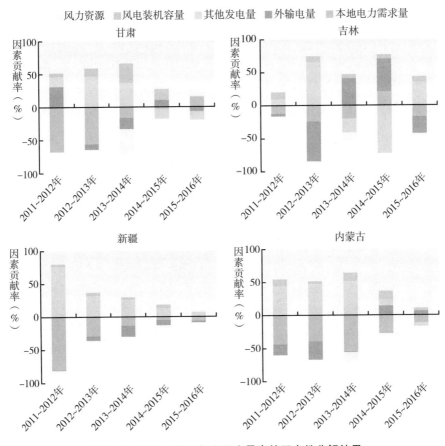

图 9 - 5　2011～2016 年弃风率最高的四省份分解结果

局因为过高的弃风率而暂停其风电发展。最后，外输电量在整个研究时段里缓解了新疆的弃风问题，虽然此因素的影响因自 2015 年来各省份电力需求量减少而开始减弱。

在内蒙古自治区，由于本地用电需求量在稳定上升，所以本地电力需求对弃风率的影响并不大。但在此期间，内蒙古对外输电变得愈加困难。虽然内蒙古与西北和东北两个区域电网相连，但东北电网对内蒙古电力的消纳能力在逐渐下降。煤电和其他电源的发电量自 2015 年开始下降，并面临限电问题，这一现象在某种程度上降低了弃风率。虽然风电装机容量在不断上升，但 2014 年"小风年"导致弃风率下降，这和甘肃省的情况相似。

总的来看，吉林省和内蒙古自治区的电力外输困难情况说明，在外输线路设施健全的情况下，电力外输对于缓解弃风问题的影响力在逐步下降，而造成此现象的主要原因为各省份对于外省电力的低接受意愿。此外，本地电力需求减少不仅会直接影响本省的弃风率，也会间接影响对其他省份的电力输出。

我们已经观察到其他电源的发电量在剧减，尤其是火力发电。当电力需求量降低时，所有电源都面临着新常态的考验。尽管如此，这种共同分担的现状并不是具有最佳环保效益的解决方案。降低制造商的成本以吸引其投资来发展经济是地方政府的首要任务。虽然电价更为低廉的煤电在投资（当煤炭价格便宜时）和生产（当忽略火力发电的外部效应时）方面都是不错的选择，但考虑到经济新常态经济转型的需求、应对气候变化和环境污染的压力后，风力发电必须逐渐代替火力发电。

尽管此十个省份都面临很高的弃风率，但它们还在不断增加风电装机，导致弃风问题愈加严重。一些省份还在努力实现风电基地第一阶段的风电装机目标，而另一些省份（如甘肃）已经进入风电基地发展的第二阶段。在本地电力需求降低以及电力外输受限的情况下，如果不改变现状，弃风问题很难得到解决。幸运的是，国家能源局已经介入并暂停弃风严重省份的风能发展。

（六）宏观层面证据

为了进一步强调需求方面的影响，图 9 - 6 中比较了全国的发电装机容量增速和电力需求增速。自 2008 年以来，尽管发电装机仍在持续增长，但全国的用电需求增长却从 2010 年最高值的 12.9% 下降到了 2015 年的 1.0% 以下。很明显，电力供给和需求之间的差距在近几年来不断扩大，造成了电力行业的产能过剩。2016 年，由于经济增速回升，电力需求量的增速也反弹到了近 5%。尽管如此，因为电力需求增速还是比之前低，如何在多种电源之间找到可能的利益平衡，是摆在所有省份面前的难题。如果中央政府不为各省份制定明确的可再生能源发展指标，地方政府弃煤的意愿将会很低。

图 9 – 6　2008～2016 年全国总发电装机的年增长率和用电量的增长率

资料来源：中国电力企业联合会，2010～2016。

　　由于需求侧的原因，国内所有电源都面临着利用率不足的问题，弃煤现象和弃风现象在同时发生。如果输电线路限制是弃风现象的主要原因，作为基荷供应的燃煤发电不应该面临严重的限电问题。图 9 – 7 把 2013～2016 年国内十大弃风省份风电和煤电的年发电小时数做了一个比较，每一个箭头代表了相近两年的变化。与 2016 年全国平均风电与煤电年发电小时数相比，这十个省份的风电和煤电的年发电小时数出现了整体下滑现象，但是各省份之间的下滑速度因省内情况而异。在弃风率最高的新疆和甘肃两省份，风电发电小时数的下降快于煤电的下降，而宁夏的风电发电小时数和煤电发电小时数均大幅下滑。

　　东北电网下的辽宁、黑龙江和吉林三省的风电年发电小时数下降幅度比煤电的下降幅度要高很多，主要原因是热电联产在煤电中占比很高。内蒙古在 2016 年开始弃煤电之前也面临着同样的问题。虽然东北电网在此之前面临着调峰能力不足的问题，但 2016 年辅助电力市场试点建立，为当地煤电的减产提供了一定动力。山西和河北一开始的弃风和弃煤情况基本相似，但是 2016 年两省的风电发电小时数因为本地用电负荷的增长而得以提升。云南在煤电、水电与风电之间来回摇摆。总体来看，图 9 – 7 更加强调了自 2015 年以来弃风率背后的主要原因是用电需求下降的事实。

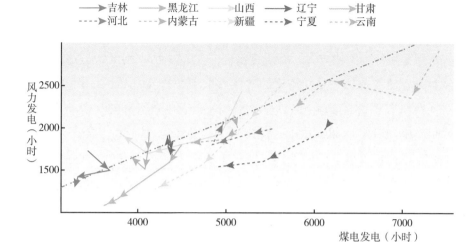

图 9 – 7   2013～2016 年火力发电和风力发电利用小时数比较

注：每一个箭头代表一省 2013～2014 年、2014～2015 年、2015～2016 年的变化。云南省由于水力发电量高于火力发电量，故本研究将其水电和火电捆绑在一起。图中虚线代表了 2016 年全国风力发电小时数和火力发电小时数之间的比例，为 0.418。

资料来源：中国电力企业联合会对电力行业的年度统计数据。

四　讨论和结论

上文的分解结果显示，本地电力需求增长放缓是中国近期弃风率上升背后的主要原因。自 2015 年以来此趋势尤为显著，电力需求增速降至 1.0%，外输电量也在电网传输能力持续增强的情况下继续下降，而电网调峰能力在火力发电减少后也得到加强。自 2016 年来电力需求回暖，但中国的弃风率并没有在现有基础上持续上升，再次体现了电力需求对弃风率的重要影响。在很大程度上，弃风问题不仅仅是风电产业的问题，也是中国经济在转型为新常态过程中所要应对的更为广泛的能源转型问题。在弃风问题之外，太阳能发电、水力发电、核电和火力发电都面临着限电问题，这反映了整个电力行业所面临的产能过剩现象。

当我们把研究结果和现有讨论弃风问题解决方案的文献联系在一起时，

我们发现增加电力需求或者减少其他电源发电是中国提高风电利用的两大解决方案。但是，当考虑到经济绿色转型需求和应对气候变化的压力时，以风代煤显然是更好的解决方案。有研究比较了内蒙古西部使用抽水蓄能和用电热锅炉来存储多余风电并在需要的时候放电的做法（Zhang et al.，2016）。另外一些研究调查了热泵和蓄热，并讨论了整合电力和热力系统的好处（舒印彪等，2017；Xiong et al.，2016）。无论如何，对于电热锅炉和热泵的研究都表明对火力供热的需求在下降，也因此会使火力发电厂的利用时间减少。

如果不考虑供热和电量存储的选择，另一方案建议通过改变调峰规则并减少火力发电的最低运行时间使电网调度更加灵活（Davison et al.，2016；Xiong et al.，2016）。但图 9 - 8 显示在东北电网区域内，火力发电利用小时数的变化是最少的。这一现象也从侧面反映了在这些省内做类似调整的困难性，主要原因为电网的灵活性不够（热电联产的占比很高），再加上各省份用煤电平衡风电的动机很低。幸运的是，中国在近年来开拓了辅助电力服务市场试点以刺激煤电厂减产并在东北市场提供调峰服务（国家能源局东北监管局，2016）。

在增强电力传输能力方面，我们的分解结果显示当下最大的挑战并不是电网本身的输电能力，而是如何提高电力输入省份对于外来电力的接受程度。当大部分省份都面临着电力产能过剩的问题时，电力跨省输送变得尤为困难。在 2015 年，除了新疆和云南，十个弃风大省中的八省的外输电量都比 2014 年要少。新疆是一个特例，在自治区政府的积极倡议下，新疆和其他 11 个省份签订了以购买电力为主的援助项目。但是，协议中涉及的输出电量仅为新疆所有电源所产多余电量的 8%（宁宁，2016）。

从积极的一面来说，经济发展增速下降减轻了电力行业满足用电需求的压力，为以风代煤提供了良机。此外，在用电需求量增长相对缓慢的时候，可再生能源代替煤炭的替代效应可以被最大化。中国应该把握住这次经济转型的时机来逐渐淘汰煤电产量，进一步深化能源改革和电力行业脱碳。2016 年9 月，国家能源局取消了在九个省份共计 12GW 的火力发电工程（国家能源局，

2016）。

从政治经济学的角度来看，能源替代和能源转型并非易事，利益的再分配过程富有挑战性且有其社会和政治后果。尽管如此，经济低碳化不仅仅是《巴黎协定》中全世界所定下的共同目标，也是一个不可逆转的历史趋势。因此，中国应当把发展可再生能源作为要务并把握住经济新常态的时机来巩固能源转型的成果。2017 年底全国碳市场正式启动，国家层面的可再生能源配额制度也即将推行。在这些政策的推动下，电力产业将会如预期一样走出煤炭时代。

参考文献

1. Ambec, S., Crampes, C., "Electricity Provision with Intermittent Sources of Energy", Resource and Energy Economics, 2012, 34: 319 – 336, doi: 10. 1016/j. reseneeco. 2012. 01. 01.

2. Bird, L., Cochran, J., Wang, X., "Wind and Solar Energy Curtailment: Experience and Practices in the United States", National Renewable Energy Laboratory, 2014.

3. Bird, L., Lew, D., Milligan, M., Carlini, E. M., Estanqueiro, A., Flynn, D., et al., "Wind and Solar Energy Curtailment: A Review of International Experience", Renewable and Sustainable Energy Review, 2016, 65: 577 – 586. doi: 10. 1016/j. rser. 2016. 06. 082.

4. Davidson, M. R., Zhang, D., Xiong, W., Zhang, X., Karplus, V. J., "Modelling the Potential for Wind Energy Integration on China's Coal-heavy Electricity Grid", Nature Energy, 2016, 1: 16086, doi: 10. 1038/nenergy. 2016. 86. .

5. Ding, Y., Yang, H., "Promoting Energy-saving and Environmentally Friendly Generation Dispatching Model in China: Phase Development and Case Studies", Energy Policy, 2013, 57: 109 – 118, doi: 10. 1016/j. enpol. 2012. 12. 018.

6. EU Commission: "Greenhouse Gas Emission Statistics 2017", 2017.

7. Green, F., Stern, N., "China's Changing Economy: Implications for Its Carbon Dioxide Emissions", Climate Policy, 2017, 17: 423 – 442, doi: 10. 1080/14693062. 2016. 1156515.

8. He, G., Kammen, D. M., "Where, When and How Much Wind is Available? A Provincial-scale Wind Resource Assessment for China", Energy Policy, 2014, 74: 116 –

122, doi: 10. 1016/j. enpol. 2014. 07. 003.

9. IEA: "Next Generation Wind and Solar Power – From Cost to Value", 2016.

10. Kies, A., Schyska, B. U., Von Bremen, L., "Curtailment in a Highly Renewable Power System and Its Effect on Capacity Factors", Energies, 2016, 9: 510, doi: 10. 3390/en9070510.

11. Liu, W., Lund, H., Mathiesen, B. V., "Large-scale Integration of Wind Power into the Existing Chinese Energy System", Energy, 2011, 36: 4753 – 4760, doi: 10. 1016/j. energy. 2011. 05. 007.

12. Lu, X., McElroy, M. B., Peng, W., Liu, S., Nielsen, C. P., Wang, H., "Challenges Faced by China Compared with the US in Developing Wind Power", Nature Energy, 2016, 1: 16061, doi: 10. 1038/nenergy. 2016. 61.

13. Lund, P. D., Lindgren, J., Mikkola, J., Salpakari, J., "Review of Energy System Flexibility Measures to Enable High Levels of Variable Renewable Electricity", Renew Sustain Energy Rev, 2015, 45: 785 – 807. doi: 10. 1016/j. rser. 2015. 01. 057.

14. Luo, G., Zhi, F., Zhang, X., "Inconsistencies between China's Wind Power Development and Grid Planning: An Institutional Perspective", Renewable Energy, 2012, 48: 52 – 56, doi: 10. 1016/j. renene. 2012. 04. 022.

15. Luo, G., Li, Y., Tang, W., Wei, X., "Wind Curtailment of China's Wind Power Operation: Evolution, Causes and Solutions", Renewable and Sustainable Energy Review, 2016, 53: 1190 – 1201, doi: 10. 1016/j. rser. 2015. 09. 075.

16. Miranda, R., Soria, R., Schaeffer, R., Szklo, A., Saporta, L., "Contributions to the Analysis of Integrating Large Scale Wind Power into the Electricity Grid in the Northeast of Brazil?" Energy 100, 2016, 401 – 415, Energy, 2017, 118: 1198 – 1209, doi: 10. 1016/j. energy. 2016. 10. 138.

17. Obama B., "The Irreversible Momentum of Clean Energy", Science, 2017, aam6284. doi: 10. 1126/science. aam6284.

18. Pei, W., Chen, Y., Sheng, K., Deng, W., Du, Y., Qi, Z., et al., "Temporal-spatial Analysis and Improvement Measures of Chinese Power System for Wind Power Curtailment Problem", Renewable and Sustainable Energy Review, 2015, 49: 148 – 168, doi: 10. 1016/j. rser. 2015. 04. 106.

19. Sun, B., Yu, Y., Qin, C., "Should China Focus on the Distributed Development of Wind and Solar Photovoltaic Power Generation? A Comparative Study", Applied Energy, 2017, 185, Part 1: 421 – 439, doi: 10. 1016/j. apenergy. 2016. 11. 004. http: //news. xinhuanet. com/energy/2013 – 01/30/c _ 124300504. htm , 2016 – 9 – 1.

20. Wang, Q., Li, R., "Decline in China's Coal Consumption: An Evidence of Peak Coal or a Temporary Blip?" Energy Policy, 2017, 108: 696 – 701, doi: 10. 1016/j. enpol. 2017. 06. 041.

21. Wu, Z., Sun, H., Du, Y., "A Large Amount of Idle Capacity under Rapid Expansion: Policy Analysis on the Dilemma of Wind Power Utilization in China", Renewable and Sustainable Energy Review, 2014, 32: 271 – 277, doi: 10. 1016/j. rser. 2014. 01. 022.

22. Xiong, W., Wang, Y., Mathiesen, B. V., Zhang, X., "Case Study of the Constraints and Potential Contributions Regarding Wind Curtailment in Northeast China", Energy, 2016, 110: 55 – 64, doi: 10. 1016/j. energy. 2016. 03. 093.

23. Yasuda, Y., Flynn, D., Lew, D., Bird, L., Forcione, A., "International Comparison of Wind and Solar Curtailment Ratio", Proc. 14th Wind Integration Workshop, 2015.

24. Yuan, J., "Wind Energy in China: Estimating the Potential", Nature Energy, 2016, 1: 16095, doi: 10. 1038/nenergy. 2016. 95.

25. Zhao, X., Zhang, S., Yang, R., Wang, M., "Constraints on the Effective Utilization of Wind Power in China: An Illustration from the Northeast China Grid", Renewable and Sustainable Energy Review, 2012, 16: 4508 – 4514, doi: 10. 1016/j. rser. 2012. 04. 029.

26. Zhang, N., Lu, X., McElroy, M. B., Nielsen, C. P., Chen, X., Deng, Y., et al., "Reducing Curtailment of Wind Electricity in China by Employing Electric Boilers for Heat and Pumped Hydro for Energy Storage", Applied Energy, 2016, 184: 987 – 994, doi: 10. 1016/j. apenergy. 2015. 10. 147.

27. Zhang, Q., Feng, Y., Wang, S., "Research on UHV AC Transmission of Combined Electricity Generated from Wind and Thermal", Electrical Power, 2012, 45: 1 – 4.

28. Zhang, X., Ruoshui, W., Molin, H., Martinot, E., "A Study of the Role Played by Renewable Energies in China's Sustainable Energy Supply", Energy, 2010, 35: 4392 – 4399, doi: 10. 1016/j. energy. 2009. 05. 030.

29. Zhang, Y., Tang, N., Niu, Y., Du, X., "Wind Energy Rejection in China: Current Status, Reasons and Perspectives", Renewable and Sustainable Energy Review, 2016, 66: 322 – 344, doi: 10. 1016/j. rser. 2016. 08. 008.

30. 国家电力监管委员会：《重点区域风电消纳监管报告》，2012。

31. 国家电力监管委员会：《风电场弃风电量计算办法》，2013。

32. 国家能源局：《2016 年风电并网运行情况》，2017，http：//www. nea. gov. cn/2017 – 01/26/c_ 136014615. htm，2017 – 01 – 27。

33. 国家能源局：《关于取消一批不具备核准建设条件煤电项目的通知》，2016，http：//zfxxgk. nea. gov. cn/auto84/201609/t20160923_ 2300. htm。

34. 国家能源局东北监管局：《东北电力辅助服务市场专项改革试点方案》，2016，http：//dbj. nea. gov. cn/nyjg/hyjg/201611/t20161124_ 2580781. html，2017 - 6 - 16。

35. 宁宁：《11 省市争购疆电！电改和疆电外送两条腿走路》，2016，http：//www. cet. com. cn/nypd/dl/1831108. shtml，2016 - 11 - 9。

36. 舒印彪、张智刚、郭剑波、张正陵：《新能源消纳关键因素分析及解决措施研究》，《中国电机工程学报》2017 年第 1 期。

37. 王赵宾：《中国风电弃风限电分析报告》，《能源》2014 年第 1 期。

38. 赵靓：《"小风年"呼唤风电长期预测》，《风能》2015 年第 2 期。

39. 中国电力企业联合会：《电力工业统计资料提要》，2010～2016。

B.10

弃风限电的制度原因分析：
以甘肃酒泉和吉林通榆为例*

董文娟　董长贵　齐　晔　黄采薇**

摘　要：中国的弃风问题已经造成了巨大的经济和能源效率损失，弃风问题的反复出现和屡治不止印证了该问题的复杂性和电力管理体制的脆弱性。在当前电力体制改革的背景下，解决弃风问题有助于电力体制朝着与可再生能源更加友好的方向过渡。本研究中，我们提出了一个电力管理制度的框架来分析中国的弃风问题，并通过两个案例研究——甘肃省酒泉市和吉林省通榆县风电基地的发展——来寻找不同地区弃风问题的相似的制度成因。基于李侃如和奥克森博格的理论，我们将碎片化的电力管理体制归结为中国弃风问题最根本的制度原因。本研究建议应继续推进电力市场改革，建立区域性的电力现货市场及辅助服务机制，依托电力市场机制彻底解决弃风问题。

关键词：弃风限电　制度原因分析　甘肃酒泉　吉林通榆

---

* 原文 Fixing Wind Curtailment with Electric Power System Reform in China 为清华－布鲁金斯公共政策研究中心的工作论文，2018 年 4 月 9 日发表于布鲁金斯学会网站。本文由刘汐雅与张子涵翻译。

** 董文娟，清华－布鲁金斯公共政策研究中心；董长贵，中国人民大学公共管理学院；齐晔，清华大学公共管理学院；黄采薇，清华大学苏世民学院。

一 背景

自 2009 年以来，中国一直引领全球风电发展。至 2017 年底，中国风电累计装机容量达到 188.39GW，占全球风电装机容量总量的 35%；当年新增装机容量 19.66GW，占全球市场新增装机容量的 37%（GWEC，2018）。尽管中国在装机容量上遥遥领先，但是在风资源近似的条件下，单位装机发电量却远低于美国（Lu et al.，2016；Lewis，2016）。弃风限电是近年来导致中国较低的风力发电量的最为重要的原因。弃风限电是指由于某些原因，调度机构减少可以正常运行的风能装机所发出电力的上网时间，造成已并网风力发电机闲置的现象；弃风限电并不包括因风机自身设备故障原因而造成的限制发电。从 2010 年以来，中国的风能发展深受弃风限电影响，2016 年的弃风电量更是高达 497 亿千瓦时，全国平均弃风率高达 17.1%（国家能源局，2017）。

中国的弃风问题已经造成了巨大的经济和能源效率损失。2016 年，中国的弃风电量（497 亿千瓦时）甚至高于总人口达 1.63 亿人的孟加拉国在 2016 年的总用电量（490 亿千瓦时）。如果被弃的风电电量全部可以上网，将替代大量的燃煤发电量，并因此而减少 4200 万吨的二氧化碳排放（相当于 2016 年保加利亚的全年排放量）。弃风还给风电开发商带来了高达 187 亿元人民币（27 亿美元）的售电损失。此外，弃风对中国政府在能源领域的政策制定也产生了重要影响。2016 年 11 月，面对严重的弃风问题，国家能源局宣布将 2020 年风电装机目标从 250GW 调减到 210GW。此外，在多个省份还发生了弃光、弃水甚至弃核问题。

早在中国风电发展初期，弃风现象就已存在。2011 年左右，这一问题受到中央政府的高度重视，新建了大量的电网设施，弃风问题也在接下来的 2013 年和 2014 年有所缓解。然而 2015 年，伴随着经济增速放缓，电力需求增速也随之下降，弃风率再次大幅反弹。国际经验表明弃风率通常占到最大风力发电量的 1%～3%。一些国家如美国和意大利，也曾出现过严重的弃风问题，然而其通过电网扩张和电力市场设计优化，这一问题在短短几年内就得到解决（Bird et al.，2014，2016）。而中国的弃风率长期保持在10%以上，风能大省的弃风率更是长期超过20%，这可能意味着更为复杂的原因。

以往的研究表明中国弃风问题的原因有很多，包括：（1）电网的技术限制（Davidson et al.，2013，2016a）；（2）电力系统灵活性问题与调峰问题（Lu et al.，2016）；（3）输电线路限制（Fan et al.，2015）；（4）本地电力需求有限，输电能力与发电装机不匹配（Wu, et al.，2014）；（5）各类规划之间缺乏协调，以及制度原因（Davidson et al.，2016b）。然而，以上原因并不足以解释中国弃风问题的复杂性，也不能反映这些原因之间的关联。此外，2012年以来中国政府已经采取了很多措施解决弃风问题，为何弃风问题反而继续加剧？一些研究者尝试将弃风问题与政治经济利益联系起来，然而，这些利益关系必须放在中国电力制度的大背景下，才能够被充分理解。

本研究中，我们提出了一个电力管理制度框架，用来分析弃风问题及其背后的制度原因。此外，我们通过两个案例研究——甘肃酒泉风电基地和吉林通榆风电基地的发展——来验证这些制度原因。本文共分为四节：第一节为引言；第二节通过电力管理制度框架来阐述弃风问题的制度因素和该问题的本质；第三节是酒泉与通榆的案例研究，用于验证第二节的制度原因分析；第四节为本研究的结论和相应的政策启示。

二　基于电力管理制度的弃风原因分析

中国的电力部门是典型的自然垄断部门，由国有企业主导，并具备和政府相似的行政等级结构。在电力管理体制中，电力投资、生产和分配仍然由政府控制和主导，电力相关的决策大部分由省级政府层面完成和实施。中央政府在2002年和2015年启动了两轮电力领域市场化改革。近年来电力体制一直受到计划管理和市场力量的双重影响，然而迄今为止，市场价格机制的影响还很有限。2017年，通过市场进行的电力交易仅占总电力消费的26%

（国家发改委，2018），可以预见双轨制仍将持续一段时间，而电力市场的作用将变得越来越重要。

本研究中，我们提出了一个电力管理制度的框架（见图 10-1），用来解释中国的弃风问题，并尝试寻找问题的制度根源。基于李侃如和奥克森博格的"碎片化的威权主义"概念（Lieberthal & Oksenberg，1986），我们重点分析了电力体制整体缺乏协调的问题。图 10-1 展现的现行电力管理制度框架包含了主要利益相关者及其在电力部门投资、生产和分配中的角色。主要利益相关者包括中央政府、地方政府、电网公司、发电公司和电力大用户。理想状态下，这种电力管理制度结构通过各方的共识原则进行协商、讨价还价和相互妥协，从而进行决策。但实际上，这一制度往往会面临严重的协调欠缺问题。

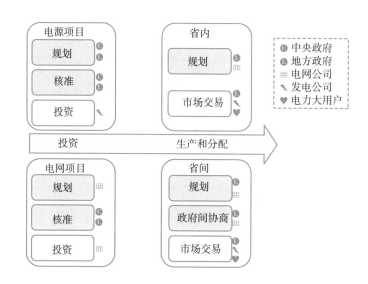

图 10-1　现行电力管理制度框架及主要利益相关者

（一）主要利益相关者及其电力管理相关职能

1. 中央政府

中央政府对电力行业的发展起着指导性作用。中央政府通过规划管理全国装机目标和电网发展，并制定电力系统调度规则和上网电价水平。在当前进行的电力市场化改革中，中央政府制定纲领性的法规和政策，设计市场交易规则和交易产品，并对市场进行监督。国家发展和改革委员会（以下简称"国家发改委"）负责协调电力行业市场化改革政策的起草工作，同时超过九个部委都参与其中。

从电力行业管理职能来看，中央政府的职能分散于多个部委，这也导致了协调的困难和注重部门利益现象的出现。国家能源局负责电力行业规划制定，并对电力市场进行监管。国家发改委价格司负责电力上网电价制定与调整。国家发改委经济运行局负责与有关部门、地方和电力企业协商，确定年度优先发电、优先购电计划。同时国务院国有资产监督管理委员会（国资委）负责监督国有能源企业（电网企业和发电企业）的资产，财政部负责可再生能源发电上网电价补贴的资金拨付。

电力行业管理职能甚至在部委的内部也非常分散，这导致不同机构之间的高协调成本。例如，虽然协调不同类型电源的规划目标非常重要，但是在"十一五"和"十二五"期间（2006～2015年），这样的协调机制却是缺失的，火电、水电、风电、核电、太阳能发电、生物质能发电的计划是分开制定的，职能分散于不同的司局。在此期间，国家级电网发展规划是缺失的，电网工程项目由国家发改委逐一核准。电力管理职能分散严重削弱了中央政府在政策制定方面的效率，并增加了不同机构之间的协调成本，这也直接导致了纵向和横向层面的各种规划目标的不匹配。

2. 地方政府

地方政府在电力管理体制中（尤其是省内投资、发电和供电计划方面）发挥着主导作用。省级政府负责中央层面的政策在各省份的执行。具体而言，省级政府决定行政管辖区域内的电力发展目标并核准具体电源投资项目和电网工程项目（330/220kV及以下），制订年度发电和供电计划。至于省际的电力传输，相关的省级政府可以在省级电网公司的帮助下进行谈判和协商。此外，省级政府还主导着各省份的电力市场的具体设计。

省级政府和市县级政府在电力管理制度中的职能差别很大。改革开放以来，市县级政府承担着发展地方经济的职能，负责地方的招商引资和产业发展。在风力资源丰富的"三北"地区，风机制造业曾经是市县级政府热衷于引进的优质项目，这类项目不仅可以给当地带来投资、税收和就业，还受到国家政策的支持。大部分市县级政府都采用了"用风力资源换取风机制造业"的策略。在风电项目洽谈过程中，市县级政府通常要求大型能源企业在当地设立制造厂，以换取对风电资源开发的优先权。尽管市县级政府对当地风电场建设、风机制造业起到了非常大的推动作用，但是它们常常忽视风电消纳问题。

3. 电网公司

在2015年第二轮电力市场化改革之前，电力的收购、调度、输电、配电和售电都是由国有大型电网公司垄断管理的。中国有两家大型跨区域电网公司：国家电网公司和南方电网公司。这两家大型跨区域电网公司垂直管理着五家区域电网公司、37家省级电网公司和431家市政电网公司。对电网公司的职能进行分割是这一轮电力市场化改革最重要的目标之一。改革后，电网企业将按照政府核定的输配电价收取过网费，不再以上网电价和销售电价的价差作为主要收入来源。

省级电网公司负责指定区域内（主要在一个省内）电力系统的调度和运行。中央政府和地方政府发布指导性的政策和技术标准，电网公司也负责一部分技术标准的制定。有时中央政府和地方政府的政策并不一致，在这种情况下，省级电网公司往往倾向于配合地方政府。中国的可再生能源技术标准还在不断的完善中，2005年版的《可再生能源法》要求风电接入不要对电网系统的可靠性产生不利影响，这样的要求给电网公司留下了很大的空间来定义电网系统的可靠性。

根据2002年电力市场化改革的制度安排，电网公司有责任协助政府制定国家级电网发展规划。两家跨区域电网公司分别制订各自区域内的五年电网计划，而国家能源局负责在此基础上制定全国性的电网规划。2011年，国家电网公司在其五年计划中设计了19条特高压远距离输电工程计划，并将该计划提交给国家能源局和国家发改委核准。针对这种特高压输电技术的大规模部署，国家能源局和国家发改委的不同部门之间就其必要性和安全性进行了激烈的争论，但并未达成共识。因此，"十二五"期间，国家能源局没有颁布统一的国家级电网规划。在全国性电网规划缺席的情况下，国家发改委和国家能源局采取了逐个电网项目核准的方式（赵忆宁，2013），而这导致了发电规划和输电项目在时间上的严重不匹配。发电侧和输电侧之间缺乏协调通常被认为是导致风电接入和传输困难的关键原因之一。

4. 发电公司和电力大用户

中国的发电公司大多数是大型国有企业。在 2002 年电力市场化改革之后，出现了"五大四小"这样的大型国有发电集团。在 2007 年出台的《中长期可再生能源发展规划》中，首次对发电集团提出了非水电可再生能源配额的目标，要求权益发电装机总容量①超过 500 万千瓦的投资者，所拥有的非水电可再生能源发电权益装机总容量在 2010 年和 2020 年分别达到其权益发电装机总容量的 3% 和 8% 以上。在 2016 年发布的《关于建立可再生能源开发利用目标引导制度的指导意见》中，进一步提出到 2020 年，各发电企业非水电可再生能源发电量应达到全部发电量的 9% 以上。在非水电可再生能源装机和发电配额目标的引导下，各大发电集团竞相进入风电市场，在各省份争夺优质风资源。

大型国有发电集团不仅仅是电力政策的执行者，在制定电力政策时，大型国有发电集团也参与政策的协商和讨论过程，并影响政策制定结果。对于已经颁布实施的政策，如果在执行中发现问题，大型国有发电集团也有自己的渠道将问题反映给国家发改委和国家能源局。另外，国有发电公司的投资决策并不仅仅基于项目能够带来的利润，有时候甚至会被政治因素所左右，这一点与私营企业显著不同。在县级层面，发电公司尽其所能争夺当地优质风资源；在省级层面，发电公司对各省份的年度风电装机指标展开激烈的竞争。例如，2016 年有超过 300 家发电公司（包括当地中小型企业）排队等待第三批张家口风电基地的装机容量指标（访谈 BJ20160628）。

---

① 权益发电装机容量指按照权益比例（参股和控股比例）所占的装机容量之和。

电力大用户通常是用电量很大的制造企业，这类企业在电力行业管理中扮演着独特的角色。它们并不直接参与中央和省级层面的能源决策过程，但是作为本地大企业，它们对于当地经济发展举足轻重，因此在地方决策中具有重要影响力。例如，2013 年后部分省份经济增速下降，为保护当地制造业，一些省份建立了电力交易中心，鼓励电力大用户（主要是制造企业）直接从发电公司而非电网公司购买电力（也称为"大用户直购电"），从而给予大用户较低的电价，变相降低大用户的生产成本，这也相当于发电企业和电网企业对电力大用户直接让利。

从以上分析可见，电力管理的职能在主要利益相关者之间高度分散。在垂直层面，管理职能被分散至中央政府和省级或地区政府。中央政府制定国家级政策并进行监管，而地方政府决定其辖区内的发电和供电计划。在横向层面，中央和地方政府的电力管理职能分散于各部门之间，管理职能甚至在一个部委的内部都是分散的。此外，国有电网公司和大型发电公司在现行管理制度下都参与政策协商和讨论，并拥有强大的议价能力和影响力。电力管理职能在主要利益相关者之间的高度分散带来了协调困难、部门利益固化的难题。

（二）电力管理制度的运行与弃风问题

1. 电力行业投资管理

中央政府和省级政府通过风电规划引导投资，并通过项目核准控制总装机规模。2006～2015 年，电源规划由中央和省级政府负责制定；电网规划由电网公司起草，中央或省级能源主管部门负责调整、批准和发布。2011 年对全国风电规模采用年度计划管理后，省级能源局负责核准省内装机规模，然后上报国家能源局，国家能源局在综合平衡各省利益后，发布国家级年度计划，通过年度计划控制全国的装机规模（访谈 BJ20160531）。对于项目审批管理，中央政府有时将小型项目（项目规模小于 50 万千瓦的风电场）的核准权下放给省级政府。到 2013 年，风电项目的核准权已经全部下放给省级政府，中央政府只保留了国家级规划的制定权。

在规划管理模式下，最重要的是要有一个统一的电力规划，该规划需要包含各类电源和电网，并充分考虑电源之间、电源和电网、可再生能源和调峰电源、电源发电和供热之间的匹配问题。此外，因为中央和省级政府都采用规划方式进行管理，所以必须设计协调机制来保证中央规划和省级规划的一致性。然而，2006～2015年，国家能源局没有出台统一的电力规划，各类电源、电网的规划都是单独制定的，这造成了三个严重的不匹配问题：（1）国家级规划与省级规划不匹配；（2）电源规划和电网规划不匹配；（3）可再生能源与其他电源不匹配。

国家级规划和省级规划的不匹配体现在各省份规划目标通常都高于国家规划中分配给各省份的目标，项目核准权力又在省级政府，最终导致各省份装机容量之和超过国家规划目标，因而产生电力供给过剩问题。例如，2010年和2015年的风电装机的全国规划目标分别是10GW和100GW，而实际装机容量分别为31GW和129GW，并且风电发展大省也相继出现了电源装机容量过剩的问题。电源规划和电网规划的不匹配引发了很多地区的输电限制问题，这一问题在"十二五"时期尤其突出。可再生能源与其他电源的不匹配会引发调峰问题。需要指出的是，电力供给过剩、输电限制、调峰问题都是引发弃风限电现象的重要原因。

2. 电力生产和分配管理

省级政府通过制订年度发电计划管理辖区内发电机组的生产，确定发电机组的每年发电小时数。省级电网公司负责将年度发电计划分解为月度和每日调度计划，并负责这些计划的调度执行。同时，省级政府通过制订年度供电计划管理辖区内的电力消费，该计划确定了不同消费者的电力消费优先权。在大多数省份，这两个计划由电网公司起草，然后由省级政府部门调整、批准和发布。发电和供电计划是省级政府采用计划手段配置其管辖范围内电力资源的重要政策工具，这也是计划经济时代遗留下来的管理方式。

目前的省级发电计划管理方式将电力资源配置与调度局限在一省的管辖范围之内，而区域资源配置与调度的供给是严重不足的。一旦单个省份的电力供应能力过剩，在不增加跨省份和跨区域电力配置和输送的情况下，限电

就成为必然选择，而具有间歇性特点的风电通常是第一个被限制发电的。需要指出的是，由于中国的风电发展采取的是基于资源型的"建设大基地，并入大电网"发展模式，这种模式严重依赖于跨省份和跨区域输电，对区域调度的需求巨大。

对于省份间和区域间的交易，共有三种制度安排：国家发改委经济运行局制订的年度计划、省级政府协商、市场交易。2017年之前，国家发改委经济运行局负责制订年度省份间和区域间电力交易计划，该计划由两家跨区域电网公司起草，然后由国家发改委修改、批准并发布。随着电力市场改革的不断深入，国家发改委在2017年停止了该项规划。省级政府协商在跨省电力交易中也发挥了重要作用。此外，广州和北京电力交易所开始组织跨省份跨区域电力交易，然而，可再生能源交易量仍然微不足道。2017年，风电和光伏发电跨省外送交易电量仅占所有市场交易电量的2.2%（国家发改委，2018）。

2013年以来的经济增速下行使得大多数省份的电力需求增速显著下降，因而加剧了电力交易的省间壁垒。出于保护地方税收和就业的目的，地方政府倾向于使用本地发电厂所发出的电力。当用电需求可以通过本地供应来满足时，各省级政府不愿意从其他省份输入电力。这使得风电大省电力外送受阻，由于本省消纳能力有限，因而加剧了这些省份的弃风限电现象。如果电力生产和消费依然由省级政府主导，那么在经济下行进而电力消费增速降低的情况下，省间壁垒会严重阻碍跨省份和跨区域的风电输送。

总的来看，现阶段中国的电力管理制度具有四个显著特点：（1）电力管理职能主要分散在中央和地方政府层面，在同一级政府又分散于不同的部门；（2）中央和省级政府通过规划和项目核准方式在增加可再生能源装机容量方面非常高效，但是两级规划的不一致容易引发装机过剩问题；（3）省级政府部门主要通过年度计划安排电力生产和分配，该项制度安排将电力资源配置的区域局限在一省范围之内，在经济下行时容易引发严重的省间壁垒；（4）电力市场跨省跨区配置资源的作用仍然薄弱。现行电力管理制度对于省内资源配置非常有效，但对于跨省份和跨区域电力资源配置的作用非常有限。然而，中国的风电发展所采用的"大基地，大电网"模式，严重依赖于跨省份跨区域电力资源配置，弃风限电就是现行电力管理制度失灵造成的巨大浪费。接下来，我们用两个案例研究验证上述分析结果。

三　案例研究：甘肃酒泉与吉林通榆
风电基地弃风问题分析

（一）案例一：甘肃省酒泉千万千瓦风电基地

甘肃省酒泉地区的风力资源非常丰富，风速常年保持在 4 ~ 12 米/秒，主要风速保持在 5.0 ~ 6.5 米/秒，很少有破坏性高风速的情况出现；风功率密度在大部分地区达到 150 瓦/平方米以上（西北电力设计院，2008）。此外，由于沙漠地区的土地征用费用低，酒泉风电发展的土地成本显著低于其他地区。风电开发商们普遍认为酒泉是中国最适宜大规模发展风力发电的地区（访谈 LZ20160807）。然而，在该地区进行风电开发的最大缺点就是这里位于西北地区腹地，远离用电负荷中心，需要进行大规模远距离输电。

1. 酒泉的风电发展历程

2005 年，酒泉市政府制定了一项规模为 1 GW 的风电发展规划，并提交给了甘肃省发改委和国家发改委，但是国家发改委并没有批准这项规划。《可再生能源法》在 2006 年 1 月 1 日生效，该法案释放了明确的支持可再生能源发展的政策信号。随着《可再生能源法》等一系列支撑政策的出台，风电上网电价机制也逐渐清晰，这引发了风电开发商和地方政府对风电发展的热情。2007 年 7 月，时任甘肃省委书记赴酒泉进行实地考察，并表示了对该地区风电发展战略的大力支持，提出要将酒泉建设成为省级风电基地。

2007 年 9 月，以时任国务院副总理为首，包括时任国家能源局局长在内的中央工作小组对酒泉进行考察。当地政府提出了酒泉风电基地的战略构想，并获得了国务院副总理的认可和支持。同月，国家能源局在内蒙古风电会议上提出"建设大基地，融入大电网"的国家级风电发展战略。2008 年

初，酒泉作为中国第一个千万千瓦级别的风电基地获批建设，酒泉成为全球最大的风电基地。同时，超过 20 个电力公司与酒泉市政府签署了风电项目开发协议（秦川等，2011）。

同时，酒泉市政府开始大力建设新能源工业园区。2008 年夏天，第一家风机制造企业——金风公司在新能源工业园区破土动工。随着越来越多的制造商的进驻，2010 年，酒泉市风电项目和相关制造产业的投资达到 223 亿人民币（33 亿美元），当年税收达到 1.94 亿人民币（2870 万美元），并创造了 8000 多个工作岗位。在风电产业的带动下，酒泉市的 GDP 从 2005 年甘肃省第四位上升至 2010 年的第二位（何诺书等，2016）。

酒泉市风电基地的建设共分为两期（见表 10-1）。一期建设期为 2009～2012 年，规划风电项目装机容量目标为 3.8GW。但是，除规划目标外，甘肃省政府批准了另外 35 个风电工程，装机容量达到 1.3GW；加上之前获批的 0.4GW 的特许招标项目，第一阶段实际安装的风电装机达到 5.5（3.8 + 1.3 + 0.4）GW，远超最初 3.8GW 的规划。根据市政府计划，一期的建设应该在 2010 年底（也就是"十一五"计划结束之时）之前完工。鉴于这么大的建设规模和冬季寒冷天气带来的施工中断，该计划安排的施工期可谓非常紧张。然而，市政府有自己的打算，如果不能够在 2010 年底之前完成一期的建设，他们将很难争取到"十二五"时期国家风电发展规划中的更大份额。因此，在 2009 年和 2010 年间，当地政府采取了大量措施督促风电场建设，即使在冬季都不曾中断（访谈 JQ20160811）。

表 10-1　酒泉风电基地建设安排与实际进展

	一期	二期	
		第一批	第二批
规划装机容量（GW）	3.8	3	5
实际装机容量（GW）	5.5	3	0.15（2016 年）
建设时间	2009～2012 年	2013～2015 年	无限期推迟
配套输电设施	第一条 750 千伏线路	第二条 750 千伏线路	±800 千伏特高压线路

资料来源：酒泉市能源局（访谈 JQ20160811）。

早在风电基地建设伊始，酒泉市就开始出现弃风限电现象（国家电监会，2012）。2008 年当地电网的风电外输能力不足 500MW，完全无法满足将来大规模输电的需求。因此，在酒泉市风电基地的规划中，包括新建两条 750 千伏的输电线路，将酒泉的风电输送至西北电网。第一条 750 千伏线路将输电能力提高至 3. 18 GW，考虑到风电机组发电的同时率①和就近消纳部分用电负荷，勉强能够满足 94% 以上概率条件下的 5.5GW 风电送出，仍有 6% 左右的时间需要限发弃风（汪宁渤，2010）。此外，由于其是首条大规模风电输电线路，该线路建成后，由于技术和管理原因，很多时候并不能按照额定输电功率运行（访谈 LZ20160807）。因此，酒泉地区的弃风率在 2010 年一度飙升至 30% ~40%。即使在 2011 年第一条输电线路完工后，弃风率经过短暂下降后仍保持在 20% 以上（见表 10 -2）。

另外，电网的建设节奏难以跟上风电场的建设节奏。风电场的建设工期一般为 6~9 个月，而高压输电线路的建设工期却较长，二者的工期严重不匹配。若二者同时开工，电网建设必然落后于风电场建设，影响风电场接入。例如，2011 年酒泉市政府开始大力推进二期的风电场建设，而二期配套的输电线路也于 2011 年底开工，然而输电线路直至 2013 年 6 月才完工，这期间建成的风电场并不能及时并网。

鉴于风电建设的盲目扩张，国家能源局决定在"十二五"时期控制风电发展的速度和建设规模，这与地方风电经济利益之间产生了矛盾。由于酒泉市政府已迅速开始进行二期工程的建设安排，2011 年 3 月，国家能源局下发了《关于酒泉千万千瓦级风电基地二期工程建设工作的通知》，停止了酒泉基地的二期建设，提出何时开建需要等待国家能源局的批准。2011 年 5 月，国家能源局再次下发《关于酒泉风电基地建设有关要求的通知》，强调"未经国家核准的项目不得开工建设"。甘肃省和酒泉市主管部门领导专门前往北京，一面向国家能源局做问题说明，一面跟进酒泉风电基地二期工程

---

① 同时率即各风场发电同时达到最高出力的概率，指统计时段内单个或多个风电场有功功率与该时段内并网机组总容量的比率。

的年度装机规模核准（于华鹏，2011）。

经过长达一年的协商，国家能源局将酒泉二期分为两批开展建设：第一批规模为3GW，第二批规模为5GW。2012年9月，国家能源局核准了第一批项目的建设，但是第二批项目只有在输电问题解决之后才核许建设。2013年，另一条750千伏的输电项目投入运营，外输能力随之增至5.68GW。然而此时，酒泉的风电装机规模已经达到6GW，太阳能光伏发电装机接近1GW。此外，河西走廊地区其他城市的风电和光电装机与酒泉共享同一外输线路，而这些城市也重点发展了风电和光伏发电。因此，尽管第二条外输线路投产，但是弃风现象只出现了短暂的好转（见表10－2）。

表10－2　2008～2016年酒泉地区风电装机与弃风率

单位：MW，%

	2008年	2009年	2010年	2011年	2012年	2013年	2014年	2015年	2016年
新增装机容量	100	1700	3300	0	500	0	2000	1000	150
累计装机容量	500	2200	5500	5500	6000	6000	8000	9000	9150
弃风率	NA	NA	30～40	7～8	24.3	20.6	11	39	43

注：2014～2016年弃风率数据采用了甘肃省的平均数据。
资料来源：（1）风电装机容量数据来自酒泉市能源局（访谈JQ20160811）。（2）2011～2013年弃风率数据：秦川等，2011；王赵宾，2014；于鹏韬，2015。2014～2016年弃风率数据：国家能源局，2015，2016，2017。

随着酒泉二期第一批风电项目建设在2015年完工，最为严重的弃风现象出现了。为应对这一问题，2016年3月国家能源局暂停了甘肃、新疆、内蒙古等省份的风电工程核准。尽管酒泉二期的第二批项目已经开展了初期工作，但由于严重的弃风形势，项目建设被无限期推迟。因此，各相关方将希望寄托于规划的800千伏的跨区域特高压直流输电线路上。

早在2010年，甘肃省和国家电网公司提出了建设跨区域特高压输电线路，将酒泉基地的风电输送到缺电的华中地区的方案。2011年末，在国家电网公司的支持下，甘肃省政府和湖南省政府签署了《酒泉—湖南特高压直流输电框架协议》。然而，由于多方对特高压直流输电技术的质疑，国家发改委直到 2015 年才批准这一项目（王彦民，2015）。最终，该输电线路在 2015 年开工建设，直至 2017 年才投入使用。

然而，在这条输电线路批准和建设的这些年中，华中地区的省份已经不再缺电。从 2011 年到 2016 年，湖南省增加了 12GW 的发电装机，比 2010 年增加了 40% 的装机容量，相似的情况也发生在该地区的其他省份。在省内电力供应充足的情况下，这些省份没有意愿接受来自外省的电力。最近的报道显示，这条跨省特高压线路输电的效果远远达不到甘肃省此前的预期。2017 年，甘肃的弃风率仍高达 33%（国家能源局，2018）。

2. 甘肃省弃风限电主要原因分析

要理解酒泉的弃风限电现象，必须将这一问题放在甘肃省和西北地区的大背景之下。总的来看，2009～2014 年，甘肃省弃风限电现象的背后有三个主要原因：输电线路限制、调峰问题和电力装机过剩。自 2015 年以来，这个问题来源于需求侧电力需求增速的下降。输电线路限制这一因素我们已在酒泉的案例中进行了详细分析，下文我们将着眼于其他因素分析。

调峰问题

2014 年 9 月以前，西北电网公司主要负责西北五个省份风电场的调度与系统平衡。由于风力发电的间歇性，青海省的水电经常被用于风电调峰。然而自 2014 年 9 月以后，风电调度权从区域电网公司移交到了各省电网公司，在甘肃省电力供给已经严重过剩的情况下，风电调度权的移交带来了甘肃省电力系统调峰情况的恶化（访谈 LZ20160808）。此外，由于之前中国并没有发展大规模风电基地的经验，并且在"十二五"之前的大多数时间都处于电力供应短缺状态，因此对于风电调峰问题的理解是严重滞后的。在酒泉风电基地的规划中，甚至没有提到风电调峰的问题。在《甘肃省"十二五"新能源和可再生能源发展规划》中，也未涉及风电装机增长导致的调峰问题的解决办法。

电力供给过剩

自 2014 年以来，电力供给过剩成为导致甘肃省弃风限电问题的重要因素。2016 年底，甘肃省发电设备的装机容量为 48.3GW，其中水电、风电和

光伏发电装机占 58.5%。同时，在 2016 年 7 月，甘肃电网的最大用电负荷从 2014 年的 13.8GW 下跌至 12GW，最低用电负荷不足 11GW。因此，已有发电装机容量约为电网最大用电负荷的 4 倍，甘肃的电力供应已经严重过剩。正如图 10 - 2 所示，尽管火电和水电发电量自 2014 年开始便显著下降，但全省发电装机容量仍在不断增加。

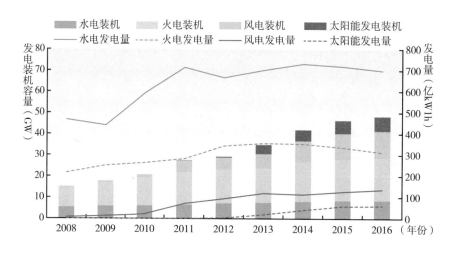

图 10 - 2　2008 ~ 2016 年甘肃省电力装机与发电量

资料来源：中国电力企业联合会。

2009 年，甘肃省政府提出，要建设国家级的能源生产基地。与此同时，西北地区五个省份中的四个省份都被定位为国家能源基地（分别属于鄂尔多斯盆地能源基地和新疆能源基地）。因此，整个"十二五"时期，西北地区各省份发电装机一直高速增长，而同时跨区域的输电线路建设却严重滞后，由于西北各省电力消纳能力有限，所以整个西北地区的电力供给都严重过剩。

需求侧原因

近年来，无论甘肃省还是计划从甘肃省输入电力的华中省份，电力需求增速都是下降的。在"十二五"的后半段，甘肃省的电力需求增速显著下降（见图 10 - 3），2016 年的增速甚至为负值（- 3.1%）。此外，西北电网覆盖

地区的整体电力需求也在下降。2016 年第一季度，电网最大电力负荷比 2015
年下降了 2%。此外，该地区五个省份目前都被弃风限电问题所困扰（国家能
源局西北监管局，2016a，2016b）。如图 10－3 所示，甘肃省外输电量在 2011
年之后大幅下降，并在之后的两年保持稳定；2014 年和 2015 年外输电量略有
增加，但仍低于 2011 年水平。2011～2015 年，尽管甘肃省发电装机增长迅速，
而外输电量反而是下降的。通过甘肃省的不懈努力，包括将电力输送至西藏
和青海，2016 年的电力输出增加了 15.2%（马瑞红等，2017）。

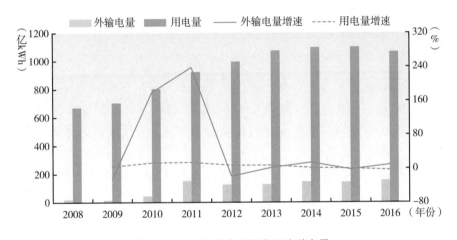

图 10－3　甘肃省电力需求和外送电量

资料来源：中国电力企业联合会，2010～2016。

（二）案例二：吉林省通榆风电基地

吉林省风能资源丰富。位于吉林省西部的白城（含通榆县）、松原和四
平等地区，地势平坦开阔，地貌以退化草场和盐碱地为主，风电可利用土地
资源相对丰富，具备建设大型风电场的条件，是吉林省风电开发的重点地
区。2008 年，国家能源局把发展风电作为改善电源结构的重要任务之一，
开展了千万千瓦级风电基地的规划和建设工作。2009 年，吉林省完成了
《吉林省千万千瓦级风电基地规划》并上报国家能源局批准，结果被列入
2012 年发布的《风电发展"十二五"规划》，成为九个大型风电基地之一。

1. 通榆县风能发展历程

通榆县是吉林省风能资源最好的县之一，有着很长的风电发展历史。1999 年，吉林省第一个风电场在通榆县建成发电。2004 年，国家发改委举办了第二轮风电特许权项目招标，其中包括通榆的两个项目，总装机容量为 400MW。从 2005 年起，通榆县优良的风力资源吸引了越来越多的发电企业，并在该县建成了 19 个测风塔。2006 年，县政府宣布将通榆建成全国绿色能源示范县，并将建设中国最大的风电基地和吉林省风机制造基地。截至 2007 年底，通榆县风电装机容量为 217MW。

同时，通榆县政府也努力将该县发展成风机制造基地。2004 年，通榆县政府引进了第一家风电设备制造商。2008 年，县政府又引进了另一家风电相关制造商，该制造商的投资额为 6 亿元人民币（8640 万美元）。2009 年，通榆县政府、吉林省投资集团和三一集团共同出资建立了三一风电产业园，其中三一集团是一家重型机械制造商。该园区五年内规划投资总额达 100 亿元人民币（15 亿美元），产品包括风机、叶片和塔筒，目标市场包括中国东北、蒙古国和俄罗斯（王赵宾，2013）。

2009 年 3 月，吉林省宣布在通榆县建设总装机容量为 2.3GW 的风电基地，九家风电开发商通过公开招标赢得了开发权。在 2009 年的《吉林省通榆瞻榆百万千瓦级风电基地规划》中，提出了建设一条外输工程（包括 1 个 500 千伏升压站和一条 201 千米输电线路），将该基地的风电传输到吉林电网主网。通常情况下，高电压等级输电线路（含变压站）由国家发改委负责审批，由国有电网公司或其子公司投资修建。然而吉林省电网公司经营情况欠佳，在"十二五"时期投资建设的输电线路远低于其他省份。因此，这条输电线路并没有纳入"十二五"时期吉林省电网建设的规划中。

在通榆县开始大规模发展风力发电时，输电线路限制成为制约当地风电发展的关键因素。2009 年，通榆县政府向国家发改委提交了新建输电线路的申请。同时，县政府协调九家风电开发商投资共 4.02 亿元人民币（5880 万美元），于 2010 年建成了规划中的 500 千伏升压站。为了规避复杂的申请程序和加快施工进度，九家风力发电商集体投资并建造了这个升压站。

在通榆县提交输电项目申请三年之后，2012 年 5 月，国家发改委批准了该项目。由于该条输电线路将通过内蒙古自治区的一个县和吉林的其他几个县，建设输电线路必须得到内蒙古自治区以及这些县的许可。由于涉及跨省份协调，吉林省政府和中央政府需要与内蒙古自治区进行省际协商。经过长达 15 个月的协商，输电线路于 2013 年开始建设，并于 2015 年底投入运行（通榆广播电视台，2015；叶立兵等，2014）。至此，输电线路限制终于不再是通榆县弃风限电的主要原因。

由于漫长的输电线路上的申请和协商过程，通榆县风力发电发展在 2009～2014 年停滞不前。在这期间，三一风电产业园也被废弃了。尽管输电线路已于 2015 年投入使用，但是由于全省弃风现象严重，国家能源局暂停了吉林全省风电项目建设。此后，地方政府开始了与国家能源局和国家发改委的新一轮协商，同时寄希望于说服风电开发商开始风电项目建设。

2. 吉林省弃风限电主要原因分析

吉林省通榆县的弃风问题也需要放在吉林省和东北电网的大背景下来理解。2011 年的吉林省弃风率达到 15%，并且从 2012 年起吉林省的弃风率始终占据全国前三位，而最严重的弃风现象发生在平均限电率高达 25% 以上的通榆县。如表 10 - 3 所示，2015 年的限电率高达到 32%。2012 年之前，吉林省限电的主要原因是输电线路限制、调峰问题和电力供给过剩。从 2012 年开始，电力需求增速下降也成为主要原因。全省电力需求增速开始放缓，电力需求增速从 2011 年的 9.2% 下降到 2012 年的 1.1%；2015 年的电力需求也比 2014 年下降 2.4%。

表 10 - 3　2009～2017 年吉林省风力发电与弃风情况

	2009 年	2010 年	2011 年	2012 年	2013 年	2014 年	2015 年	2016 年	2017 年
装机容量（GW）	1.48	2.21	2.85	3.3	3.77	4.08	4.44	5.05	5.05
风力发电量（亿 kW·h）	21.7	33.2	40	44	58	58	60.3	67	87
弃风电量（亿 kW·h）	NA	NA	6.96	20.32	15.72	15.57	27	29	22.6
弃风率（%）	NA	NA	15	32	22	15	32	30	21

资料来源：中国电力企业联合会，2015；王赵宾，2014；国家能源局，2014，2015，2016，2017，2018。

输电线路限制

吉林省风电发展受到输电线路限制的长期困扰。如表 10-4 所示，从新建 330 千伏以上输电线路的总长度来看，东北各省（吉林、黑龙江和辽宁）的输电线路建设远远落后于其他弃风省份。2015 年和 2016 年，吉林省输电线路建设略有提速。2015 年，吉林省仅建成了长度为 201 公里的将通榆风电基地的电力输送到吉林电网的线路。2016 年，吉林省又新建了 550 千伏输电线路 583 公里。另外，国家发改委于 2016 年批准了建设 800 千伏特高压输电工程，将东北地区的电力输送至山东省，该项目于 2017 年底完成。

表 10-4　主要弃风省份的新建 330 千伏及以上输电线路长度

单位：公里

省　份	2010 年	2011 年	2012 年	2014 年	2015 年	2016 年	总长度
吉　林	0	52	115	11	201	583	962
黑龙江	0	213	190	0	198	41	642
辽　宁	225	402	183	364	274	69	1517
内蒙古	238	165	160	30	491	754	1838
河　北	0	24	143	555	764	1347	2833
山　西	335	267	138	396	152	538	1826
甘　肃	2138	653	72	1103	1354	674	5994
宁　西	371	79	27	47	570	886	1980
新　疆	1133	337	0	719	673	1010	3872
云　南	394	885	857	136	31	1433	3736

资料来源：中国电力企业联合会，2011~2017。

调峰问题

吉林省的风电发展规划中并未充分考虑调峰问题，此外，2016 年前吉林省能源规划中也未考虑热电联产问题，而供热问题一直归属建设部门管理，与此同时，电力由能源局管理。如图 10-4 所示，水电机组占 2015 年总容量的 14.4%，而且只有 3% 可用于电力调峰。吉林省热电联产机组比例很高，火电机组占吉林省总装机的 68.3%，其中有 74% 为热电联产机组。由于长期以来热电联产机组采用的都是以热定电的背压式机组，不能灵活调节，因此，吉林省可用于调峰的发电机组非常有限。从 10 月底至 4 月初的漫长采暖季，由于热电联产机组持续运行，弃风现象非常普遍，2月份的限电率最高可达45%（见图10－5）。

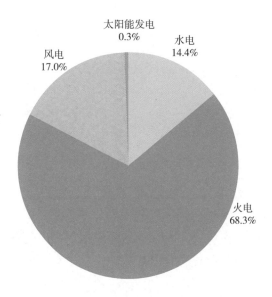

图10－4　吉林省电力装机结构（截至2015年底）

资料来源：吉林省能源局，2016；张胤超，2014。

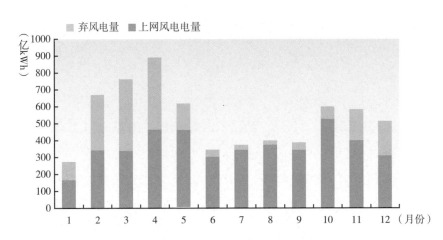

图10－5　2012年吉林省每月风力发电与弃风电量

资料来源：吉林省能源局，2016；张胤超，2014。

为解决调峰问题，东北电力调峰辅助服务市场于2014年10月正式启动。到2016年10月，辅助服务市场运行满两周年，补偿费用累计金额13.5亿元，风电受益多发109.8亿千瓦时。2016年11月，东北电力辅助服务市场试点正式启动，这是对于调峰辅助服务市场的全面升级（国家能源局东北监管局，2016）。

电力供给过剩

随着吉林省经济发展增速放缓，电力行业供给过剩的问题早在2010年就已出现，并在随后的几年中变得更加严重。在很大程度上，风电装机容量过剩是省级规划与国家规划不匹配的结果。在2011年出台的《"十二五"风电发展规划》中，国家能源局分配给吉林省到2015年的装机目标是6GW。而在《吉林省"十二五"新能源和可再生能源规划》中，到2015年的风电装机目标为14.6GW。由于吉林省政府对风电项目快速核准，2012年该省并网和在建风电项目已超过6GW，这已是国家能源局分配的2015年装机目标。为了限制该省风电的快速扩展，自2013年以来，国家能源局未向吉林省批准过任何风电项目（张胤超，2014）。电力供给过剩也反映了供暖、电力和调峰政策设计中缺乏协调的问题。2015年，吉林省的发电装机容量为26.1GW（见图10-6），而吉林电网的最大发电负荷仅为10.7GW；即使只采用已有的热电联产机组（13.2GW）供电，也能完全满足吉林省的用电需求。

需求侧原因

吉林省电力需求增速在"十二五"期间仅为2.5%，远低于之前省级政府的过度乐观预测（14.71%）。2015年，电力需求增速为负2.4%（见图10-7）。同时，吉林电网负荷迅速下降，2009年最大电力负荷为总装机容量的50%，而2015年仅为35%。东北三省中，辽宁省是电力负荷中心，也是电力输入大省。但"十二五"期间，辽宁省电力需求增速下降明显，平均增速仅为3%，2015年甚至出现负增长，同时辽宁电力供给也出现了供大于求的局面。在这种情况下，辽宁省对外来电量的需求显著减少，吉林省的电力外输也相应地从2014年开始下降。

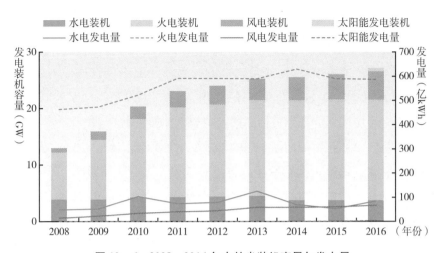

图 10 - 6 2008 ~ 2016 年吉林省装机容量与发电量

资料来源：中国电力企业联合会，2011 ~ 2017。

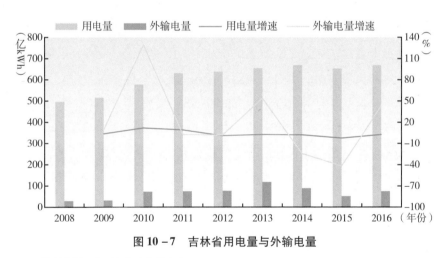

图 10 - 7 吉林省用电量与外输电量

资料来源：中国电力企业联合会，2011 ~ 2017。

（三）酒泉与通榆案例对比分析

两个案例均体现了现行电力管理制度方面存在的相似问题。

1. 电力相关规划之间的不匹配问题

风电工程审批上的权力分散，以及地方规划与国家规划的不匹配是导致

2011 年之前地方电力供给过剩和间歇性输电限制的主要原因。在酒泉案例中，一期阶段实际安装的风机容量比规划方案高出 1/3；而在吉林案例中，省级"十二五"规划的目标值是国家能源规划分配给该省目标的 2.2 倍。直到 2011 年 7 月，国家能源局将各省的风电项目开发纳入国家风电规划之中，才建立了协调地方规划目标和国家规划目标的机制。

"十二五"时期国家级电网规划的缺失，致使西北和东北地区的输电线路的审批和建设进度远远落后于电源工程建设。在甘肃案例中，2010 年国家电网公司与甘肃省就规划了将甘肃风电外送至湖南的跨区域高压输电线路，而这条线路直到 2015 年才被国家发改委批准，由于时间上的严重滞后，电力输入省份在此期间新建了大量的发电设施，因此，没有意愿再接受外来电力。在吉林通榆县的案例中，由于电源与电网规划的不一致，原本是风电基地配套输电设施的线路却需要长时间的审批和协调。在规划不一致的情况下，由一个县级政府发起的自下而上的项目申请和协调是非常耗时和低效的。

此外，电力相关规划之间缺乏协调和不匹配的情况广泛存在，各种可再生能源发电与火力发电、可再生能源与调峰电源、供电系统与供暖系统之间都缺乏协调，这些都是导致弃风限电的重要原因。

2. 省级政府主导的电力资源配置

省级政府主导的基于计划的电力管理方式是计划经济时代的产物，其电力资源配置方式适应于新中国成立以后长时间的电力供应短缺形势。然而，"十二五"时期，中国经济进入新常态，并因此导致电力需求增速下降，但是各省的电源建设仍保持了高速增长，已经出现全国性的电力供应能力过剩。在当前的情况下，省级政府主导的计划管理方式的缺点凸显。由于省级政府主导的电力资源配置局限在一省范围之内，三北地区的省份几乎都无法避免电力生产过剩的局面。在发电小时数分配上，省级政府的管理方式大多从经济利益出发，倾向帮助企业渡过经济下行时期，多采取平均分配甚至是地方企业优先的方式，清洁能源难以享受到发电优先权。

3. 严重缺乏的跨省跨区输电机制

中国基于资源型的"大基地，大电网"风电发展模式严重依赖于跨省跨区域输电。在现行的电力管理体系下，计划管理方式与市场交易方式并存。在省级政府主导的计划电力管理体制下，电力调度区域局限于一省之内，跨省和跨区调度机制严重缺乏。在当前的电力管理制度安排下，当经济下行时，各省必然倾向于保护本省的企业与就业，这使得电力跨省跨区输送的省间壁垒凸显。另外，在当前的电力市场改革中，区域电力市场交易机制缺失，市场机制在跨省跨区配置资源方面的作用仍然薄弱。

在甘肃案例中，即使从甘肃长途输电的电力价格低于输入省份的电价水平，但各电力输入省仍倾向于采用本省的电源满足电力需求，缺乏从甘肃输入电力的意愿，省间壁垒明显。在吉林案例中，该地区的电力负荷中心——辽宁省在2015年经历了电力需求的负增长，因此也减少了从吉林省的电力输入，这同样是由于地方政府保护本省的利益而产生的省间壁垒。此外，省间壁垒也严重阻碍了区域电力市场交易机制的建立，导致跨省跨区的电力交易不足。此外，省间壁垒严重阻碍了当前正在进行的电力市场改革——迄今为止区域性的电力市场机制的建立仍然困难重重。

四　结论与政策建议

中国电力管理体制的碎片化主要存在纵向和横向两个维度。纵向来看，电力管理的权力分布于中央政府和省级/地区政府中。中央政府负责制定全国性的政策和国家中长期战略，而省级政府则具体决定一省的电力生产和分配。在横向维度，管理职能在中央和地方都散落于不同的职能部门，甚至有些时候，在同一个职能部门，决策权分配也呈现破碎化的特点。此外，国有电网公司和电力生产企业在现行电力管理体制中都具备很强的议价能力。电力管理职能的高度分散导致了部门协调困难和政策之间的不匹配。

电力管理体制的碎片化严重影响了电力规划的制定和跨省的电力输送。电力规划的权力分散于若干个政府部门和大型国企，这导致了部门利益冲突，增加了协调难度，并因此产生了线路输送能力不足、调峰问题、产能过剩等与弃风密切相关的问题。电力输送的省间壁垒是由电力

管理体制导致的另一个典型的制度问题。该项制度安排将一省的电力生产和分配限制在该省电网范围之内，这对定位于国家能源基地的省份是极为不利的。省间壁垒给省际和地区之间的电力传输带来很多困难，在电力需求增速放缓的情况下，电力输入省更加倾向于保护本省的电力生产，接受其他省份电力的意愿降低。

自 2011 年以来，国家能源局开始实施统一的国家风电发展年度管理，解决了项目审批权力分散导致的国家目标和省级目标不匹配的问题。2016年出台的《电力发展"十三五"规划》部分解决了各级电力规划、电源与电网规划，以及不同电源的协调的问题，但省际壁垒仍是一个亟待解决的制度性难题。在本研究中，我们提出要依托于可再生能源配额制，尽快建立区域性的电力现货市场，从而建立一个可再生能源友好的电力市场，并且打破省间壁垒。在早期，区域性电力现货市场可以服务于风电和其他电力的增量交易。最终，区域性电力现货市场应当覆盖所有的跨区域电力现货交易，而中长期电力合约可以在省级市场平台交易。

首先，根据当前的区域电网划分，建立六个区域电力现货市场。六个区域电力现货市场包括：南方、华东、华中、华北、东北和西北电力市场。国家能源局和国家发改委应该领导这项任务。地方政府的支持对建立区域电力市场至关重要，应将电力中长期交易保留在省级电力市场，便于地方政府配置省内资源。区域电网公司负责建设区域性电力交易平台、交易机构和调度中心。

其次，引进现货产品，促进可再生能源参与市场竞争交易。区域交易机构应提供灵活的可再生能源电力报告、预测和更新机制。同时，国家能源局和国家发改委应要求可再生能源与其他电源一起，提供系统调峰服务。在初期阶段，区域现货市场应该只负责增量的电力交易。

最后，建立统一的区域现货交易系统。区域交易机构应该制定接口标准，将区域和省级交易平台连接起来，同时提供省内和省间现货交易服务。国家能源局和国家发改委应该制定激励措施，鼓励市场参与者增加在区域市场的交易量。同时，国家能源局和国家发改委需要制订明确的发电和供电计划管理逐步退出的时间表。最终，所有现货交易都应该在区域市场达成，中长期交易在省级电力市场进行。

从长期来看，中国要进一步推进电力市场改革，建设可再生能源友好的电力市场，重点建设辅助服务交易机制。基于中国资源型的风电发展战略，应设计跨区域的辅助服务机制以满足大规模电力跨省跨区传输的需求，依托电力市场机制解决弃风限电问题。

致　谢

感谢甘肃省发改委、酒泉市发改委、酒泉市能源局、酒泉市新能源经济与技术开发区对本研究的大力支持。感谢以下专家在访谈中分享的对弃风问题的观察、见解和建议：甘肃省电网公司风电技术中心汪宁渤主任、甘肃省发改委能源研究所可再生能源中心高虎研究员和时璟丽研究员、中国风能协会秦海岩秘书长、清华大学电机系张宁副教授、华润新能源公司两位经理、中国电力企业联合会张卫东处长和薛静主任、华北电力大学袁家海教授、华能技术经济研究院韩文轩院副总经济师。

附表 1　文中访谈信息列表

编码	访谈对象	访谈时间和地点
BJ20160531	高虎，能源研究所可再生能源中心	2016 年 5 月 31 日，北京
BJ20160628	部门经理，华润新能源控股有限公司	2016 年 6 月 28 日，北京
LZ20160807	项目经理，华润新能源西北分公司	2016 年 8 月 7 日，甘肃兰州
LZ20160808	汪宁渤，甘肃电网公司风电技术中心	2016 年 8 月 8 日，甘肃兰州
JQ20160811	甘肃省酒泉市能源局官员	2016 年 8 月 11 日，甘肃酒泉

注：部分访谈为匿名访谈。

参考文献

1. Bird, L., Cochran, J., Wang, X., "Wind and Solar Energy Curtailment: Experience and Practices in the United States", National Renewable Energy Laboratory (NREL),

2014.

2. Bird, L., Lew, D., Milligan, M., et al., "Wind and Solar Energy Curtailment: A Review of International Experience", Renewable and Sustainable Energy Reviews, 2016, 65: 577-586.

3. Davidson, M. R., "Regulatory and Technical Barriers to Wind Energy Integration in Northeast China", Doctoral Dissertation, Massachusetts Institute of Technology, 2014.

4. Davidson, M. R., Zhang, D., Xiong, W., Zhang, X., Karplus, V. J., "Modelling the Potential for Wind Energy Integration on China's Coal-heavy Electricity Grid", Nature Energy, 2016a, 1 (7): 16086.

5. Davidson, M. R., Kahrl, F., & Karplus, V. J., "Towards a Political Economy Framework for Wind Power", United Nations University WIDER, Working Paper, 2016b, 32.

6. Fan, X., Wang, W., Shi, R., Li, F., "Analysis and Countermeasures of Wind Power Curtailment in China", Renewable and Sustainable Energy Reviews, 2015, 52: 1429-1436.

7. Global Wind Energy Council (GWEC): "Global Wind Power: 2017 Market and Outlook to 2022", 2018, http://cdn.pes.eu.com/v/20160826/wp-content/uploads/2018/06/PES-W-2-18-GWEC-PES-Essential-1.pdf.

8. Lieberthal, K., Oksenberg, M., "Bureaucratic Politics and Chinese Energy Development", US Dept. of Commerce, International Trade Administration, 1986.

9. Lewis, J. I., "Wind Energy in China: Getting More from Wind Farms", Nature Energy, 2016, 1 (6): 16076.

10. Lu, X., McElroy, M. B., Peng, W., Liu, S., Nielsen, C. P., Wang, H., "Challenges Faced by China Compared with the US in Developing Wind Power", Nature Energy, 2016, 1 (6), 16061.

11. Wu, Z., Sun, H., & Du, Y., "A Large Amount of idle Capacity under Rapid Expansion: Policy Analysis on the Dilemma of Wind Power Utilization in China", Renewable and Sustainable Energy Reviews, 2014, 32: 271-277.

12. 国家发改委:《2018, 2017 年交易电量累计 1.63 万亿千瓦时, 跨省跨区交易有效减少弃水》, 北极星电力网, http://news.bjx.com.cn/html/20180123/876103.shtml, 2018-01-23。

13. 国家能源局:《2014, 2013 年风电发展情况统计表》, http://www.nea.gov.cn/2014-03/06/c_133166473.htm, 2014-03-06。

14. 国家能源局:《2015, 2014 年风电产业监测情况》, http://www.nea.gov.cn/2015-02/12/c_133989991.htm, 2015-02-12。

15. 国家能源局:《2016, 2015 年风电产业发展情况》, http://www.nea.gov.cn/

2016 - 02/02/c_ 135066586. htm，2016 - 02 - 02。

16. 国家能源局：《2017 年风电并网运行情况》，2017，http：//www. nea. gov. cn/
2017 - 01/26/c_ 136014615. htm，2017 - 01 - 26。

17. 国家能源局，《2018 年风电并网运行情况》，2018，http：//www. nea. gov. cn/
2018 - 02/01/c_ 136942234. htm，2018 - 07 - 10。

18. 国家能源局东北监管局：《东北电力辅助服务市场专项改革试点工作正式启
动》，2016，http：//dbj. nea. gov. cn/nyjg/hyjg/201611/t20161124_ 2580781. html，
2016 - 11 - 24。

19. 国家能源局西北监管局：《西北电网 2016 年一季度运行情况简析》，2016a，
http：//xbj. nea. gov. cn/website/Aastatic/news - 171986. html，2016 - 08 - 10。

20. 国家能源局西北监管局、西北电网：《2016 年一季度可再生能源并网情况》，
2016b，http：//xbj. nea. gov. cn/website/Aastatic/news - 171959. html，2016 - 08 -
09。

21. 何诺书、冯洁：《风电大基地病例报告》，《南方能源观察》2016 年第 6 期。

22. 吉林省能源局：《吉林省可再生能源就近消纳试点工作方案》，2016。

23. 马瑞红、陈晓巍、伏红军：《2016 年甘肃外送电量创历史新高》，甘肃新闻，
2017，http：//www. gs. chinanews. com/news/2017/01 - 06/283376. shtml，2017 -
01 - 06。

24. 秦川、安秋、曹莉：《风起酒泉——中国首个千万千瓦级风电基地纪实》，江苏
凤凰出版社有限公司，2011。

25. 通榆县广播电视台：《通榆风电："驭风"而行　乘"风"远航》，通榆县公共
信息网，2015，http：//www. tongyu. gov. cn/Article/Show. asp？id = 14263，2015 -
04 - 28。

26. 汪宁渤、马彦宏、夏懿：《酒泉千万千瓦风电基地送出面临巨大的挑战及应对措
施》，甘肃省电机工程学会 2010 年学术年会论文，2010。

27. 王彦民：《酒泉 - 湖南 ±800 千伏特高压直流工程获发改委核准》，《甘肃电力
报》，2015，http：//news. bjx. com. cn/html/20150521/621489 - 2. shtml，2015 -
05 - 21。

28. 王赵宾：《吉林弃风调查》，《能源》2013 年第 5 期。

29. 王赵宾：《中国弃风限电报告》，《能源》2014 年第 7 期。

30. 西北电力设计院：《甘肃酒泉风电基地输电规划——风资源特性与风电场规
划》，2008。

31. 叶立兵、殷宏伟、张云：《好风凭借力　腾飞正当时——写在通榆县 500 千伏输
电线路工程启动之际》，通榆县公共信息网，2014，http：//122. 138. 250. 106/
fengdian/html/xinwen/20141205143218. html，2014 - 12 - 05。

32. 于华鹏：《能源局急发风电计划　风电项目搁置争议快进》，《经济观察报》，

2011，http：//www.eeo.com.cn/2011/0819/209171.shtml，2011 - 08 - 19。

33. 于鹏鹏：《酒泉市风光电产业发展与政府管理研究》，硕士学位论文，燕山大学，2015。

34. 中国电力企业联合会：《中国电力工业统计摘要2016》，2017。

35. 中国电力企业联合会：《中国电力工业统计摘要2015》，2016。

36. 中国电力企业联合会：《中国电力工业统计摘要2014》，2015。

37. 中国电力企业联合会：《中国电力工业统计摘要2012》，2013。

38. 中国电力企业联合会：《中国电力工业统计摘要2010》，2011。

39. 赵忆宁：《我国特高压国家工程陷僵局，国家电网"十二五"规划难产》，《新华网》，2013，http：//finance.sina.com.cn/china/20131226/023917752620.shtml，2013 - 12 - 26。

40. 张胤超：《政策执行主体视角下吉林省风电政策执行研究》，硕士学位论文，吉林大学，2014。

低 碳 指 标

Low – carbon Indicators

B.11
低碳发展指标

刘天乐　李惠民*

一　能源消费总量和二氧化碳排放总量

表11-1　能源消费总量及其构成

年份	电热当量计算法	发电煤耗计算法						
	能源消费总量(万吨标准煤)	能源消费总量(万吨标准煤)	占能源消费总量的比重(%)					
			煤炭	石油	天然气	一次电力及其他能源	其中	
							#水电	#核电
1990	95384	98703	76.2	16.6	2.1	5.1	5.1	—
1991	100413	103783	76.1	17.1	2.0	4.8	4.8	—
1992	105602	109170	75.7	17.5	1.9	4.9	4.9	—
1993	111490	115993	74.7	18.2	1.9	5.2	5.1	0.1

---

* 刘天乐，清华大学公共管理学院；李惠民，北京建筑大学。

续表

年份	电热当量计算法	发电煤耗计算法						
	能源消费总量（万吨标准煤）	能源消费总量（万吨标准煤）	占能源消费总量的比重（%）					
			煤炭	石油	天然气	一次电力及其他能源	其中	
							#水电	#核电
1994	118071	122737	75.0	17.4	1.9	5.7	5.2	0.5
1995	123471	131176	74.6	17.5	1.8	6.1	5.7	0.4
1996	129665	135192	73.5	18.7	1.8	6.0	5.6	0.4
1997	130082	135909	71.4	20.4	1.8	6.4	5.9	0.4
1998	130260	136184	70.9	20.8	1.8	6.5	6.1	0.4
1999	135132	140569	70.6	21.5	2.0	5.9	5.5	0.4
2000	140993	146964	68.5	22.0	2.2	7.3	5.7	0.4
2001	148264	155547	68.0	21.2	2.4	8.4	6.7	0.4
2002	161935	169577	68.5	21.0	2.3	8.2	6.3	0.5
2003	189269	197083	70.2	20.1	2.3	7.4	5.3	0.8
2004	220738	230281	70.2	19.9	2.3	7.6	5.5	0.8
2005	250835	261369	72.4	17.8	2.4	7.4	5.4	0.7
2006	275134	286467	72.4	17.5	2.7	7.4	5.4	0.7
2007	299271	311442	72.5	17.0	3.0	7.5	5.4	0.7
2008	306455	320611	71.5	16.7	3.4	8.4	6.1	0.7
2009	321336	336126	71.6	16.4	3.5	8.5	6.0	0.7
2010	343601	360648	69.2	17.4	4.0	9.4	6.4	0.7
2011	370163	387043	70.2	16.8	4.6	8.4	5.7	0.7
2012	381515	402138	68.5	17.0	4.8	9.7	6.8	0.8
2013	394794	416913	67.4	17.1	5.3	10.2	6.9	0.8
2014	400299	425806	65.6	17.4	5.7	11.3	7.7	1.0
2015	404241	430000	64.0	18.1	5.9	12.0	8.4	1.3
2016	409882	436000	61.8	19.0	6.2	13.0	8.3	1.5
2017		448600	60.3	18.9	7.1	13.7		

资料来源：《中国能源统计年鉴2017》，2017年为估算数据。

表 11-2　能源生产总量及其构成

年份	能源生产总量（万吨标准煤）	占能源生产总量的比重（%）			
	发电煤耗计算法	原煤	原油	天然气	一次电力及其他能源
1978	62770	70.3	23.7	2.9	3.1
1980	63735	69.4	23.8	3.0	3.8
1985	85546	72.8	20.9	2.0	4.3
1990	103922	74.2	19.0	2.0	4.8

年份	能源生产总量（万吨标准煤）	占能源生产总量的比重（%）			
	发电煤耗计算法	原煤	原油	天然气	一次电力及其他能源
1991	104844	74.1	19.2	2.0	4.7
1992	107256	74.3	18.9	2.0	4.8
1993	111059	74.0	18.7	2.0	5.3
1994	118729	74.6	17.6	1.9	5.9
1995	129034	75.3	16.6	1.9	6.2
1996	133032	75.0	16.9	2.0	6.1
1997	133460	74.3	17.2	2.1	6.5
1998	129834	73.3	17.7	2.2	6.8
1999	131935	73.9	17.3	2.5	6.3
2000	138570	72.9	16.8	2.6	7.7
2001	147425	72.6	15.9	2.7	8.8
2002	156277	73.1	15.3	2.8	8.8
2003	178299	75.7	13.6	2.6	8.1
2004	206108	76.7	12.2	2.7	8.4
2005	229037	77.4	11.3	2.9	8.4
2006	244763	77.5	10.8	3.2	8.5
2007	264173	77.8	10.1	3.5	8.6
2008	277419	76.8	9.8	3.9	9.5
2009	286092	76.8	9.4	4.0	9.8
2010	312125	76.2	9.3	4.1	10.4
2011	340178	77.8	8.5	4.1	9.6
2012	351041	76.2	8.5	4.1	11.2
2013	358784	75.4	8.4	4.4	11.8
2014	361866	73.6	8.4	4.7	13.3
2015	362000	72.1	8.5	4.9	14.5
2016	346037	69.8	8.2	5.2	16.8

资料来源：《中国能源统计年鉴 2017》。

表 11 - 3　能源相关的二氧化碳排放量

单位：$MtCO_2$

时间	LCD 2015	IEA	EIA	CDIAC	WRI/CAIT	EDGAR
1996	2894	3091	3006	3218	3372	3583
1997	2867	3063	2918	3214	3336	3551
1998	2877	3139	2916	3057	3405	3603
1999	3000	3040	2933	3032	3297	3521
2000	3067	3310	3165	3107	3559	3520
2001	3211	3396	3227	3158	3672	3592
2002	3506	3605	3422	3332	3909	3857

续表

时间	LCD 2015	IEA	EIA	CDIAC	WRI/CAIT	EDGAR
2003	4145	4177	3960	4095	4507	4458
2004	4826	4837	4597	4804	5195	5237
2005	5501	5403	5116	5256	5788	5811
2006	6013	5913	5575	5797	6308	6462
2007	6552	6316	5908	6112	6720	6965
2008	6675	6490	6167	6337	6902	7739
2009	6977	6793	6816	6872	7215	8210
2010	7389	7253	7389	7349	7684	8693
2011	8243	7955	8127	8012	8392	9541
2012	8392	8206	8106	8520	8650	9868
2013	8661	9023	9018	8713	9032	10503
2014	8789	9101	9014	9030	9169	10711
2015	8732	8965	8866	8964		10641
2016	8670	8874				10432
2017	8779	9054				

注：数据获取时间截至 2018 年 4 月 20 日。

资料来源：IEA 数据来源于 World Energy Outlook 2016；

EIA 数据来源于 http：//www. eia. gov/beta/international/，International Energy Statistics；

CDIAC 数据来源于 http：//cdiac. ornl. gov/trends/emis/meth_ reg. html，固体燃料、液体燃料、气体燃料排放量之和；

WRI/CAIT 数据来源于 http：//cait. wri. org，CAITClimateDataExplorer，能源相关的碳排放；

EDGAR 数据来源于 http：//edgar. jrc. ec. europa. eu/overview. php？v = CO$_2$ts1990 - 2015，包括能源燃烧碳排放和工业过程碳排放。

表 11 - 4 森林碳汇

时期	森林覆盖率（%）	森林面积（万 hm²）	森林蓄积量（亿 m³）	人工林面积（万 hm²）	人工林蓄积量（亿 m³）
1973 ~ 1976	12. 7	12186	86. 6	1139	1. 6
1977 ~ 1981	12. 0	11528	90. 3	1273	2. 7
1984 ~ 1988	13. 0	12465	91. 4	1874	5. 3
1989 ~ 1993	13. 9	13370	101. 4	2137	7. 1
1994 ~ 1998	16. 6	15894	112. 7	2914	10. 1
1999 ~ 2003	18. 2	17491	124. 6	3229	15. 0
2004 ~ 2009	20. 4	19545	133. 6	6169	19. 6
2009 ~ 2016	21. 6	20800	151. 37	6900	24. 8

资料来源：历次森林普查数据；《中国统计年鉴 2016》。

表 11－5　分部门能源消费总量（电热当量法计算）

单位：万吨标准煤

用能部门	2000 年	2005 年	2010 年	2011 年	2012 年	2013 年	2014 年	2015 年	2016 年
1. 能源工业用能和加工.转换.储运损失	40678	65544	94994	94740	95843	99400	98524	98524	98524
1.1 能源工业用能	5858	7477	10970	11561	12009	12160	12160	12160	12160
1.2 加工.转换.储运损失	34820	58067	84024	83179	83834	87240	86363	86363	86363
火力发电损失	28547	48284	65927	74693	74097	80061	79493	79493	79493
供热损失	2211	3354	4680	4911	5284	5081	5036	5036	5036
2. 终端能源消费	107197	197530	265955	293932	305503	316177	323200	323200	323200
2.1 农业	2482	4325	4646	4965	5106	5302	5344	5344	5344
2.2 制造业	65880	129268	173646	193353	197304	201776	205031	205031	205031
用作原料.材料	6883	12240	17349	18508	19830	20783	21425	21425	21425
2.3 交通运输	14854	23741	33919	37018	40364	43297	44953	44953	44953
2.4 建筑	17099	27956	36396	40088	42898	45020	46446	46446	46446
服务业	5057	9282	12919	14838	16216	16815	17077	17077	17077
居民生活	12042	18673	23477	25249	26682	28205	29368	29368	29368
一次能源消费总计	140993	250835	343601	370163	381515	394794	400299	400299	405144

资料来源：《中国统计年鉴 2017》、"中国能源平衡表 2016"。

229

表 11 - 6　人均能源消费量

年份	能源总量(kgce)	煤炭(kg)	石油(kg)	电力(kW·h)
1991	902	960	108	902
1992	937	979	115	937
1993	984	1026	125	984
1994	1030	1078	125	1030
1995	1089	1143	133	1089
1996	1110	1150	145	1110
1997	1105	1120	157	1105
1998	1097	1087	160	1097
1999	1122	1112	168	1122
2000	1156	1075	178	1156
2001	1223	1125	180	1223
2002	1324	1200	194	1324
2003	1530	1426	214	1530
2004	1777	1637	241	1777
2005	2005	1867	250	2005
2006	2185	2064	266	2185
2007	2363	2204	278	2363
2008	2420	2269	282	2420
2009	2525	2441	290	2525
2010	2696	2609	330	2696
2011	2880	2894	339	3497
2012	2977	3018	354	3684
2013	3071	3127	368	3993
2014	3121	3017	380	4133
2015	3127	2972	399	4140
2016	3161	2789	409	4446

资料来源:《中国统计年鉴 2017》。

表 11 - 7　能源工业分行业投资

单位:亿元

部门	2011 年	2012 年	2013 年	2104 年	2015 年	2016 年
能源工业	23045	25500	29009	31515	32562	32837
煤炭采选业	4907	5370	5213	4685	4007	3038
石油和天然气开采业	3021	3076	3821	3948	3425	2331

部门	2011 年	2012 年	2013 年	2104 年	2015 年	2016 年
电力、蒸汽、热水生产和供应业	12848	14553	16937	19674	22592	22638
石油加工及炼焦业投资	2268	2500	3039	3208	2539	2696
煤炭生产和供应业	1244	1605	2210	2242	2331	2135

资料来源:《中国统计年鉴 2017》。

表 11 - 8　国有经济能源工业分行业固定资产投资

单位：亿元

部门	2011 年	2012 年	2013 年	2014 年	2015 年	2016 年
能源工业	11468	12402	14011	15425	15419	11758
煤炭采选业	1635	1784	1657	1496	1277	561
石油和天然气开采业	2009	1963	2480	2695	2068	811
电力、蒸汽、热水生产和供应业	6806	7670	8458	9929	10855	9318
石油加工及炼焦业投资	653	540	723	628	597	573
煤炭生产和供应业	365	446	693	678	622	494

资料来源:《中国统计年鉴 2017》。

表 11 - 9　分产业能源消费总量（发电煤耗法）

单位：万吨标准煤

年份	能源消费总量	第一产业	第二产业	第三产业	生活消费
2000	146964	4233	105221	20816	16695
2001	155547	4553	112008	21686	17301
2002	169577	4929	122375	23630	18642
2003	197083	5683	142120	27831	21448
2004	230281	6392	166577	32568	24745
2005	261369	6860	191400	35537	27573
2006	286467	7154	210426	38784	30102
2007	311442	7068	230038	41444	32891
2008	320611	6873	235953	44097	33689
2009	336126	6978	248279	45696	35173
2010	360648	7266	266910	50001	36470
2011	387043	7675	284100	55684	39584
2012	402138	7804	291049	60980	42306
2013	416913	8055	298147	65180	45531

续表

年份	能源消费总量	第一产业	第二产业	第三产业	生活消费
2014	426000	8094	303401	67293	47212
2015	430000	8232	292276	79393	50099
2016	436000	7669	299496	80051	48784

资料来源：《中国统计年鉴 2017》。

表 11 – 10   分产业二氧化碳排放量

单位：百万吨二氧化碳

年份	碳排放总量	第一产业	第二产业	第三产业	生活消费
2000	3067	134	2114	442	376
2001	3211	150	2221	458	383
2002	3506	165	2427	502	413
2003	4145	185	2885	597	479
2004	4826	212	3372	695	547
2005	5501	239	3896	758	608
2006	6013	266	4261	827	659
2007	6552	298	4659	883	713
2008	6675	270	4761	927	717
2009	6977	294	4985	955	743
2010	7389	188	5367	1045	788
2011	8243	201	6006	1175	862
2012	8392	167	6050	1270	905
2013	8661	173	6176	1351	963
2014	8789	174	6289	1358	968
2015	8732	174	6229	1355	974
2016	8670	160	5913	1618	979

注：根据各类能源的排放因子计算得出；各产业碳排放计算过程中未进行交通用能调整，以便与国家统计结构一致。

表 11 – 11   能源工业分行业终端能源消费量（电热当量法计算）

单位：万吨标准煤

用能行业	2000 年	2005 年	2012 年	2013 年	2014 年	2015 年	2016 年
煤炭开采和洗选业	2487	3298	6434	6420	6398	5981	5518
石油和天然气开采业	2524	2451	2843	3046	3045	2995	2826

用能行业	2000 年	2005 年	2012 年	2013 年	2014 年	2015 年	2016 年
石油加工、炼焦及核燃料加工业	197	627	1164	1271	1271	1072	836
电力、热力的生产和供应业	205	431	578	589	588	544	498
燃气生产和供应业	445	671	989	856	856	823	791
合 计	5858	7477	12009	12101	12160	11415	10469

注：根据《中国能源统计年鉴》中"工业分行业终端能源消费量（标准量）"的相关数据计算得出，已将各行业汽油消费的95%、柴油消费的35%划分到交通部门。

资料来源：1992～1999 年数据来自《中国能源统计年鉴2009》，2000～2013 年数据来自《中国能源统计年鉴2014》，2014 年数据来自《中国能源统计年鉴2015》，2015 年及 2016 年数据来自《中国统计年鉴2017》。

表 11 – 12 能源工业分行业二氧化碳排放量

单位：百万吨二氧化碳

用能行业	2000 年	2005 年	2011 年	2012 年	2013 年	2014 年	2015 年	2016 年
煤炭开采和洗选业	8514	11095	18449	19262	19357	19102	16011	13972
石油和天然气开采业	7060	7079	7062	6985	7346	7232	7201	7177
石油加工、炼焦及核燃料加工业	830	2511	4569	4289	4649	4524	3531	2864
电力、热力的生产和供应业	923	1778	2510	2486	2579	2486	2215	2047
燃气生产和供应业	1602	2257	3137	3340	2999	2930	2860	2623

资料来源：根据《中国统计年鉴2017》中"中国能源平衡表（标准量）"的相关数据计算得出。

表 11 – 13 制造业部门分行业能源消费量

单位：万吨标准煤

用能行业	2000 年	2005 年	2011 年	2012 年	2013 年	2014 年	2015 年	2016 年
钢铁工业	17266	38696	64011	66824	69661	69543	66534	64901
有色金属	2401	4728	8379	8809	9123	9029	10122	11153
化学工业	11263	23611	34552	35871	37192	38042	39014	41328
建筑材料	9736	23328	33505	33290	31697	30915	30151	28286
纺织工业	2109	4370	5071	5015	4914	4914	4841	4786
造纸	1571	2949	3388	3117	2967	2787	2789	2807
食品、饮料、烟草	1613	2754	2764	2681	2787	2695	2714	2752
其他工业	18390	26342	37406	37182	38431	41258	40985	40797

续表

用能行业	2000 年	2005 年	2011 年	2012 年	2013 年	2014 年	2015 年	2016 年
建筑业	1529	2489	4278	4514	5004	5431	5551	5777
合计	65880	129268	193353	197304	201776	205031	202701	202590

注：根据《中国能源统计年鉴》中"工业分行业终端能源消费量（标准量）"、"中国能源平衡表（标准量）"的相关数据计算得出，已将各行业汽油消费的95%、柴油消费的35%划分到交通部门。钢铁工业对应于"黑色金属矿采选业"和"黑色金属冶炼及压延加工业"两个部门；有色金属对应于"有色金属矿采选业"和"有色金属冶炼及压延业"两个部门；化学工业对应于"橡胶和塑料制品业"和"化学原料及化学制品业"两个部门；建筑材料对应于"非金属矿采选业"和"非金属矿物制品业"两个部门；纺织工业对应于"纺织业"和"纺织服装、服饰业"两个部门；造纸对应于"造纸及纸制品业"；"食品、饮料、烟草"对应于"食品制造业"、"酒、饮料和精制茶制造业"、"烟草制品业"三个部门；建筑业对应于"中国能源平衡表"中的建筑业；其他工业为工业部门中扣除能源工业和以上工业部门之外的其他工业。

表 11－14　制造业部门分行业二氧化碳排放量

单位：百万吨二氧化碳

行业	2000 年	2005 年	2011 年	2012 年	2013 年	2014 年	2015 年	2016 年
钢铁工业	48867	110020	186078	192525	199811	198120	189023	180891
有色金属	10152	19436	35072	35776	37237	36032	38321	43078
化学工业	34802	71426	100978	104633	108632	107027	109273	114874
建筑材料	29097	66441	97097	95653	91842	90939	85756	80846
纺织工业	7639	15705	19020	18744	18601	18093	18001	17071
造纸	5364	9689	11157	10216	9837	9644	9333	9192
食品、饮料、烟草	5203	8257	8673	8371	8680	8539	8545	8555
其他工业	57190	79727	127700	126185	130766	137883	136123	135623
建筑业	4311	6682	12122	12589	13895	14877	15112	15388

资料来源：根据《中国统计年鉴2017》中"中国能源平衡表（标准量）"的相关数据计算得出。

表 11－15　分部门终端二氧化碳排放量

单位：百万吨二氧化碳

部门	2000 年	2005 年	2011 年	2012 年	2013 年	2014 年	2015 年	2016 年
能源工业	189	247	357	364	369	363	324	286
农业	126	224	185	151	156	153	156	159
制造业	1886	3610	5599	5639	5759	5774	5661	5578
交通	325	513	790	857	917	947	998	1033
建筑	541	906	1312	1381	1460	1470	1525	1618
合计	3067	5501	8243	8392	8661	8789	8732	8670

资料来源：根据《中国统计年鉴2017》中"中国能源平衡表（标准量）"的相关数据计算得出。

表 11-16 中国可再生能源及非化石能源利用情况

		单位	2011年	2012年	2013年	2014年	2015年	2016年
一、发电								
装机容量	可再生能源	万千瓦	28917	32512	38247	43576	50255	57035
	水电	万千瓦	23298	24947	27975	30183	31937	33211
	风力发电	万千瓦	4623	6142	7656	9637	12934	2669
	生物质发电	万千瓦	700	770	868	948	1032	1214
	太阳能发电	万千瓦	293	650	1745	2805	4318	7742
	地热海洋能发电	万千瓦	3.0	3.0	3.0	3.0	3.0	3.0
	核电	万千瓦	1257	1257	1461	2008	2717	3364
发电量	可再生能源	亿千瓦时	7730	9925	10769	12845	13926	15528
	水电	亿千瓦时	6681	8540	8906	10643	11143	11807
	风力发电	亿千瓦时	715	1028	1393	1534	1863	2410
	生物质发电	亿千瓦时	315	315	383	417	527	647
	太阳能发电	亿千瓦时	18	41	85	250	392	662
	地热海洋能发电	亿千瓦时	1.5	1.5	1.5	1.5	1.5	2.0
	核电	亿千瓦时	872	983	1115	1325.4	1695	2132
二、沼气		亿立方米	143	156	157	157	155	149
沼气用户		万户	3903	4000	4083	4122	4383	4193
沼气工程		处	72741	81041	91952	99957	103036	110975

续表

	单位	2011 年	2012 年	2013 年	2014 年	2015 年	2016 年
供气折标煤	万吨	1018	1110	1124	1124	1107	1064
三、可再生能源供热							
太阳能热水器	万立方米	27110	32310	37470	41360	44200	46360
太阳能热水器折标煤	万吨	3118	3716	4309	4756	5083	5331
地热能抵用折标煤	万吨	460	337	337	337	337	337
供热折标煤	万吨	3578	4053	4646	5093	5420	5668
四、生物燃料							
生物质成型燃料	万吨	350	600	800	850	800	800
生物燃料乙醇	万吨	194	202	210	216	230	210
生物柴油	万吨	82	110	118	94	94	80
生物燃料折标煤	万吨	473	646	765	761	649	710
五、发电占比							
全国总发电装机	万千瓦	105576	114179	125165	136463	150673	164575
全国总发电量	亿千瓦时	47217	49733	53530	55459	56045	59897
可再生能源装机占比	%	27.4	28.5	30.6	32.1	33.3	35.0
可再生能源发电量占比	%	16.4	20.0	20.1	23.2	24.8	26.0

资料来源:《中国可再生能源数据手册 2017》。

表 11－17　中国可再生能源及非化石能源占一次能源消费比例

单位：亿吨标准煤，%

		发电煤耗计算法					电热当量计算法				
		2012 年	2013 年	2014 年	2015 年	2016 年	2012 年	2013 年	2014 年	2015 年	2016 年
一、发电											
可再生能源		3.219	3.449	4.077	4.377	4.833	1.220	1.323	1.579	1.712	1.908
水电		2.776	2.859	3.384	3.510	3.684	1.050	1.095	1.308	1.369	1.451
风电		0.334	0.447	0.488	0.587	0.752	0.126	0.171	0.189	0.229	0.296
生物质		0.096	0.115	0.125	0.156	0.190	0.039	0.047	0.051	0.065	0.080
太阳能		0.013	0.027	0.080	0.124	0.207	0.005	0.010	0.031	0.048	0.081
地热海洋能		0.000	0.000	0.000	0.000	0.000	0.000	0.000	0.000	0.000	0.000
核电		0.300	0.336	0.396	0.502	0.627	0.121	0.137	0.163	0.208	0.262
二、沼气		0.112	0.112	0.112	0.111	0.106	0.112	0.112	0.112	0.111	0.106
三、供热		0.405	0.465	0.509	0.542	0.567	0.405	0.465	0.509	0.542	0.567
四、生物燃料		0.056	0.055	0.055	0.065	0.071	0.056	0.055	0.055	0.065	0.071
全国能源消费量		40.214	41.691	42.600	43.000	43.600	38.152	39.479	40.030	40.216	
全部能源	可再生能源	3.793	4.0821	4.753	5.095	5.577	1.802	1.976	2.279	2.426	2.653
	非化石能源	4.093	4.417	5.150	5.597	6.204	1.923	2.113	2.443	2.636	2.915
	非化石能源占比	10.1	10.4	11.9	12.82	12.58	5.04	5.35	5.69	6.03	
商品能源	可再生能源	3.275	3.504	4.132	4.442	4.833	1.220	1.322	1.583	1.706	1.908
	非化石能源	3.575	3.840	4.528	4.944	5.460	1.341	1.459	1.747	1.917	2.170
	非化石能源占比	8.89	9.2	10.6	11.5	12.52	3.47	3.6	4.2	4.6	

资料来源：《可再生能源数据手册 2016》。

二 能源和二氧化碳排放效率

表 11-18 万元增加值能耗强度和碳排放强度（2010 年不变价）

年份	万元国内生产总值能源消费量（吨标准煤/万元）	万元增加值能耗（吨标准煤/万元）			万元国内生产总值碳排放（吨CO₂/万元）	万元增加值碳排放（吨 CO₂/万元）		
		第一产业	第二产业	第三产业		第一产业	第二产业	第三产业
2000	0.976	0.160	1.654	0.334	2.037	0.508	3.324	0.709
2001	0.954	0.168	1.624	0.315	1.969	0.551	3.219	0.665
2002	0.953	0.177	1.615	0.311	1.971	0.590	3.203	0.660
2003	1.007	0.199	1.665	0.334	2.118	0.647	3.379	0.717
2004	1.069	0.211	1.756	0.356	2.240	0.699	3.555	0.759
2005	1.090	0.216	1.801	0.345	2.293	0.750	3.665	0.737
2006	1.060	0.215	1.746	0.330	2.225	0.798	3.535	0.704
2007	1.009	0.205	1.659	0.304	2.123	0.862	3.361	0.648
2008	0.948	0.189	1.550	0.293	1.973	0.743	3.127	0.616
2009	0.909	0.185	1.482	0.277	1.888	0.778	2.975	0.580
2010	0.882	0.185	1.414	0.277	1.807	0.479	2.843	0.578
2011	0.865	0.187	1.361	0.281	1.841	0.489	2.877	0.594
2012	0.834	0.182	1.289	0.285	1.740	0.391	2.678	0.594
2013	0.803	0.181	1.224	0.282	1.667	0.388	2.534	0.584
2014	0.764	0.172	1.162	0.273	1.591	0.358	2.421	0.569
2015	0.722	0.169	1.103	0.270	1.504	0.332	2.301	0.560

资料来源：《中国统计年鉴 2017》。

表 11-19 历年电力结构及单位电力碳排放指标

指标	发电量	火电发电量	水电发电量	核电发电量	风电发电量	太阳能发电量	火力发电碳排放总量	火力发电度电排放	全国平均度电碳排放
单位	亿千瓦时	亿千瓦时	亿千瓦时	亿千瓦时	亿千瓦时	亿千瓦时	MtCO₂	gCO₂/kW·h	gCO₂/kW·h
2000	13556	11142	2224	167			1087	976	802
2001	14808	11834	2774	175			1142	965	771

指标	发电量	火电发电量	水电发电量	核电发电量	风电发电量	太阳能发电量	火力发电碳排放总量	火力发电度电排放	全国平均度电碳排放
单位	亿千瓦时	亿千瓦时	亿千瓦时	亿千瓦时	亿千瓦时	亿千瓦时	MtCO₂	gCO₂/kWh	gCO₂/kWh
2002	16540	13381	2880	251			1278	955	772
2003	19106	15804	2837	433			1487	941	778
2004	22033	17956	3535	505			1666	928	756
2005	25003	20473	3970	531			1884	920	754
2006	28657	23696	4358	548			2153	909	751
2007	32816	27229	4853	621			2405	883	733
2008	34669	27901	5852	692			2405	862	694
2009	37147	29828	6156	701			2505	840	674
2010	42072	33319	7222	747	446		2745	824	652
2011	47130	38337	6990	872	703	6	3127	816	663
2012	49876	38928	8721	983	960	36	3130	804	627
2013	54316	42470	9203	1115	1412	84	3390	798	624
2014	56801	43030	56801	1332	1598	235	3377	791	598
2015	56938	41868	11117	1714	1853	385	3251	783	592
2016	57399	42886	11807	2132	2410	662			
2017	63077	64179	11945	2483	3057	1182			

资料来源：发电量数据来自中国电力企业联合会、《中国能源统计年鉴2017》中"电力能源平衡表"；碳排放总量根据电力转换过程中各类能源消耗量计算得出。

表11－20　历年主要电力技术经济指标

年份	发电设备平均利用小时数（小时）	发电厂用电率（％）	线路损失率（％）	发电标准煤耗（克/千瓦时）	供电标准煤耗（克/千瓦时）
2000	4517	6.28	7.70	363	392
2001	4588	6.24	7.55	357	385
2002	4860	6.15	7.52	356	383
2003	5245	6.07	7.71	355	380
2004	5455	5.95	7.55	349	376
2005	5425	5.87	7.21	343	370
2006	5198	5.93	7.04	342	367
2007	5020	5.83	6.97	332	356

续表

年份	发电设备平均利用小时数（小时）	发电厂用电率（%）	线路损失率（%）	发电标准煤耗（克/千瓦时）	供电标准煤耗（克/千瓦时）
2008	4648	5.90	6.79	322	345
2009	4546	5.76	6.72	320	340
2010	4650	5.43	6.53	312	333
2011	4730	5.39	6.52	308	329
2012	4579	5.10	6.74	305	325
2013	4521	5.05	6.69	302	321
2014	4286	4.85	6.34	300	318
2015	3969	5.09	6.62	297	315
2016	3785		6.47		312
2017	3786		6.42		309

注：表中数据为6000千瓦及以上电厂数据。

资料来源：2013年数据来自中国电力企业联合会《2013年电力统计基本数据一览表》；2014年数据来自国家能源局，http://www.nea.gov.cn/2015-01/16/c_133923477.htm；2015年发电煤耗数据根据《中国统计公报2015》中相关内容计算；2016年及2017年数据来自中电联《2017年全国电力工业统计快报数据一览表》。

表 11 -21　6000千瓦及以上电厂年利用时间

单位：小时

年份	平均	火电	水电	核电	风电	太阳能
2008	4648	4885	3589	7679	2046	
2009	4546	4865	3328	7716	2077	
2010	4650	5031	3404	7840	2047	
2011	4730	5305	3019	7759	1875	
2012	4579	4982	3591	7855	1929	1423
2013	4521	5021	3359	7874	2025	1342
2014	4286	4706	3653	7787	1905	1235
2015	3969	4364	3590	7403	1724	1225
2016	3785	4165	3621	7042	1742	
2017	3786	4209	3579	7108	1948	

资料来源：2013年之前数据来自中国电力企业联合会《2013年电力统计基本数据一览表》；2014年数据来自国家能源局，http://www.nea.gov.cn/2015-01/16/c_133923477.htm；2015年、2016年及2017年数据来自中电联《2017年全国电力工业统计快报数据一览表》。

表 11 – 22　制造业分行业单位工业增加值能耗（2010 年不变价）

单位：吨标准煤/万元

行业	2000 年	2005 年	2011 年	2012 年	2013 年	2014 年	2015 年
钢铁工业	6.885	6.303	4.698	4.535	4.304	4.162	3.591
有色金属	3.087	3.327	2.734	2.598	2.488	2.309	2.061
化学工业	3.785	4.165	3.039	2.868	2.727	2.560	2.460
建筑材料	5.550	7.741	4.544	3.897	3.460		
纺织工业	1.057	1.336	0.845	0.788	0.753	0.645	0.560
造纸	3.368	3.297	1.821	1.525	1.401	1.315	1.214
食品、饮料、烟草	0.615	0.666	0.376	0.328	0.322	0.287	0.284
其他工业	0.906	0.698	0.473	0.429	0.405		
建筑业	0.288	0.303	0.224	0.213	0.215	0.210	0.203
合计	1.860	2.033	1.369	1.262	1.184	1.079	0.986

注：能耗采用发电煤耗法计算。

资料来源：根据《中国统计年鉴 2016》中的相关数据计算得出。

表 11 – 23　制造业分行业增加值（2010 年不变价）

单位：亿元

行业	2005 年	2010 年	2011 年	2012 年	2013 年	2014 年	2015 年	2016 年
钢铁工业	8014	14231	15313	16511	17926	18673	18529	18529
有色金属	3045	5864	6488	7193	8001	9086	9539	9539
化学工业	8087	14686	16297	17759	19342	22216	23550	23550
建筑材料	3990	8725	10075	10967	11931			
纺织工业	6020	9760	10492	11075	11982	13223	13442	13442
造纸	1481	2524	2803	2965	3159	3274	3423	3423
食品、饮料、烟草	5675	9766	10977	11668	12686	13782	14677	14677
其他工业	36581	70322	79099	86547	93559			
建筑业	13373	27070	29691	32595	35753	39235	44880	44880
合计	86268	162947	181235	197280	214337	241085	257871	257871

资料来源：《中国统计年鉴 2016》。

表 11 - 24　能源工业分行业单位工业增加值能耗（2010 年不变价）

单位：吨标准煤/万元

用能行业	2000 年	2005 年	2011 年	2012 年	2013 年	2014 年	2015 年
煤炭开采和洗选业	2.256	1.510	1.948	1.891	1.718	1.570	1.453
石油和天然气开采业	0.558	0.602	0.630	0.627	0.651	0.631	0.617
石油加工、炼焦及核燃料加工业	3.488	4.875	6.037	6.039	5.932	5.879	5.731
电力、热力的生产和供应业	2.129	2.145	2.118	2.042	2.190	2.049	2.036
燃气生产和供应业	7.826	3.982	1.439	1.368	1.265	1.155	1.099
合计	1.683	1.913	2.152	2.114	2.127	2.083	1.923

注：能耗采用发电煤耗法计算。

资料来源：《中国能源统计年鉴2017》。

表 11 - 25　能源工业分行业工业增加值（2010 年不变价）

单位：亿元

用能行业	2000 年	2010 年	2011 年	2012 年	2013 年	2014 年	2015 年
煤炭开采和洗选业	2028	6576	7444	7975	8255	8900	9150
石油和天然气开采业	7103	6099	6224	6213	6278	6747	6848
石油加工、炼焦及核燃料加工业	2281	2883	3012	3118	3246	3439	3457
电力、热力的生产和供应业	4972	10541	11268	11676	12006	13473	14984
燃气生产和供应业	79	401	440	504	551	672	832
合计	16463	26500	28387	29486	30336	33231	35271

资料来源：《中国统计年鉴2016》。

表 11 - 26　不同运输方式的旅客周转量

单位：亿人/公里

年份	旅客周转量	铁路	公路	水运	民航
2000	12261	4533	6657	101	971
2001	13155	4767	7207	90	1091
2002	14126	4969	7806	82	1269
2003	13811	4789	7696	63	1263
2004	16309	5712	8748	66	1782
2005	17467	6062	9292	68	2045
2006	19197	6622	10131	74	2371
2007	21593	7216	11507	78	2792
2008	23197	7779	12476	59	2883
2009	24835	7879	13511	69	3375

年份	旅客周转量	铁路	公路	水运	民航
2010	27894	8762	15021	72	4039
2011	30984	9612	16760	75	4537
2012	33383	9812	18468	77	5026
2013	27572	10596	11251	68	5657
2014	28647	11241	10996	74	6334
2015	30059	11961	10743	73	7283

注：2008 年公路、水路运输量统计口径有调整。

资料来源：《中国统计年鉴 2016》。

表 11 - 27　不同运输方式的货物周转量

单位：亿吨/公里

年份	货物周转量	铁路	公路	水运	远洋	民航	管道
2000	44321	13770	6129	23734	17073	50	636
2001	47710	14694	6330	25989	20873	44	653
2002	50686	15658	6783	27511	21733	52	683
2003	53859	17247	7099	28716	22305	58	739
2004	69445	19289	7841	41429	32255	72	815
2005	80258	20726	8693	49672	38552	79	1088
2006	88840	21954	9754	55486	42577	94	1551
2007	101419	23797	11355	64285	48686	116	1866
2008	110300	25106	32868	50263	32851	120	1944
2009	122133	25239	37189	57557	39524	126	2022
2010	141837	27644	43390	68428	45999	179	2197
2011	159324	29466	51375	75424	49355	174	2885
2012	173804	29187	59535	81708	53412	164	3211
2013	168014	29174	55738	79436	48705	170	3496
2014	181668	27530	56847	92775	55935	188	4328
2015	178356	23754	57956	91773	54236	208	4665

注：2008 年公路、水路运输量统计口径有调整。

资料来源：《中国统计年鉴 2016》。

表 11 - 28 铁路运输基本情况

年份	国家铁路蒸汽机车拥有量（台）	国家铁路内燃机车拥有量（台）	国家铁路电力机车拥有量（台）	内燃机车平均牵引总重（吨）	电力机车平均牵引总重（吨）	内燃机车万吨公里耗油（千克）	电力机车万吨公里耗电（千瓦时）
1995	4347	8282	2517	2663	2840	24.0	109.0
1996	3781	8944	2678	2632	2865	25.0	110.0
1997	2931	9583	2821	2642	2856	25.0	112.0
1998	2061	10004	3111	2604	2861	26.0	113.0
1999	1015	10121	3344	2596	2870	26.2	113.6
2000	601	10355	3516	2608	2869	25.8	113.2
2001	381	10598	3976	2668	2985	25.7	113.1
2002	109	10752	3876	2648	3028	25.9	110.8
2003	94	10778	4584	2679	3071	25.4	110.0
2004	82	11135	4849	2768	3198	25.0	111.2
2005	94	11331	5122	2848	3335	24.6	111.8
2006	91	11348	5465	2887	3425	24.3	110.0
2007	89	11229	5993	2920	3528	24.6	109.5
2008	89	11041	6206	2970	3654	24.9	110.6
2009	83	10844	6898	3002	3736	25.2	107.9
2010	51	10041	8257	3584	4522	26.4	102.4
2011		11081	9495	2964	3790	26.5	100.6
2012		10602	10047	2988	3776	26.8	102.1
2013		9961	10703	2973	3768	27.3	101.9
2014		9485	11596	2998	3715	27.2	103.3
2015		9132	12219				

资料来源：《中国统计年鉴 2016》。

表 11 - 29 全国光伏发电历年并网容量

年份	当年新增（万千瓦）	年底累计（万千瓦）	年增长率（%）
2000	0.3	1.9	18.8
2001	0.5	2.4	23.7
2002	1.9	4.2	78.7
2003	1	5.2	23.8
2004	1	6.2	19.2
2005	0.8	7	12.9

年份	当年新增(万千瓦)	年底累计(万千瓦)	年增长率(%)
2006	1	8	14.3
2007	2	10	25.0
2008	4	14	40.0
2009	14.4	28.4	102.8
2010	57.9	86.4	203.8
2011	207	293	239.7
2012	357	650	121.6
2013	1095	1745	168.4
2014	1060	2805	60.8
2015	1483	4288	53.9
2016	3454	7742	79.3

资料来源:《可再生能源数据手册2017》。

表11-30 2016年风能领域弃风弃电基本情况

省份	累计核准容量(万千瓦)	新增核准(万千瓦)	新增并网容量(万千瓦)	累计并网容量(万千瓦)	上网电量(亿千瓦时)	弃风量(亿千瓦时)	实际利用小时数(小时)	弃风率(%)
甘肃	1783	397	25	1277	133.8	104	1088	43
新疆	1883	20	85	1776	213.8	137	1290	38
宁夏	1101	5	120	942	125.7	19	1553	13
云南	940	0	325	726	145.0	6	2223	4
吉林	697	4.95	61	505	64.2	29	1333	30
辽宁	860	34.9	56	695	125.0	19	1929	13
黑龙江	746	29.7	58	561	85.6	20	1666	19
内蒙古	3152	0	132	2557	441.4	125	1830	23
河北	2333	766.8	166	1188	211.1	22	2077	9
山西	1361	185.9	102	771	131.7	14	1936	9
全国总计	25298	3608	1930	14864	2341.8	497	1742	17

资料来源:《可再生能源数据手册2017》。

三 能源消费结构

表 11 – 31　制造业部门能源消费结构

单位：%

能源类型	2000 年	2005 年	2011 年	2012 年	2013 年	2014 年	2015 年
固体燃料	55.56	62.95	56.08	55.85	53.27	51.74	50.41
液体燃料	18.81	13.02	12.14	11.71	11.71	11.66	11.76
气体燃料	4.13	4.28	8.58	8.76	10.00	10.76	11.55
热力	5.79	4.38	3.99	4.16	4.30	4.37	4.45
电力	15.71	15.38	19.21	19.53	20.72	21.44	23.43

注：制造业部门能源消费结构根据《中国能源统计年鉴2011》中"工业分行业终端能源消费量（标准量）电热当量法"计算，已将制造业内部汽油消费的95%、柴油消费的35%划分到交通部门。固体燃料包括：煤合计、焦炭；液体燃料：油品合计；气体燃料包括：焦炉煤气、高炉煤气、转炉煤气、其他煤气、天然气、液化天然气。

表 11 – 32　交通运输部门能源消费结构

单位：%

能源类型	2000 年	2005 年	2011 年	2012 年	2013 年	2014 年	2015 年*
固体燃料	8.15	5.74	4.79	4.72	4.71	4.61	4.40
液体燃料	88.23	89.19	85.59	85.75	85.19	84.53	83.31
气体燃料	0.52	2.32	6.15	6.11	6.61	7.76	8.61
热力	0.25	0.20	0.25	0.26	0.24	0.28	0.32
电力	2.85	2.54	3.22	3.17	3.24	3.30	3.50

注：交通运输部门能源消费结构根据《中国能源统计年鉴2015》中"工业分行业终端能源消费量（标准量）电热当量法"计算，已将能源工业、农业、制造业、建筑部门内部汽油、柴油消费，按相应比例划分到交通部门。

表 11 – 33　建筑部门能源消费结构

单位：%

能源类型	2000 年	2005 年	2011 年	2012 年	2013 年	2014 年	2015 年
固体燃料	48.31	45.08	33.09	29.68	29.68	28.79	27.91
液体燃料	25.62	22.73	24.13	24.93	24.93	25.59	25.95
气体燃料	5.19	6.16	10.29	10.42	10.42	10.51	10.55
热力	4.74	6.33	6.05	6.16	6.16	6.34	6.43
电力	16.13	19.70	26.45	28.81	28.81	28.67	28.76

注：根据电热当量法计算，已将汽油、柴油消费按相应比例划分到交通部门。

表 11-34 历年发电装机容量

单位：万千瓦

年份	总计	火电	水电	核电	风电	太阳能
2000	31932	23754	7935	210	34	
2001	33849	25301	8301	210	38	
2002	35657	26555	8607	447	47	
2003	39141	28977	9490	619	55	
2004	44239	32948	10524	696	82	
2005	51718	39138	11739	696	106	
2006	62370	48382	13029	696	207	
2007	71822	55607	14823	908	420	
2008	79273	60286	17260	908	839	
2009	87410	65108	19629	908	1760	3
2010	96641	70967	21606	1082	2958	26
2011	106253	76834	23298	1257	4623	212
2012	114676	81968	24947	1257	6142	341
2013	125768	87009	28044	1466	7652	1589
2014	137018	92363	30486	2008	9657	2486
2015	152527	100554	31954	2717	13075	4218
2016	165209	106094	33207	3364	14817	7719
2017	177703	110604	34119	3582	16367	13025

资料来源：2000 年之前数据来自中国电力企业联合会；2000~2015 年数据来自《中国统计年鉴 2016》；2016~2017 年数据来自《2017 年全国电力工业统计快报数据一览表》。

四　国际比较

表 11-35 火电厂发电煤耗国际比较

单位：克标准煤/千瓦时

国家	1995 年	2000 年	2005 年	2010 年	2011 年	2012 年	2013 年	2014 年	2015 年	2016 年
中国[1]	379	363	343	312	308	305	302	300	297	294
日本[2]	315	303	301	294	295	294	291	287		

注：表中数据为 6MW 以上机组数据；表中数据为九大电力公司平均数据。
资料来源：《中国能源统计年鉴 2017》。

表 11 −36　火电厂供电煤耗国际比较

单位：克标准煤/千瓦时

国家	1995 年	2000 年	2005 年	2010 年	2011 年	2012 年	2013 年	2014 年	2015 年	2016 年
中国	412	392	370	333	329	325	321	319	315	312
日本	331	316	314	306	306	306	302	298		
意大利	319	315	288	275	274					

资料来源：《中国能源统计年鉴2017》。

表 11 −37　钢可比能耗国际比较

单位：千克标准煤/吨

国家	1995 年	2000 年	2005 年	2010 年	2011 年	2012 年	2013 年	2014 年	2015 年	2016 年
中国	976	784	732	681	675	674	662	654	644	640
日本	656	646	640	612	614	616	608	615		

资料来源：《中国能源统计年鉴2017》。大中型钢铁企业平均值、综合能耗中的电耗均按发电煤耗折算标准得出。

表 11 −38　电解铝交流电耗国际比较

单位：千瓦时/吨

国家	1995 年	2000 年	2005 年	2012 年	2013 年	2014 年	2015 年	2016 年
中国	16620	15418	14575	13844	13740	13596	13562	13599
国际先进水平	14400	14400	14100	12900	12900	12900	12900	12900

资料来源：《中国能源统计年鉴2017》。

表 11 −39　水泥综合能耗国际比较

单位：千克标准煤/吨

国家	1995 年	2000 年	2005 年	2008 年	2009 年	2010 年	2011 年	2012 年	2013 年	2014 年	2015 年	2016 年
中国	199	172	149	154	146	143	142	140	139	138	137	135
日本	124	126	127	122	130	130	116	122	126	111		

资料来源：《中国能源统计年鉴2017》。综合能耗中的电耗按发电煤耗折算标准煤。

表 11 −40　乙烯综合能耗国际比较

单位：千克标准煤/吨

	2000 年	2005 年	2008 年	2009 年	2010 年	2011 年	2012 年	2013 年	2014 年	2015 年	2016 年
中国	1125	1073	1010	976	950	895	893	879	860	854	842

续表

	2000 年	2005 年	2008 年	2009 年	2010 年	2011 年	2012 年	2013 年	2014 年	2015 年	2016 年
国际先进水平	714	629	629	629	629	629	629	629	629	629	629

注：中国主要用石油脑油做原料，国际先进水平是中东地区的平均值，主要用乙烷做原料。

资料来源：《中国能源统计年鉴2017》。综合能耗中的电耗按发电煤耗折算标准煤。

表 11 - 41　合成氨综合能耗国际比较

单位：千克标准煤/吨

国家	1990 年	1995 年	2000 年	2005 年	2010 年	2011 年	2012 年	2013 年	2014 年	2015 年	2016 年
中国	2035	1849	1699	1650	1587	1568	1552	1532	1540	1495	1486
美国	1000	1000	1000	990	990	990	990	990	990	990	990

注：中国数据为大、中、小装置的平均值，2010 年煤占合成氨原料的79%。美国数据为以天然气为原料的大型装置的平均值，2010 年天然气占合成氨原料的98%。

资料来源：《中国能源统计年鉴2017》。

表 11 - 42　纸和纸板综合能耗国际比较

单位：千克标准煤/吨

国家	1990 年	2000 年	2005 年	2010 年	2011 年	2012 年	2013 年	2014 年	2015 年	2016 年
中国	1550	1540	1380	1080	1170	1128	1087	1050	1045	1027
日本	744	678	640	581	531	508	530	506		

注：产品能耗为自制浆企业平均值。

资料来源：《中国能源统计年鉴2017》。

五　方法与数据

（一）指标构成

所谓的低碳发展，指的是在保障经济社会持续发展的前提下，尽可能地减少温室气体排放。减少温室气体排放既包括绝对减排，也就是温室气体排放总量的减少，也包括相对减排，也就是温室气体排放效率的提高。提高温室气体排放效率也包括两条途径：提高能源效率和改善能源结构。在这样一个基本逻辑下，本报告把低碳指标大致归为三大类：总量指标、效率指标和

能源结构指标。数据是衡量低碳发展的准绳。我们希望通过这些指标，尽可能地展现中国低碳发展的状态。

低碳发展指标包括三个层次。总量指标的第一层次是能源消费和温室气体排放总量，第二层次是分部门能源消费和碳排放总量，第三层次是部门内分行业、分类别的能源消费和碳排放总量。效率指标的第一层次是单位 GDP 能耗和单位 GDP 碳排放，第二层次是分部门能源和碳排放效率，第三层次是分行业能源消费和碳排放效率。在反映效率的指标中，既包括以单位增加值衡量的效率指标、以实物量衡量的物理能效指标，也包括产业结构、行业结构、产品结构等方面的指标。能源结构指标的第一层次以单位能源的碳排放量来衡量，第二层次主要反映能源结构的变化，同时也包括了火力发电效率。

（二）部门划分

在中国的能源平衡表中，各部门的能源消费量计算采用的是工厂法，与 IEA、IPCC 排放清单指南中的定义存在较大区别。为了便于国际上的能源消费比较，本报告根据《2006 年 IPCC 国家温室气体清单指南》中的部门法重新计算了能源燃烧的碳排放，对中国的能源平衡表进行了重新构建。

表 11–43 是中国能源平衡表与 IEA 能源平衡表在"终端消费"下的表式对比，二者的差异突出地表现在交通部门。根据中国公开发布的能源统计数据，公路、水运、铁路、航空、管道等 5 类运输方式的能源消费量无法获得；而中国"交通运输、仓储及邮电通信业"的能源消费中，既包括了用于仓储等非交通运输的能源消费，也有大量用于交通运输的能源消费未被统计在内（如私人用车）。

表 11–43 中国能源平衡表与 IEA 能源平衡表的差异

中国能源平衡表	IEA 能源平衡表
1. 农、林、牧、渔、水利业	1. 工业
2. 工业	包含建筑业在内的 13 个行业
用作原料、材料	2. 交通运输
3. 建筑业	国内航空

中国能源平衡表	IEA 能源平衡表
4. 交通运输、仓储及邮电通信业	公路
5. 批发和零售贸易业、餐饮业	铁路
6. 生活消费	管道
城镇	国内航运
乡村	3. 其他部门
7. 其他	居民消费
	商业和公共事业
	农林业
	渔业
	其他
	4. 非能源使用
	用于工业的
	用于交通的
	用于其他部门的

中国能源平衡表中终端能源消费分为 7 个部门，本报告将这些部门合并为 5 个，即农业部门、能源部门、制造业部门、交通部门和建筑部门。具体合并方法为：将农、林、牧、渔、水利业归为农业部门；根据分行业终端能源消费量，将煤炭开采和洗选业，石油和天然气开采业，石油化工、炼焦及核燃料加工业，电力、热力的生产和供应业，燃气生产和供应业五个行业单独划分为一个能源部门；将除能源工业外的其他工业和建筑业归为制造业部门；将交通运输、仓储及邮电通信业归为交通部门，其他行业归为建筑部门。

基于能源平衡表进行部门重新划分，还需要通过油品分摊方法，将农业，工业，建筑业，批发和零售贸易业、餐饮业，生活消费等产业用于交通的能源消费（主要是汽油和柴油）拆分出来，重新划入交通部门。具体做法为：将能源工业、制造业部门、建筑部门内除生活消费外，汽油消费的 95%、柴油消费的 35% 划分到交通部门；将建筑部门内居民消费的全部汽油、95% 的柴油划分到交通部门；将农业消费的全部汽油及 25% 的柴油划分到交通部门。此外，由于交通部门中包括了仓储业，故将交通部门内 15% 的电力消费划分到建筑部门。

（三）碳排放计算方法

本报告主要基于《2006 年 IPCC 国家温室气体清单指南》中的参考方法来估算中国的碳排放。完整的温室气体排放清单中，包括能源活动、工业过程、农业活动、土地利用变化、废弃物管理等五大类活动，同时涉及二氧化碳、甲烷、氧化亚氮、氢氟碳化物、全氟化碳、六氟化硫等多种温室气体。为了研究方便，本报告仅涉及能源燃烧产生的二氧化碳排放。根据《气候变化第二次国家信息通报》，能源燃烧产生的二氧化碳排放可占到全部温室气体排放量的 77% 左右（扣除土地利用变化与林业吸收汇）。

参考方法是一种自上而下的方法，根据各种化石燃料的表观消费量、各燃料品种的单位发热量、含碳量，以及消耗各种燃料的主要设备的平均氧化率，化石燃料非能源用途的固碳量等参数综合计算得出。用该方法估算燃料燃烧的二氧化碳排放量的计算公式为：

二氧化碳排放量 = ［燃料消费量(热量单位) × 单位热值燃料含碳量 − 固碳量］× 燃料燃烧过程中的碳氧化率

固碳率指各种化石燃料在作为非能源使用过程中，被固定下来的碳的比率。由于这部分碳没有被释放，需要在排放量计算中予以扣除。碳氧化率指各种化石燃料在燃烧过程中被氧化的碳的比率，表征燃烧充分性。一般来说，单位热值（也称低位发热量）、单位热值含碳量、固碳率、氧化率等参数与化石燃料的特性相关，相对精确的温室气体清单编制需要取得各种燃料的实测数据。本报告参照《2005 中国温室气体清单研究》、《省级温室气体排放清单指南》，采用的排放因子如表 11 − 44 所示。

燃料热值是反映燃料性能的重要参数，不同燃料之间存在巨大差异。《2006 年 IPCC 国家温室气体清单指南》《2005 中国温室气体清单研究》《省级温室气体排放清单指南》等文献中均给出了不同燃料热值的参考值。但值得注意的是，由于燃料特性不同，参考因子有时存在较大误差。如 Liu et al. 在 *Nature* 发表的文章就显示，IPCC 缺省值比中国煤炭的平均热值高

表 11 – 44　各类能源碳排放相关系数

能源品种	单位热值含碳量（吨碳/TJ）	氧化率（%）	非能源使用固碳率（%）
原煤	26.37	92	100
精洗煤	25.41	98	100
其他洗煤	25.41	96	100
型煤	33.56	90	100
煤矸石	33.56	90	100
焦炭	29.42	93	100
焦炉煤气	13.58	99	33
高炉煤气	12.00	99	33
转炉煤气	12.00	99	33
其他煤气	12.00	99	33
其他焦化产品	29.50	93	100
原油	20.08	98	50
汽油	18.90	98	50
煤油	19.60	98	50
柴油	20.20	98	50
燃料油	21.10	98	50
石脑油	20.00	98	75
润滑油	20.00	98	50
石蜡	20.00	98	75
溶剂油	20.00	98	75
石油沥青	22.00	98	100
石油焦	27.50	98	75
液化石油气	17.20	99	80
炼厂干气	18.20	99	33
其他石油制品	20.00	98	75
天然气	15.32	99	100
液化天然气	15.32	99	80
其他能源	12.20	98	100

了40%左右。国际上煤炭热值的分类方法通常基于发热量，中国则主要依据挥发分含量、黏结指数和胶质层厚度等指标。《中国能源统计年鉴》在给出能源消费实物量的同时，也给出了标准量统计的能源消费总量。由于标准量是根据能源品种的热值转化而来，本报告中直接采用中国能源平衡表中的标准量数据，尽可能地避免不同燃料热值因子所产生的误差。

（四）数据来源

能源统计是本报告最重要的数据来源。近十年来，中国的能源统计经过两次重大修订。第一次修订体现在《中国能源统计年鉴2009》，这次重点修订了1992~2007年的能源数据。2007年中国能源消费总量由26.558亿吨标准煤修订为28.051亿吨标准煤，增加了1.4925亿吨标准煤，进行了5.6%的修正。第二次修订体现在《中国能源统计年鉴2014》，这次主要修订了2000~2013年的能源数据。2007年能源消费总量数据再次由28.051亿吨标准煤修订为31.144亿吨标准煤，增加了近3.1亿吨标准煤；2013年能源消费数据则由37.5亿吨标准煤修订为41.691亿吨标准煤，增加了近4.19亿吨标准煤。能源数据的修订对单位GDP能耗数据和碳排放数据具有重大影响。从中国的五年规划来看，"十五"（2000~2005年）是受影响最大的一个时期，能耗强度增长了11.66%，而修订前只增长了1.82%。修订后中国的能源强度在2002~2005年出现了增长趋势，而修订之前这一趋势发生在2002~2004年。这次数据修订后，中国节能政策的基准年（2005年）能源强度有所提高，"十一五"时期中国单位GDP能耗下降率由19.1%修正为19.0%。本年度报告以《中国能源统计年鉴2016》及《中国能源统计年鉴2017》中的数据为基准，对1992~2017年的中国能源消费状况进行了重新整理，并以此计算了分部门的二氧化碳排放。

本报告中所用到的各种原始数据都来自官方统计，如《中国统计年鉴》、《中国能源统计年鉴》、国家统计局网站，针对近年来的数据更新，本报告尽可能地采用了更新后的数据，以反映更加真实的低碳发展状况。此外，本报告也采用了来自中国电力企业联合会、中国钢铁协会等行业协会的数据以及文献数据，各种来源的数据都在指标中予以注明。

附　　录

Appendices

B.12
附录一　名词解释

名词	含义解释
《巴黎协定》	Paris Agreement,是 2015 年 12 月 12 日巴黎气候变化大会通过的对 2020 年后全球应对气候变化做出的制度性安排。协议规定各方以"自主贡献"的方式参与全球应对气候变化行动,把全球平均气温较工业化前水平升高控制在 2℃ 之内,并为把升温控制在 1.5℃ 之内而努力。发达国家将继续带头减排,并加强对发展中国家的资金、技术和能力建设支持,帮助后者减缓和适应气候变化。从 2023 年开始,每 5 年将对全球行动总体进展进行一次盘点,以帮助各国提高力度、加强国际合作,实现全球应对气候变化长期目标
节能量	在满足同等需要或达到相同目的条件下,使能源消费减少的数量。企业节能量的多少是衡量其节能管理成效的一个主要指标
《京都议定书》	Kyoto Protocol,全称为《联合国气候变化框架公约的京都议定书》,是《联合国气候变化框架公约》的补充条款,于 1997 年 12 月在日本京都由《联合国气候变化框架公约》参加国三次会议制定的。其目标是"将大气中的温室气体含量稳定在一个适当的水平,进而防止剧烈的气候改变对人类造成伤害"
《联合国气候变化框架公约》	United Nations Framework Convention on Climate Change,英文缩写为 UNFCCC,是 1992 年 5 月 9 日联合国政府间谈判委员会就气候变化问题达成的公约,于 1992 年 6 月 4 日在巴西里约热内卢举行的联合国环发大会(地球首脑会议)上通过。《联合国气候变化框架公约》是世界上第一个为全面控制二氧化碳等温室气体排放,以应对全球气候变暖给人类经济和社会带来不利影响的国际公约,也是国际社会在对付全球气候变化问题上进行国际合作的一个基本框架

续表

名词	含义解释
能源强度	能源强度是用于对比不同国家和地区能源综合利用效率的最常用指标之一,体现了能源利用的经济效益。能源强度最常用的计算方法有两种:一种是单位国内生产总值(GDP)所需要消耗的能源;另一种是单位产值所需要消耗的能源。而后者所用的产值,由于随市场价格变化波动较大,因此若非特别注明,能源强度均指代单位 GDP 能耗,最常用的单位为"吨标准煤/万元"
碳汇	从空气中清除二氧化碳的过程、活动、机制,一般是指森林吸收并储存二氧化碳的能力
碳交易市场	碳排放权交易是进行温室气体减排的一种市场手段,其一般做法是:政府机构评估出一定区域内满足环境容量的最大排放量,并将其分成若干排放份额。政府在碳排放交易的一级市场上,采取招标、拍卖等方式将配额出让给碳排放者,碳排放者购买到排污权后,可在二级市场上进行碳排放权的买入或卖出。2011 年 10 月,国家发展改革委印发《关于开展碳排放权交易试点工作的通知》,批准北京、上海、天津、重庆、湖北、广东和深圳等七省市开展碳交易试点工作
碳强度	碳强度是指单位 GDP 的二氧化碳排放量
CO_2e	二氧化碳当量,在辐射强度上与某种温室气体质量相当的二氧化碳的量,等于给定气体的质量乘以它的全球变暖潜势

附录二 单位对照表

单位符号	含义
TJ	10^{12}J(太焦)
tce	吨标准煤
gce	克标准煤
kgce	千克标准煤
kW	千瓦
hm^2	公顷
m^3	立方米
MW	10^6W(兆瓦)
GW	10^9W(吉瓦)
kW・h	千瓦时
TW・h	10^9kW・h(太千瓦时)

B.14
附录三　英文缩略词对照表

英文缩略词	含义
ABN	Asset-Backed Medium-term Notes
ABS	Asset-Backed Security
AEEI	Autonomous Energy Efficiency Improvement
APEC	Asia-Pacific Economic Cooperation
BNEF	Bloomberg New Energy Finance
CAP	Clean Action Plan
CAT	The Climate Action Tracker
CBI	Climate Bond Initiative
CCDC	China Central Depository & Clearing Company
CCER	China Certified Emission Reduction
CDIAC	Carbon Dioxide Information Analysis Center
CDM	Carbon Development Mechanism
C – GEM	China in Global Energy Model
CMBS	Commercial Mortgage Backed Securities
COP	Conference of the Parties
CPF	Carbon Price Floor
DES	District Energy System
EDGAR	Emissions Database for Global Atmospheric Research
EIA	US Energy Information Administration
ERI	Energy Research Institute of National Development and Reform Commission
ETF	Exchange-Traded Funds
ETS	Emissions Trading System
ESGD	Energy-Saving Generation Dispatching
EU	European Union
GDP	Gross Domestic Production
GTAP	Global Trade Analysis Project
GWEC	Global Wind Energy Council
G20	The Group of Twenty
ICAP	International Carbon Action Partnership
IEA	International Energy Agency
IEEJ	The Institute of Energy Economics, Japan
IFC	International Finance Corporation

续表

英文缩略词	含义
IFFEA	Inter-Faith Finance and Economics Association
IMF	International Monetary Fund
INDC	Intended Nationally Determined Contributions
IPCC	Intergovernmental Panel on Climate Change
IPO	Initial Public Offerings
IRENA	International Renewable Energy Agency
ISA	International Solar Alliance
LBNL	Lawrence Berkeley National Laboratory
LGX	Luxembourg Green Exchange
LMDI	Logarithmic Mean Divisia Index
MBS	Mortgage-Backed Security
MPA	Macro Prudential Assessment
MRV	Monitoring, Reporting and Verification
NAP	National Allocation Plans
NCC	National Climate Center
NEA	National Energy Administration
OECD	Organization for Economic Co-operation and Development
PBL	Netherlands Environmental Assessment Agency
PE	Private Equity
RGGI	Regional Greenhouse Gas Initiative
SEAD	Super-Efficient Equipment and Appliance Deployment
UNEP	United Nations Environment Programme
UNDP	United Nations Development Programme
UNFCCC	The United Nations Framework Convention on Climate Change
VC	Venture Capital
WB	World Bank
WRI	World Resources Institute
WTO	World Trade Organization

注：部分缩写来自德文或荷兰文。

B.15

附录四 图表索引

排放

List of Figures and Tables

❖ 皮书起源 ❖

"皮书"起源于十七、十八世纪的英国，主要指官方或社会组织正式发表的重要文件或报告，多以"白皮书"命名。在中国，"皮书"这一概念被社会广泛接受，并被成功运作、发展成为一种全新的出版形态，则源于中国社会科学院社会科学文献出版社。

❖ 皮书定义 ❖

皮书是对中国与世界发展状况和热点问题进行年度监测，以专业的角度、专家的视野和实证研究方法，针对某一领域或区域现状与发展态势展开分析和预测，具备原创性、实证性、专业性、连续性、前沿性、时效性等特点的公开出版物，由一系列权威研究报告组成。

❖ 皮书作者 ❖

皮书系列的作者以中国社会科学院、著名高校、地方社会科学院的研究人员为主，多为国内一流研究机构的权威专家学者，他们的看法和观点代表了学界对中国与世界的现实和未来最高水平的解读与分析。

❖ 皮书荣誉 ❖

皮书系列已成为社会科学文献出版社的著名图书品牌和中国社会科学院的知名学术品牌。2016年，皮书系列正式列入"十三五"国家重点出版规划项目；2013~2018年，重点皮书列入中国社会科学院承担的国家哲学社会科学创新工程项目；2018年，59种院外皮书使用"中国社会科学院创新工程学术出版项目"标识。

中国皮书网

（网址：www.pishu.cn）

发布皮书研创资讯，传播皮书精彩内容
引领皮书出版潮流，打造皮书服务平台

栏目设置

关于皮书：何谓皮书、皮书分类、皮书大事记、皮书荣誉、
　　　　　皮书出版第一人、皮书编辑部

最新资讯：通知公告、新闻动态、媒体聚焦、网站专题、视频直播、下载专区

皮书研创：皮书规范、皮书选题、皮书出版、皮书研究、研创团队

皮书评奖评价：指标体系、皮书评价、皮书评奖

互动专区：皮书说、社科数托邦、皮书微博、留言板

所获荣誉

　　2008 年、2011 年，中国皮书网均在全
国新闻出版业网站荣誉评选中获得"最具
商业价值网站"称号；

　　2012 年，获得"出版业网站百强"称号。

网库合一

　　2014 年，中国皮书网与皮书数据库端
口合一，实现资源共享。

权威报告·一手数据·特色资源

皮书数据库
ANNUAL REPORT(YEARBOOK)
DATABASE

当代中国经济与社会发展高端智库平台

所获荣誉

- 2016年，入选"'十三五'国家重点电子出版物出版规划骨干工程"
- 2015年，荣获"搜索中国正能量 点赞2015""创新中国科技创新奖"
- 2013年，荣获"中国出版政府奖·网络出版物奖"提名奖
- 连续多年荣获中国数字出版博览会"数字出版·优秀品牌"奖

成为会员

通过网址www.pishu.com.cn访问皮书数据库网站或下载皮书数据库APP，进行手机号码验证或邮箱验证即可成为皮书数据库会员。

会员福利

- 使用手机号码首次注册的会员，账号自动充值100元体验金，可直接购买和查看数据库内容（仅限PC端）。
- 已注册用户购书后可免费获赠100元皮书数据库充值卡。刮开充值卡涂层获取充值密码，登录并进入"会员中心"—"在线充值"—"充值卡充值"，充值成功后即可购买和查看数据库内容（仅限PC端）。
- 会员福利最终解释权归社会科学文献出版社所有。

数据库服务热线：400-008-6695
数据库服务QQ：2475522410
数据库服务邮箱：database@ssap.cn
图书销售热线：010-59367070/7028
图书服务QQ：1265056568
图书服务邮箱：duzhe@ssap.cn

社会科学文献出版社 皮书系列
SOCIAL SCIENCES ACADEMIC PRESS (CHINA)
卡号：483595935711
密码：

S 基本子库
SUB DATABASE

中国社会发展数据库（下设 12 个子库）

全面整合国内外中国社会发展研究成果，汇聚独家统计数据、深度分析报告，涉及社会、人口、政治、教育、法律等 12 个领域，为了解中国社会发展动态、跟踪社会核心热点、分析社会发展趋势提供一站式资源搜索和数据分析与挖掘服务。

中国经济发展数据库（下设 12 个子库）

基于"皮书系列"中涉及中国经济发展的研究资料构建，内容涵盖宏观经济、农业经济、工业经济、产业经济等 12 个重点经济领域，为实时掌控经济运行态势、把握经济发展规律、洞察经济形势、进行经济决策提供参考和依据。

中国行业发展数据库（下设 17 个子库）

以中国国民经济行业分类为依据，覆盖金融业、旅游、医疗卫生、交通运输、能源矿产等 100 多个行业，跟踪分析国民经济相关行业市场运行状况和政策导向，汇集行业发展前沿资讯，为投资、从业及各种经济决策提供理论基础和实践指导。

中国区域发展数据库（下设 6 个子库）

对中国特定区域内的经济、社会、文化等领域现状与发展情况进行深度分析和预测，研究层级至县及县以下行政区，涉及地区、区域经济体、城市、农村等不同维度。为地方经济社会宏观态势研究、发展经验研究、案例分析提供数据服务。

中国文化传媒数据库（下设 18 个子库）

汇聚文化传媒领域专家观点、热点资讯，梳理国内外中国文化发展相关学术研究成果、一手统计数据，涵盖文化产业、新闻传播、电影娱乐、文学艺术、群众文化等 18 个重点研究领域。为文化传媒研究提供相关数据、研究报告和综合分析服务。

世界经济与国际关系数据库（下设 6 个子库）

立足"皮书系列"世界经济、国际关系相关学术资源，整合世界经济、国际政治、世界文化与科技、全球性问题、国际组织与国际法、区域研究 6 大领域研究成果，为世界经济与国际关系研究提供全方位数据分析，为决策和形势研判提供参考。

法律声明

"皮书系列"（含蓝皮书、绿皮书、黄皮书）之品牌由社会科学文献出版社最早使用并持续至今，现已被中国图书市场所熟知。"皮书系列"的相关商标已在中华人民共和国国家工商行政管理总局商标局注册，如 LOGO（🖐）、皮书、Pishu、经济蓝皮书、社会蓝皮书等。"皮书系列"图书的注册商标专用权及封面设计、版式设计的著作权均为社会科学文献出版社所有。未经社会科学文献出版社书面授权许可，任何使用与"皮书系列"图书注册商标、封面设计、版式设计相同或者近似的文字、图形或其组合的行为均系侵权行为。

经作者授权，本书的专有出版权及信息网络传播权等为社会科学文献出版社享有。未经社会科学文献出版社书面授权许可，任何就本书内容的复制、发行或以数字形式进行网络传播的行为均系侵权行为。

社会科学文献出版社将通过法律途径追究上述侵权行为的法律责任，维护自身合法权益。

欢迎社会各界人士对侵犯社会科学文献出版社上述权利的侵权行为进行举报。电话：010-59367121，电子邮箱：fawubu@ssap.cn。

社会科学文献出版社